环境经济预测系列研究报告

Environmental and Economical Forecasting Report

# 面向美丽中国的"十五五"环境经济预测研究报告

蒋洪强　吴文俊　刘年磊　卢亚灵　段　扬

张　静　赵　静　高月明　李　勃　薛英岚　等 编著

中国环境出版集团 · 北京

图书在版编目（CIP）数据

面向美丽中国的"十五五"环境经济预测研究报告 / 蒋洪强等编著. -- 北京 : 中国环境出版集团，2024. 12. -- ISBN 978-7-5111-6073-7

Ⅰ．X196

中国国家版本馆CIP数据核字第20247G7C69号

策划编辑　葛　莉
责任编辑　范云平
封面设计　彭　杉

---

出版发行　中国环境出版集团
　　　　　（100062　北京市东城区广渠门内大街 16 号）
　　　　　网　　址：http://www.cesp.com.cn
　　　　　电子邮箱：bjgl@cesp.com.cn
　　　　　联系电话：010-67112765（编辑管理部）
　　　　　　　　　　010-67113412（第二分社）
　　　　　发行热线：010-67125803，010-67113405（传真）
印　　刷　北京中科印刷有限公司
经　　销　各地新华书店
版　　次　2024 年 12 月第 1 版
印　　次　2024 年 12 月第 1 次印刷
开　　本　880×1230　1/16
印　　张　10.75
字　　数　215 千字
定　　价　56.00 元

---

**中国环境出版集团郑重承诺：**
中国环境出版集团合作的印刷单位、材料单位均具有中国环境标志产品认证。

# 前　言

本书是生态环境部环境规划院国家环境保护环境规划与政策模拟重点实验室发布的环境经济预测及形势分析系列报告之一。

党中央、国务院高度重视美丽中国建设工作。习近平总书记在 2023 年全国生态环境保护大会上，从党和国家事业发展全局的高度，对以美丽中国建设全面推进人与自然和谐共生的现代化作出重大战略部署。生态环境保护是美丽中国建设的主要任务，生态环境根本好转是美丽中国建设目标基本实现的核心标志。"十五五"及未来一段时期，是美丽中国建设的重要时期，是我国由全面建成小康社会向基本实现社会主义现代化迈进的关键时期，是"两个一百年"奋斗目标的历史交汇期，也是全面开启社会主义现代化强国建设新征程的重要机遇期。我国的主要矛盾已经转变，我国的生态环境形势也发生了深刻变化，生态环境保护发展面临新时代、新矛盾、新问题、新机遇、新挑战等一系列新情况，必须以更高层次、更宽视野来研究这些新情况，解决这些新问题。

为全面把握新时期经济社会与生态环境形势变化的特点，满足国家和人民对生态环境保护的"新期待"，我们需要深入贯彻落实习近平生态文明思想，深刻理解全国生态环境保护大会精神，结合美丽中国建设愿景目标，对"十五五"经济社会发展与生态环境进行预测研判。基于此，本书从不同的要素、领域、区域、流域等多维度出发，综合运用定量模型，对"十五五"期间我国城市与农村、污染排放与环境质量、常规与新污染物等的生态环境发展趋势进行了预测分析，以期为"十五五"生态环境保护提供科学的决策参考，同时期待为建设美丽中国提供支撑。

在本书撰写过程中，得到了生态环境部综合司、生态环境部环境规划院领导的支持。全书由生态环境部环境规划院蒋洪强副总工程师提出框架并撰写方案，指导主笔者完成各章节内容的撰写，生态环境部环境规划院国家环境保护环境规划与政策模拟重点实验室吴文俊研究员、刘年磊副研究员负责统稿与整体修改、把关，历经多次修改、讨论、完善，最终定稿。全书主要由生态环境部环境规划院国家环境规划与政策模拟重点实验室相关研究人员撰写完成，其中，第 1 章由吴文俊负责研究撰写，第 2 章由薛英岚、吴文俊、刘年磊等负责研究撰写，第 3 章由赵静、张静等负责研究撰写，第 4 章由卢亚灵、赵大地等负责研究撰写，第 5 章由段扬等负责研究撰写，第 6 章由高月明等负责研究撰写，第 7 章由刘年磊、胡溪等负责研究撰写，第 8 章由李勃、王建童等负责研究撰写。

在此，对关心和支持本书出版的各位领导、专家和研究人员表示衷心感谢。由于笔者水平有限，书中难免有错误或不妥之处，敬请广大读者批评指正。

编者

2024 年 2 月

# 目 录

# 执行概要

建设美丽中国是全面建设社会主义现代化国家的重要目标，是实现中华民族伟大复兴中国梦的重要内容。在 2023 年全国生态环境保护大会上，习近平总书记强调"把建设美丽中国摆在强国建设、民族复兴的突出位置"，要求"以高品质生态环境支撑高质量发展，加快推进人与自然和谐共生的现代化"。同年 12 月，中共中央、国务院印发《关于全面推进美丽中国建设的意见》，对美丽中国建设作出全面部署。今后 5 年是美丽中国建设的重要时期，本报告结合当前经济社会与生态环境形势，综合运用中长期环境经济预测模型，对 2024—2030 年我国经济社会发展、生态环境变化，以及新污染物与环境风险等进行了预测研判，探讨了"十五五"时期我国环境经济变化的趋势，提出了若干战略建议，为美丽中国建设提供参考。

**一、"十五五"时期，国内外形势仍十分严峻复杂，挑战和机遇并存，美丽中国建设面临诸多不确定因素**

随着我国进入工业化中后期，我们迎来了技术变革、绿色转型和需求结构升级三大战略机遇，但同时，也面临着中美大国博弈加剧、比较优势转换和人口结构变化三大挑战。2020 年以来，全球经济受到了新冠疫情的严重冲击，这给包括中国在内的各国经济社会发展都带来了巨大影响。当前和"十五五"时期，全球经济步入复苏进程，但增长仍然缓慢且不均衡。俄乌冲突、巴以冲突等地区热点问题还未解决，世界局势依然动荡不安，局部战争带来的经济、能源、环境危机进一步加重。

总体来说，美丽中国建设面临着从以煤为主的能源结构向更低碳、更可持续的能源结构转变的挑战；大气污染治理与碳达峰碳中和任务艰巨；人口老龄化与城镇化进程中的生态环境问题不容忽视；区域发展的不均衡和生态环境问题的区域性特征使统筹全面解决各地区生态环境问题的难度加大；在乡村振兴与农村空心化的背景下，全面提升农村环境治理水平面临较大挑战；常规污染物与新型污染物并存，实现生态环境质量根本改善任务复杂艰巨；全球气候变暖和极端气候的频繁出现，给水环境、大气环境、生态保护带来不确定影响；未来期待颠覆性能源技术为环境改善带来机遇，但技术革新与应用面临较大不确定性，需要有效的引导机制、健全的制度、严格环保法规的倒逼。

## 二、我国经济仍将处于稳定增长期，2030 年 GDP 总量将达到 26.9 万亿美元，发展新质生产力成为必然

我国经济将步入中速增长期，产业迈向中高端水平，经济发展将更加注重质量和效益，着力推动新质生产力发展。2025—2030 年，我国国内生产总值（GDP）年均增速预计约 5.0%，按照市场汇率计算，预计 2030 年我国名义 GDP 总量将达到约 26.9 万亿美元，资本积累和全要素生产率是拉动经济增长的主要驱动力。人均 GDP 将达到约 2.0 万美元。

到 2030 年，我国将基本完成工业化进程。第一产业比重呈现小幅下降，第二产业比重波动下行，第三产业比重将稳步上升，并逐步成为经济发展的主导产业。2030 年前后，第三产业比重将突破 60%，三次产业结构调整为 5.4∶28.1∶66.5。第一产业将着重向现代化和生态化方向发展，注重资源的充分利用和保护生态环境；第二产业将聚焦于高端制造和绿色制造，提升技术水平和资源利用率；第三产业将着重发展知识型服务和消费型服务，实现服务经济和知识经济的转型升级。

## 三、到 2030 年，人口老龄化趋势将进一步加剧，城镇化进程在 2030 年后将逐渐放缓

综合考虑放开"二胎"和"三胎"计生政策的实施，以及国内外复杂形势、宏观经济下行、生育意愿下降对人口总量的影响，预计"十五五"期间，我国人口总量将在 2028 年前后达到峰值，约 14.5 亿人。在此期间，人口总体处于一个平台期，之后增速将放缓，人口总量将逐渐下降。同时，我国老龄化趋势将进一步加剧，到 2030 年全国老年人口将超过 3 亿人，占比达到 20% 以上。

我国城镇化率还将继续提高，但增速将逐步放慢。到 2025 年，预计我国城镇化率将达到 68.33% 左右，在 2030 年进一步提升至 73.06%，之后接近"天花板"，进入城镇化缓慢推进的后期阶段，并逐渐完成城镇化任务。然而，由于发展阶段和城镇化水平的差异，未来各地区城镇化将呈现不同的发展趋势。总体来看，东部和东北地区进入城镇化减速时期，而中西部地区仍处于城镇化加速时期。

我国已出台多项支持新能源汽车的政策，包括购置补贴、税收减免和双积分政策，这些政策将促进提升新能源汽车的市场渗透率，预计到 2030 年，新能源汽车市场渗透率将达到 70%。受老龄化影响，我国的消费总量预计增长放缓，消费总量将在 2030 年或 2035 年达到峰值，之后逐渐下滑。分年龄段来看，20～39 岁和 40～59 岁这两个年龄段的消费总量下降最快，而 60 岁及以上人群的消费总量则呈不断扩大趋势。

**四、到 2030 年，我国能源消费总量将达到 64.7 亿 t，新能源占比进一步加大，能源技术革新加速推进，各区域和行业碳达峰存在不平衡**

"十五五"是我国能源转型升级的攻坚期，工业化、城镇化、信息化等多重发展将带来能源消费和碳排放增长的刚性压力。预计到 2030 年，全国能源消费总量（标煤）约为 64.7 亿 t，较 2020 年增加约 14.9 亿 t。在能源结构优化、产业结构调整、科技进步、非化石能源发展等影响下，超过 65% 的能源消费增量将由可再生能源提供，煤炭消费总量逐步下降，石油消费进入平台期，天然气在一次能源消费中比重持续上升。到 2030 年，京津冀、汾渭平原及苏鲁豫皖地区总的煤炭消费占能源消耗总量的比重将下降 15 个百分点，非化石能源比例增加到 23%，而重点行业非化石能源比重将提高 10%～15%。

能源活动二氧化碳（$CO_2$）排放有望于 2030 年前达峰，而实现提前达峰需要推动不同区域和行业梯次达峰。"十四五"末期，碳排放总量还将持续上升，到 2025 年达到 115 亿 t 左右，"十五五"期间若采取积极减排措施，碳排放有望于 2027 年达峰，较 2020 年增加 12.9 亿 t 左右。分区域来看，苏鲁豫皖地区或已达峰，而京津冀地区、汾渭平原地区将在 2030 年前后达峰；分行业来看，钢铁、水泥、煤化工等三个高耗能行业、交通及电力行业分别在"十四五"前期及"十五五"中后期依次实现行业碳达峰。由于地区及行业达峰不同步，达峰后还将保持较长峰值平台期。

**五、到 2030 年，我国空气质量将实现根本好转，但部分区域和时段大气污染防治压力仍然较大**

在现行空气质量控制政策下，预计到 2030 年前后，我国主要大气污染物排放量显著下降，空气质量可能实现根本好转。总体上，我国二氧化硫（$SO_2$）、氮氧化物（$NO_x$）、颗粒物（PM）、挥发性有机物（VOCs）等大气污染物的排放总量将持续下降，到 2030 年分别比 2020 年降低 36.8%、28.7%、32.8% 和 22%，其中，工业源排放占比将逐渐降低，生活源和移动源排放占比将逐渐上升，导致大气污染排放可能出现"一边做减法，一边做加法"的情况。

我国空气质量将继续改善。到 2030 年，预计细颗粒物（$PM_{2.5}$）年均浓度将下降至 25 $\mu g/m^3$，臭氧（$O_3$）浓度年评价值有望降至 130 $\mu g/m^3$ 左右，全国空气质量达标城市比例有望超过 80%。分要素来看，我国 $SO_2$、二氧化氮（$NO_2$）、$PM_{2.5}$ 等常规大气环境质量监测指标正全面改善，特别是 $SO_2$、$NO_2$ 两项指标将在"十五五"末期达到空气质量一级标准，PM 污染逐步得到控制；分区域来看，除苏皖鲁豫区外，全国其他地区基本实现全面达到国家空气质量二级标准。由于缺乏有效的控制措施，$O_3$ 污染仍在加剧，新时期、新形势下，$O_3$ 和 VOCs 等空气污染不容忽视。发达国家的空气质量从大规模治理到环境质量根本改善经历了至少 30 年，我国若发挥好体制优势、技术优势、后发优势，治理进程将明显缩短。

六、到 2030 年，我国重点流域水质仍将保持稳定向好趋势，但改善幅度逐步趋缓，中小河流水质与面源污染面临的压力仍较大

就污水排放及处理量而言，未来随着我国经济增长和城镇化进程的加快，污水排放量、处理量都将呈持续上升趋势。预计到 2030 年，七大重点流域（长江、黄河、珠江、松花江、淮河、海河和辽河流域）的污水排放量将达到 747.96 亿 t，其污水处理量预计将达到 729.4 亿 t。长江流域仍将是污水排放和处理量最大的流域，其次是珠江流域和淮河流域。从水污染治理投资角度来看，预计在低、中、高三种情景下，2030 年我国七大重点流域水污染治理投资分别达到 3 029 亿元、3 332 亿元和 3 786 亿元。我国流域水生态环境保护面临的结构性、根源性、趋势性压力尚未根本缓解，地表水环境质量改善的不平衡性和不协调性问题突出，水资源不均衡，高耗水发展方式尚未根本转变，水生态环境仍存在安全风险，治理体系和治理能力现代化水平与发展需求不匹配，未来仍需在污染治理方面加大投入。

随着我国对水环境治理工作的持续深入推进，预计水环境质量整体将继续保持稳中向好的改善趋势，但水质改善幅度将会放缓。根据预测，在低情景下，到 2030 年仅长江、黄河和珠江流域的优良水体断面比例可达到 100%，海河、辽河流域的优良水体断面比例分别将达到 76% 和 85%；如果进一步加大水环境提升和污染治理力度，到 2030 年除海河和辽河流域外，其余流域均可实现优良水体断面比例达到 100%。

七、到 2030 年，我国一般工业固体废物和危险废物产生量增速放缓，但总量仍然较大，生活垃圾的末端处置正在全面转向焚烧发电和其他资源化利用设施，基本实现趋零填埋

随着我国经济增速整体趋缓，未来我国一般工业固体废物产生量增速将逐渐放缓，但总量仍然较大。预计到 2030 年，一般工业固体废物产生量为 4.91 亿 t，利用处置量达到 4.30 亿 t，进一步提高工业固体废物的资源化利用效率将是重中之重。预计未来我国危险废物产生量将从 2020 年的 0.73 亿 t 上升到 2030 年的 1.03 亿 t，且仍将持续增加，而利用处置量预计将达到 1.02 亿 t，亟须加强危险废物源头管控。生活垃圾清运量预计还将不断增加，生活垃圾分类是减少垃圾量的重要手段，到 2030 年生活垃圾清运量将达到 2.93 亿 t，生活垃圾全量化无害处置比例将达到 99%，其中焚烧发电处理率和其他资源化利用率将分别达到 87% 左右和 12% 左右，基本实现趋零填埋。预计到 2030 年，我国再生资源回收量将持续增长，总回收量将达到 4.89 亿 t。其中，废钢铁、废纸、废塑料、废有色金属、废旧纺织品等仍是主要品种，占比分别达到 51.16%、26.92%、5.48%、4.28%、2.69%，

推进垃圾分类与再生资源回收体系的"两网融合"对于提升再生资源循环利用水平极为重要。

### 八、到 2030 年，我国农村环境基础设施逐步得到完善，人居环境质量显著提升，但农村生态环境仍是最大短板

未来我国农村人居环境治理水平将显著提升。预计到 2030 年，农村厕所基本实现全覆盖，建制镇、乡生活污水处理率将分别达到 79%、47.5%，建制镇、乡生活垃圾无害化处理率接近 100%。畜禽粪污综合利用率呈逐步提升趋势，农药、化肥施用量将持续下降。到 2030 年，我国畜禽粪污综合利用率将达到 85% 及以上，农药和化肥施用量将分别达到 71.69 万 t 和 4 306.91 万 t，较 2020 年分别降低 45.19% 和 17.97%。我国农村生态环境质量呈现不断向"良好"等级转变的态势，到 2030 年，农村生态环境质量将得到明显提升，预计我国农村生态环境综合指数将由 2022 年的 0.72 提升至 2030 年的 0.97，生态环境质量将实现由中等向良好的转变。

### 九、新污染物已成为全球关注的环境问题，未来新污染物治理面临压力较大，"十五五"期间，应进一步加强对新污染物污染成因与过程的科学认知，从源头控制、治理技术、标准法规等方面提出有效举措

持久性有机污染物（POPs）和微塑料等新污染物已成为全球关注的环境问题，但由于对新污染物基础数据、相关成因、治理技术、影响大小等掌握不足，POPs 和微塑料的治理仍面临较大挑战。POPs 是一类具有高毒性的化学物质，目前我国已经淘汰六溴环十二烷等 20 种 POPs 污染物，结合近 30 年我国 POPs 物质的暴露水平、时空趋势分析和健康风险评估结果，可以看出各地方在 POPs 治理思路、政策措施和行动方案上存在很大的差异，"十五五"时期应从"环境风险评估与筛查—源头禁限—过程减排—末端治理—监管与执法"思路出发，提出科学、可行和有效的治理措施，以降低 POPs 对人体健康和环境的影响。

到 2030 年，我国塑料产量预计比 2020 年增加 40%，将达到 14 000 万 t/a，如果不实行严格的塑料管控措施，估计每年有 2.08 万～552.17 万 t 沿海塑料废物进入海洋，每年将有 0.5 万～104.78 万 t 塑料废物输送到海洋上，总计 2.58 万～656.95 万 t 塑料通过沿海陆地和内陆河流进入海洋，将对环境、经济和社会产生严重影响。在微塑料防治方面，近期应通过开展更多研究和环境背景值监测来了解微塑料的来源、分布和影响。从中长期来看，应通过支持研究和创新来开发替代塑料的材料和产品以控制增量，发展和采用先进技术捕捞和清理水体中的微塑料以减少存量，从而实现微塑料污染风险管控。

**十、加快发展新质生产力，推动绿色低碳转型，完善、细化升级版污染防治攻坚战目标任务和路线图，推动减污降碳协同增效，实施生态环境保护重大工程，推动美丽中国建设**

在战略部署上，着力构建以人与自然和谐共生美丽中国为主线的生态环境保护战略新格局，制定并发布美丽中国建设目标和考核体系，构建水、气、土、生态等各领域行动体系，分阶段出台美丽中国建设实施方案，明确"中长期战略规划指导，分阶段行动方案支撑"的实施路径。加强数字美丽中国建设，以绿色科技创新推动新质生产力发展。

在推进路线上，重点把握好发展和保护、发展和安全、能源和气候等的关系。统筹好治理与保护以及不同区域、城市和农村、陆域与海洋、多污染物协同、传统污染物与新污染物治理的系统关系，建立面向美丽中国的覆盖多污染物协同综合防治、生态环境立体化监测、常规污染物和新污染物治理、环境健康和重大公共卫生事件应对等领域的生态环境科技创新体系。

在不同领域和要素上，由于我国能源需求总量还将持续增长，需要采取积极措施确保实现 2030 年前碳达峰。协同推进化石燃料高效利用，推进煤炭消费转型升级。积极发展核电、可再生清洁能源，逐步降低煤炭消费比例，推动能源结构持续优化。围绕大气环境改善，以降低 $PM_{2.5}$ 浓度为首要目标，协同防控 $NO_x$ 和 **VOCs** 等前体物，遏制 $O_3$ 浓度上升态势，推动全国空气质量显著改善。围绕水环境改善，以 2030 年我国水环境质量实现整体改善为目标，合理确定水生态保护指标体系，聚焦好水、劣水的综合提升，完善农业农村"源头防控—过程防控—末端治理"的面源污染防治体系。重点围绕水生态开展水源涵养区、水域及其生态缓冲带等流域重要生态空间范围划定工作，对生物生境和生物群落受损的河湖生态空间，实施河湖生态缓冲带恢复、天然生境和水生植被恢复等措施。围绕固体废物污染防治，加强固体废物源头减量和资源化利用，建立健全危险废物管理体系，推进垃圾分类与再生资源回收"两网融合"体系建设。围绕农村生态环境改善，以农村生活污水垃圾治理、化肥农药减量增效、农膜回收利用、养殖污染防治等为重点领域，持续推进农村人居环境整治提升和农业面源污染防治。创建一批美丽乡村示范乡镇，培育和打造一批"产村人文"相得益彰的美丽乡村示范村。

在行动主体上，更加注重调动地方政府、社会和公众保护生态环境的自觉性和主动性，更加注重行政、技术、经济等综合手段特别是市场化手段的运用，加大生态环境治理资金的投入。加强美丽中国建设先行区、各地美丽建设典型和样板的引领。以实施生态环境保护重大工程为抓手，因地制宜推动形成美丽省区、美丽城市、美丽乡村、美丽河湖、美丽海湾等实践体系。同世界各国分享促进人与自然和谐共生的中国理念、中国智慧、中国方案，共建清洁美丽世界和美好地球家园。

# 第1章 研究背景与思路

## 1.1 研究背景

党中央高度重视美丽中国建设。习近平总书记在 2023 年全国生态环境保护大会上，从党和国家事业发展全局的高度，对以美丽中国建设全面推进人与自然和谐共生的现代化作出重大战略部署。生态环境根本好转是美丽中国建设的核心标志。党的十八大以来，我国生态环境保护工作取得显著成效，生态环境质量明显改善。经过全国上下共同努力，我国天更蓝、地更绿、水更清，万里河山更加多姿多彩，美丽中国建设成就令人瞩目。到 2022 年年底，全国重点城市 $PM_{2.5}$ 浓度同比下降 57%，降至 29 $\mu g/m^3$，地级及以上城市 $PM_{2.5}$ 平均浓度连续 3 年都降至世界卫生组织所确定的 35 $\mu g/m^3$ 第一阶段过渡值以下，我国成为全球大气质量改善速度最快的国家。全国地表水优良水质断面比例提高 23.8 个百分点，达到 87.9%。全国近岸海域水质优良比例提高 17.6 个百分点。地级及以上城市建成区黑臭水体基本消除。顺利实现固体废物"零进口"目标。土壤和地下水环境风险得到有效管控，农村生态环境明显改善。全国自然保护地面积达到全国陆域国土面积的 18%，陆域生态保护红线面积占陆域国土面积的比例超过 30%。10 年来，我国以年均 3%的能源消费增速支撑了年均 6.2%的经济增长，可再生能源开发利用规模、新能源汽车产销量均位居世界第一。

"十五五"及未来一段时期，是我国由全面建成小康社会向基本实现社会主义现代化迈进的关键时期，是"两个一百年"奋斗目标的历史交汇期，也是全面开启社会主义现代化强国建设新征程的重要机遇期。我国的主要矛盾已经转变，我国的生态环境形势也发生了深刻变化，生态环境保护发展面临新时代、新矛盾、新问题、新机遇、新挑战等一系列新情况，必须以更高层次、更宽视野来研究这些新情况，解决这些新问题。

为全面把握新时期经济社会与生态环境形势变化的特点，满足国家和人民对生态环境保护的"新期待"，需要深入贯彻落实习近平生态文明思想，深刻理解全国生态环境保护大会精神，结合美丽中国建设目标,对"十五五"经济社会发展与生态环境进行预测研判。本研究基于这一背景,从不同的要素、领域、区域、流域等多维度出发,对"十五五"期间我国能源低碳、大气环境、水环境、固体废物、农村环境、常规与新污染物等生态环境发展趋势进行了预测分析,以期为"十五五"生态环境保护规划提供科学的决策参考,同时期待为建设美丽中国做出支撑贡献。

## 1.2 预测思路

本研究聚焦于面向美丽中国的"十五五"环境经济形势预测与分析,通过对 2025 年、2030 年我国生产总值、产业结构、人口增长、资源消耗、污染物排放、环境质量、环境风险等的模拟预测,分析我国环境经济形势,研判新机遇、新问题、新挑战,谋划"十五五"美丽中国建设的重点任务与目标,以期为生态环境保护工作提供参考。

第一,对经济社会发展进行预测。建立经济社会发展预测模型,主要包括国内生产总值预测、人口和城市化水平预测、各行业产值的预测、各行业增加值的预测、产品产量的预测等内容。基于此,研究人口增加及城市化,行业产值、增加值,产品产量等对资源环境产生的压力与影响。研究中也充分借鉴了国内外相关机构对中国经济社会发展的预测成果。

第二,对能源消耗与碳排放进行预测。以我国 2030 年前实现碳排放达峰、2060 年前实现碳中和为约束,充分考虑国家社会经济与能源规划、相关机构预测研究成果,通过反复迭代优化,预测"十五五"期间我国电力、水泥、钢铁、煤化工等重点行业和京津冀地区、苏鲁豫皖地区、汾渭平原等重点区域的能源消费与碳排放情况。

第三,对大气环境质量进行预测。基于全国及各地区经济社会发展水平,结合各行业各领域的能耗水平、污染治理水平,预测"十五五"期间我国主要大气污染物排放量;在此基础上,耦合WRF 气象模拟模型和 CMAQ 空气质量模型,利用全国大气环境质量预测模型,模拟分析大气环境质量的变化趋势;还根据历史类似年份大气污染排放与空气质量状况,通过趋势外推研判我国重点区域在目标年份的空气质量情况。

第四,对水环境质量进行预测。采取数理模型结合趋势外推的预测方法,根据全国七大重点流域历年主要水污染物的排放数据以及水质监测站点的监测值等数据,建立污染物-水质间响应关系,确定影响水环境质量的相关因素;随后利用趋势外推法,建立不同等级水体比例与相应影响因素间的回归方程,基于不同情景方案预测"十五五"期间全国各重点流域的水环境质量状况。

第五,对固体废物环境进行预测。包括固体废物的产生量、处理量和堆放量的预测,涉及一般工业固体废物、危险废物、生活垃圾和再生资源四大类。一般工业固体废物和危险废物的预测思路相似,通过预测未来的废物利用处置率和单位工业增加值废物产生量来计算预测年份的产生量和利用处置量。对城镇生活垃圾的预测根据未来常住人口数量和人均生活垃圾产生量,计算出未来的清运量、无害化处理量、填埋量、焚烧量和堆放量等。对再生资源的预测则是确定主要品种的再生资源增长率,据此预测未来的回收量。

第六,对农村生态环境进行预测。采用农村污水处理率和乡镇生活垃圾无害化处理率两个指标来反映农村人居环境治理水平,同时选取农药和化肥施用量来反映农业面源污染防治的压力。根据2015—2020年的相关数据和未来的政策要求,预测了2025—2030年我国农村人居环境治理水平和农业面源污染防治压力,构建了我国农村生态环境质量评价指标体系,预测了"十五五"期间我国农村生态环境综合指数的变化趋势。

第七,对新污染物治理与环境风险进行预测。选择了两类具有代表性的新污染物:微塑料和持久性有机污染物,构建这两类新污染物预测的基本思路和评估模型,在此基础上,提出"十五五"时期我国这两类新污染物治理与环境风险预防的对策建议。

预测总体技术路线见图1-1。

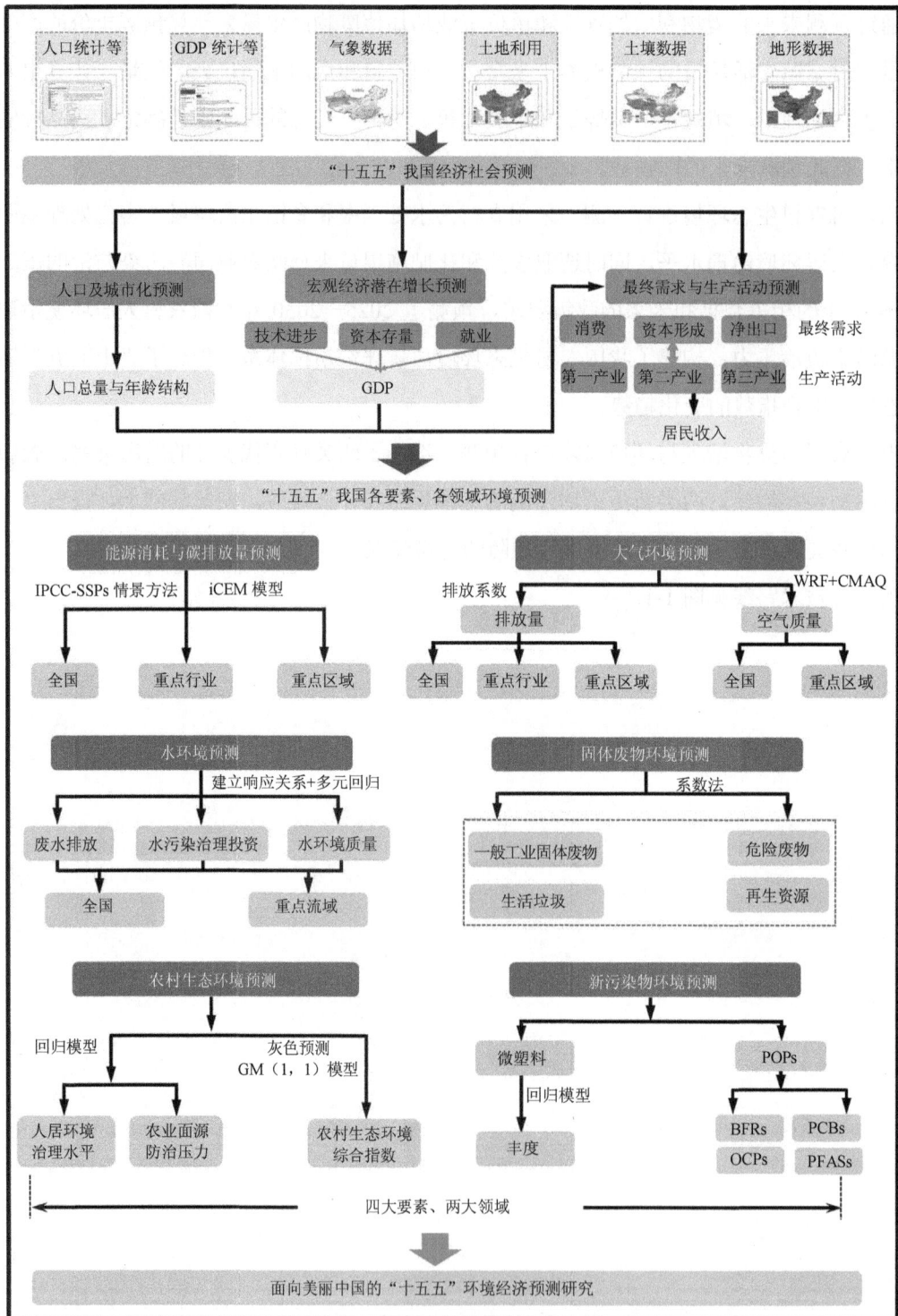

图 1-1 面向美丽中国的"十五五"环境经济预测总体技术路线

# 第 2 章　经济社会预测

"十四五"时期以来，我国经济遭遇了需求收缩、供给冲击，以及预期转弱三重压力的超预期冲击。尽管如此，得益于对疫情防控和经济社会发展两手抓的高效统筹，我国 GDP 在 2020—2022 年实现了年均复合增长率 4.5%，在全球主要经济体中表现突出。在"后疫情"时期至"十五五"期间，我国经济社会发展依然面临多重挑战，同时蕴含着新的机遇，展望"十五五"，我国经济将在内外需结构、三次产业结构、投资消费结构的"再平衡"中寻求新的增长点，以供给侧结构性改革为主线，推动经济结构优化升级，实现更高质量、更有效率、更加公平、更可持续、更为安全的发展。基于此，本章将全面系统地梳理国内外研究者对我国经济社会中长期预测的结果，多角度分析与预测"十五五"期间我国经济社会发展的速度和水平，为美丽中国建设和相关政策制定提供科学依据。

## 2.1　现状分析

2023 年，作为全面贯彻党的二十大精神的开局之年，以及后新冠疫情时期经济恢复发展的关键一年，我国经济主要预期目标圆满实现，为全面建设社会主义现代化国家奠定了坚实基础，全国 GDP 达到 126.1 万亿元，按不变价格计算，同比增长了 5.2%，增速较 2022 年加快 2.2 个百分点，分季度来看，第一季度同比增长 4.5%，第二季度增长 6.3%，第三季度增长 4.9%，第四季度增长 5.2%，呈现前低、中高、后稳的态势，经济向好趋势进一步巩固；按可比价计算，2023 年经济增量超过 6 万亿元，相当于一个中等国家一年的经济总量；人均 GDP 稳步提升，2023 年达到 8.9 万元，同比增长了 5.4%[①]，这一增长率在世界主要经济体中处于领先地位；若以 2019 年为基期，尽管疫情给全球经济带来了前所未有的挑战，我国经济仍保持了年均复合增速 4.5%的稳健增长。2019—2023 年我国 GDP 总量和增速情况见图 2-1。

---

① 国家统计局发布，https://www.gov.cn/lianbo/bumen/202401/content_6926727.htm。

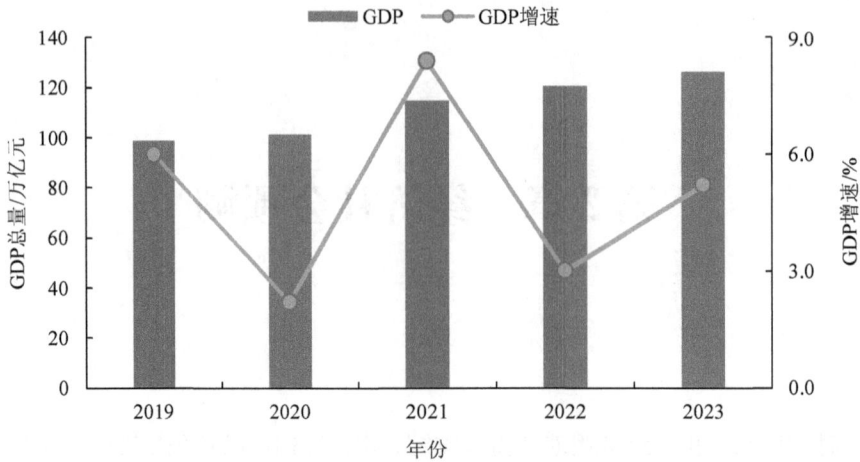

图 2-1　2019—2023 年我国 GDP 总量和增速情况

2023 年，我国产业结构持续优化，三大产业增加值占 GDP 的比重分别为 7.1%、38.3% 和 54.6%，其中第一产业增加值达到 9.0 万亿元，比 2022 年增长 4.1%；第二产业增加值为 48.2 万亿元，增长 4.7%；第三产业增加值为 68.8 万亿元，增长 5.8%。与美国、英国、德国、日本等发达国家相比，我国第一产业占比仍然相对较高，发达国家的第一产业占比大多稳定在 1% 左右，我国第一产业占比是其 7 倍；此外，作为制造业大国，我国第二产业占比与德国和日本类似，同时，我国也在积极推动制造业向高端化、智能化、绿色化转型；第三产业往往是发达国家拉动经济增长的主引擎，对其 GDP 的贡献普遍达到 75% 及以上，2023 年美国第三产业比重高达 81.6%，而我国第三产业尽管显示出了强劲的增长势头，但占比仍相对较低，2023 年第三产业比重未达到 60%，产业结构调整仍有较大的优化空间。

图 2-2、图 2-3 分别为我国和世界主要经济体近年来的三次产业结构情况。

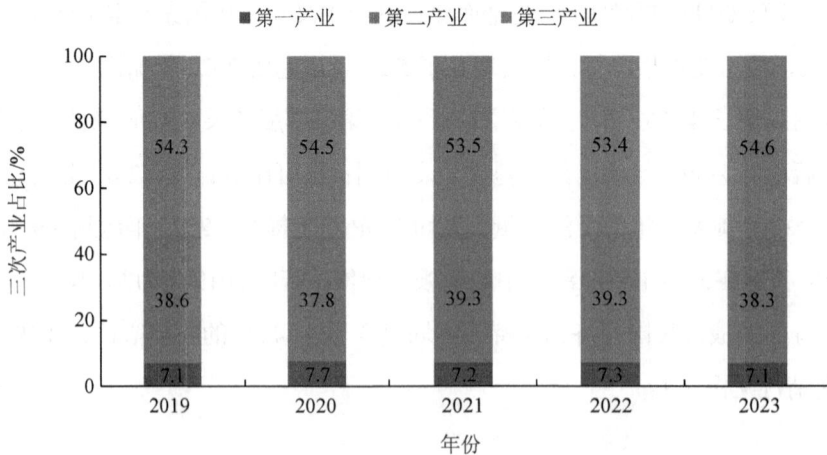

图 2-2　我国近年来的三次产业结构

三次产业占比/%

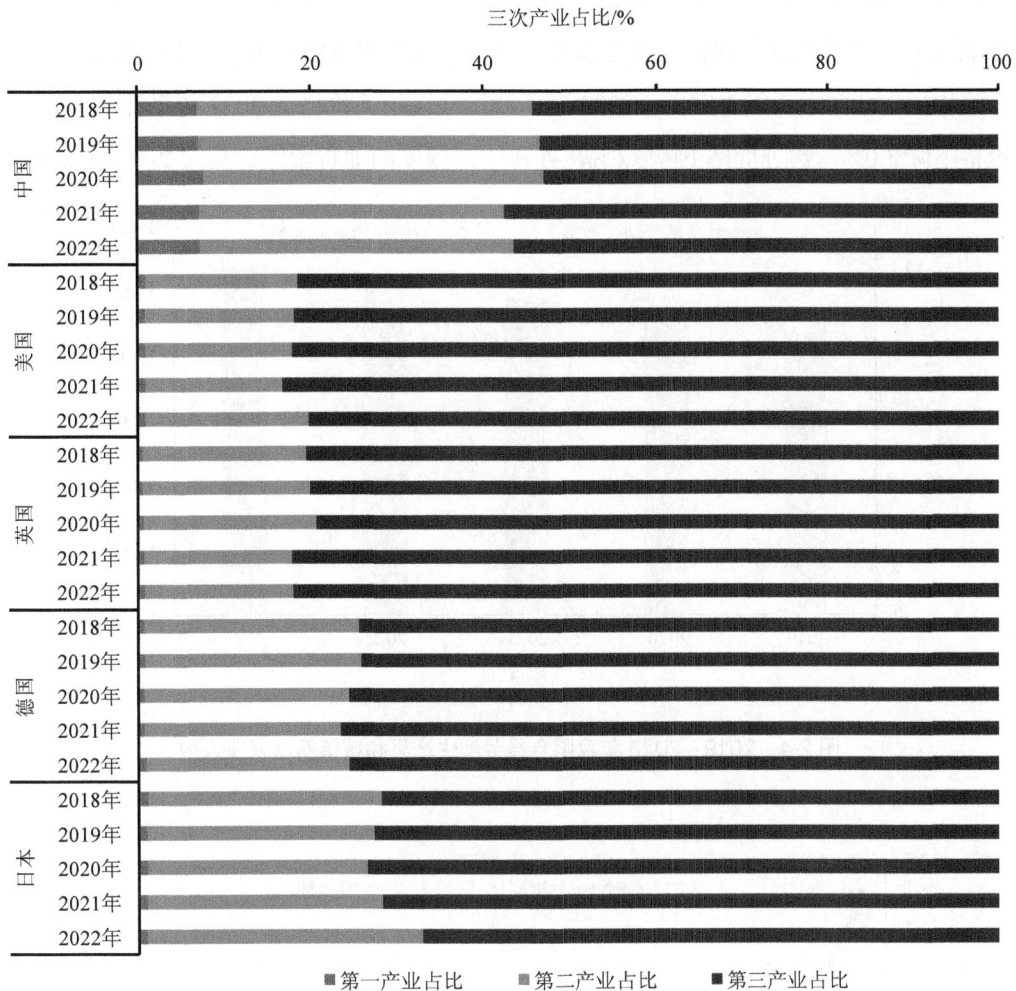

图 2-3　世界主要经济体近年来的三次产业结构（现价）

2022 年年末，我国总人口为 14.11 亿人，这是自改革开放以来我国首次出现人口的负增长，2023 年年末，总人口进一步减少为 14.09 亿人，标志着人口增长向下的趋势已不可逆转；2023 年，我国城镇和农村常住人口分别为 9.33 亿人和 4.77 亿人，城镇化率达 66.2%，较 2022 年提高了 0.9 个百分点。人口结构方面，进入 21 世纪以来，我国老年人口（60 岁及以上人口）占比已超过 10%，标志着我国正式进入了老龄化社会，2023 年我国 0~15 岁、16~59 岁和 60 岁及以上的人口分别为 2.48 亿人、8.65 亿人和 2.97 亿人，占比分别为 17.6%、61.3%和 21.1%，15~64 岁劳动年龄人口较上年减少了 80 万人，老龄化程度进一步加深。

就业方面，2023 年年末我国就业人员达到 7.40 亿人，其中城镇就业人员 4.70 亿人，新增就业

1 244 万人，较 2022 年增加 38 万人，2023 年我国城镇调查失业率全年平均值为 5.2%，较 2022 年降低 0.5 个百分点，就业情况呈现持续复苏态势，但青年人及服务业较为集中的大城市调查失业率明显走高，结构性失业问题仍较为突出；2023 年，我国居民消费价格较 2022 年微涨 0.2%，工业生产者出厂价格下降 3.0%，购进价格下降 3.6%，存在一定程度的通货紧缩。见图 2-4、图 2-5。

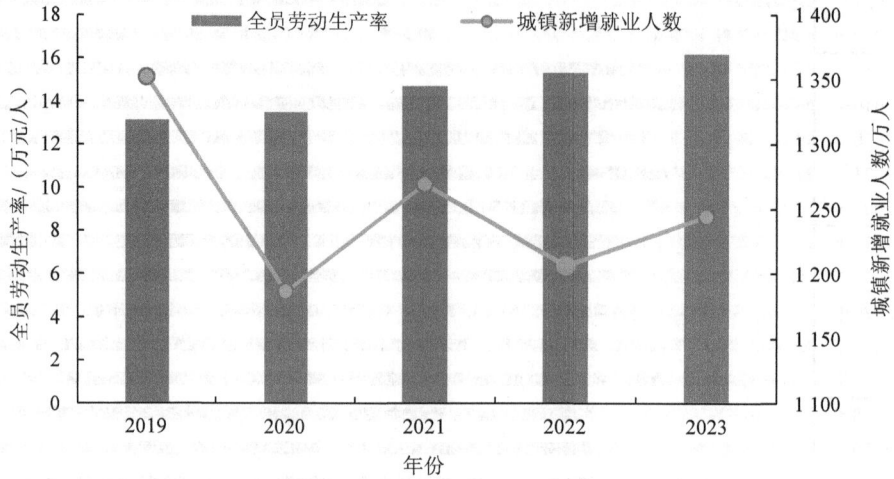

图 2-4 2019—2023 年我国全员劳动生产率和城镇新增就业人数

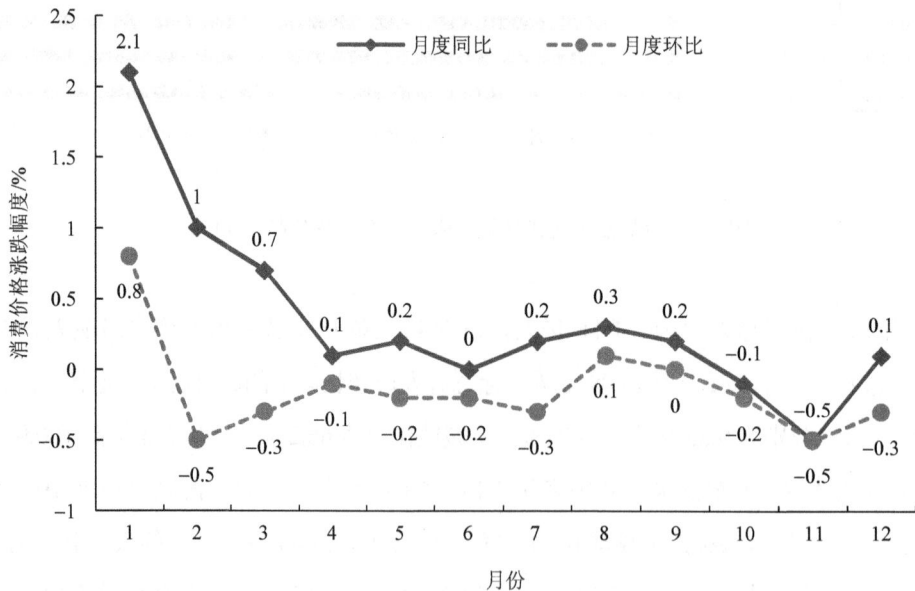

图 2-5 2023 年我国居民消费价格月度涨跌幅度

房地产开发和基础设施建设方面，自 2021 年以来我国房地产行业进入调整周期，2023 年我国房地产开发总投资为 11.1 万亿元，同比大幅下降 9.6%，这也显示出了我国房地产市场的调整态势。其中，住宅投资为 8.4 万亿元，同比下降 9.3%；办公楼和商业营业用房投资也分别下降 9.4%和 16.9%；房屋施工面积为 83.8 亿 $m^2$，房屋新开工面积为 9.5 亿 $m^2$，新建商品房销售面积为 11.2 亿 $m^2$，同比分别下降 7.4%、24.6%和 17.6%，这也反映出我国房地产市场在经历一段高速增长后，正在逐步回归理性（图 2-6、图 2-7）；全年二手房交易网签面积为 7.1 亿 $m^2$，年末新建商品房待售面积为 6.7 亿 $m^2$，其中商品住宅待售面积为 3.3 亿 $m^2$，房地产行业面临较大的清库存压力。与房地产市场的调整形成对比，2023 年我国基础设施投资同比增长了 9.4%，在稳增长基调下，基建投资发力，成为政府稳增长、逆周期调控的重要着力点，2023 年一批防汛抗旱、引水调水等重大水利工程开工建设，电力、交通和通信基础设施建设也取得显著进展，包括新增 220 kV 及以上交流变电设备容量 25 656 万 kVA，新建铁路投产里程 3 637 km，新建高速公路里程 7 498 km，新增民用运输机场 5 个，机场容量新增 4 亿人次；新增光缆线路长度 474 万 km，所有地级市实现千兆光网覆盖，所有行政村实现通宽带，在经济下行压力加大时，基础设施建设发挥了重要的经济托底作用。

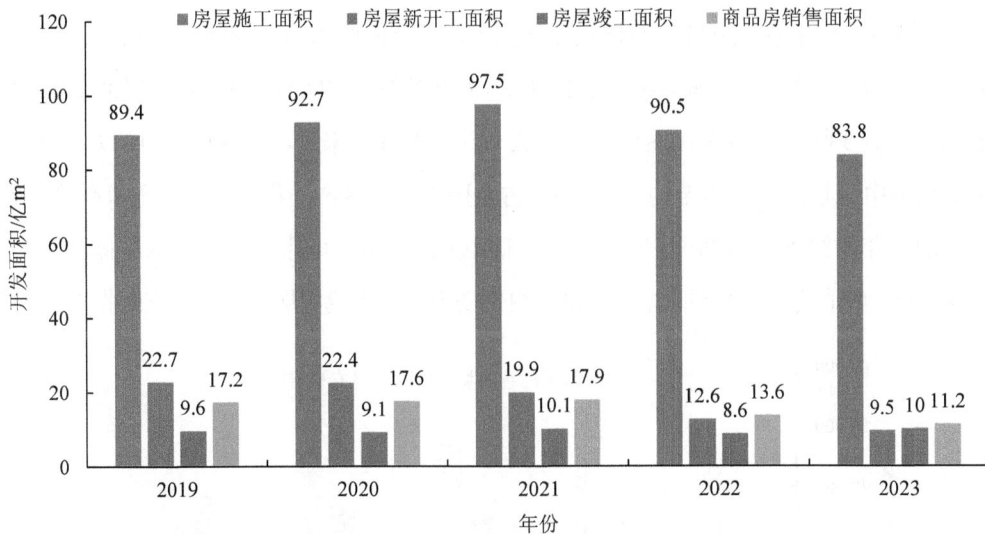

图 2-6　2019—2023 年我国房地产开发面积

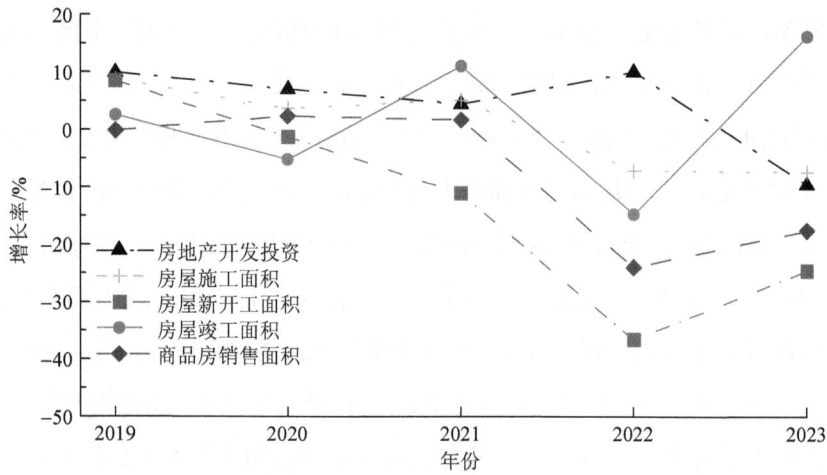

图 2-7　2019—2023 年我国房地产投资与开发面积变化趋势

2023 年，全国居民人均可支配收入达 3.92 万元，按不变价格计算，同比增长了 6.1%，自 2019 年以来首次实现增速超过 GDP 增速，我国居民收入水平在稳步提升；人均可支配收入的中位数为 3.30 万元，同比增长 5.3%，中位数占平均数的比重保持在 85% 左右，我国居民收入分配的公平性在逐步提高；从城乡差距来看，2023 年我国城镇居民人均可支配收入为 5.18 万元，按不变价计算，同比增长了 4.8%，农村居民人均可支配收入为 2.17 万元，同比增长了 7.6%，我国农村居民收入的增长速度正在超过城镇，城乡收入差距正在逐步缩小；从不同收入群体来看，以年收入 10 万～50 万元为标准，2023 年我国中等收入群体增至约 4.6 亿人，占全国人口约 33%，我国中等收入群体在持续扩大，与 2017 年相比，年均约增加 1 000 万人，随着我国居民收入的持续增长和中等收入群体的扩大，将进一步地促进我国的国内消费水平，同时增强经济的内生动力。近年我国居民人均可支配收入见图 2-8。

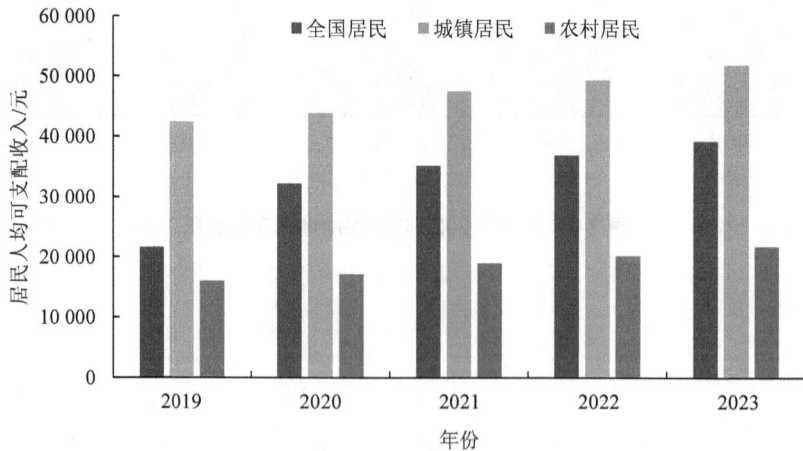

图 2-8　近年我国居民人均可支配收入

2023 年，我国货物进出口总额达到 41.75 万亿元，同比增长 0.2%，其中出口 23.77 万亿元，同比增长 0.6%，进口 17.98 万亿元，同比下降 0.3%；2023 年我国货物进出口顺差为 5.79 万亿元，较 2022 年增加 1938 亿元，我国的出口竞争力在持续增强。2023 年，我国对共建"一带一路"国家的进出口额达到 19.47 万亿元，同比增长 2.8%，其中出口 10.73 万亿元，大幅增长 6.9%，尽管进口 8.74 万亿元，同比下降了 1.9%，但出口的增长仍然为我国经济增长提供了重要支撑。随着全球经济增速趋缓和我国出口份额回落，我国外贸进出口同比增速由正转负，对经济增长的贡献在减弱，这就需要国家采取积极有效措施来应对外部环境的变化。

## 2.2　与发达国家对比

与世界其他主要经济体对比来看，我国在 21 世纪以来保持了强劲的经济增长势头，从经济总量来看，2006—2011 年，我国 GDP 总量先后超越了英国、德国和日本，成为世界第二大经济体，此外，2023 年全球经济格局也发生了显著变化，德国超越日本正式成为世界第三大经济体；虽然美国仍然是全球经济的主导力量，但我国正在加速赶超，展现出成为全球经济领导者的巨大潜力。从经济增长率来看，在 2008 年国际金融危机和 2020 年新冠疫情等重大全球性挑战面前，我国经济展现出较强的韧性和抗冲击能力，与其他国家相比，危机对我国经济的负面影响相对有限，2023 年我国经济增速（5.2%）明显快于全球平均水平和美国（2.9%）、欧元区（0.4%）、日本（1.7%）等几大经济体（图 2-9），2023 年我国对全球经济增长的贡献率达 32%，是世界经济增长的主要引擎。2000—2023 年世界主要经济体的 GDP 和 GDP 增速见图 2-10。

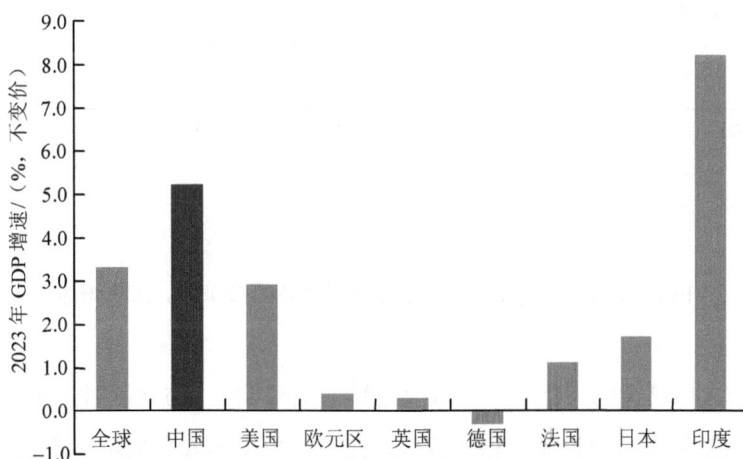

图 2-9　2023 年世界主要经济体的 GDP 增速

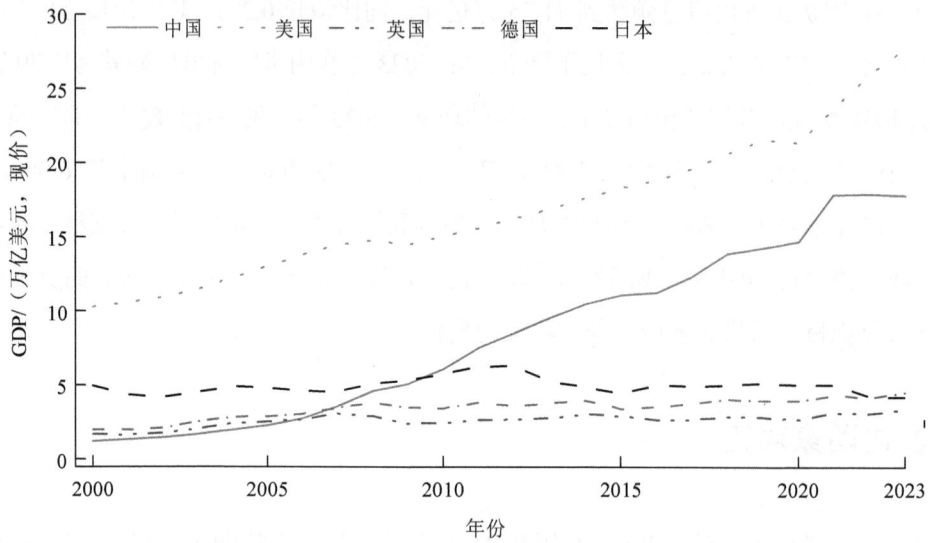

（a）

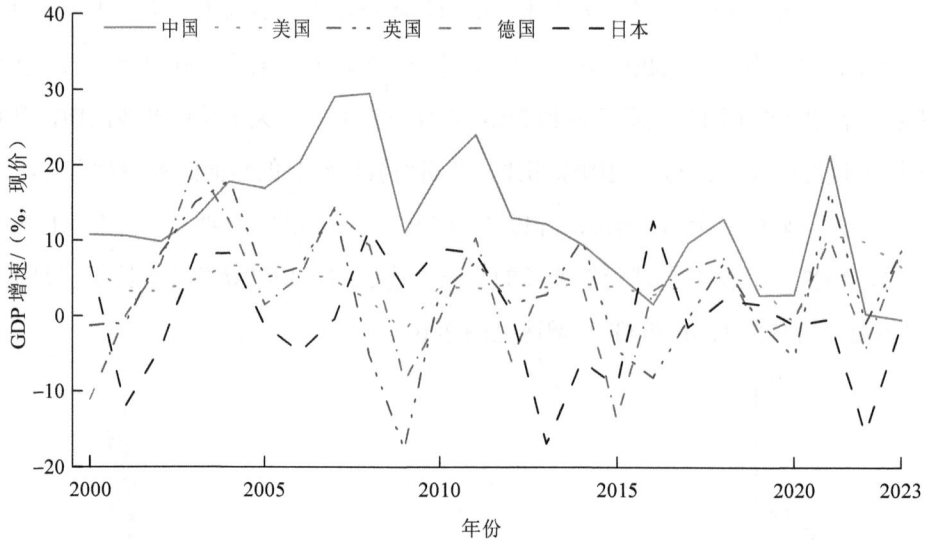

（b）

图 2-10　2000—2023 年世界主要经济体的 GDP 和 GDP 增速[①]

2023 年，我国人口增长的下行趋势已难以逆转（图 2-11）。与此同时，美国、英国和德国等发达国家自 21 世纪以来的人口增长率也相对较低。此外，日本的人口保持负增长趋势，并在 2010 年有所加剧（图 2-12）。

———————————

① 数据来源：世界银行，德国 2023 年 GDP 数据来源于国际货币基金组织（IMF）。

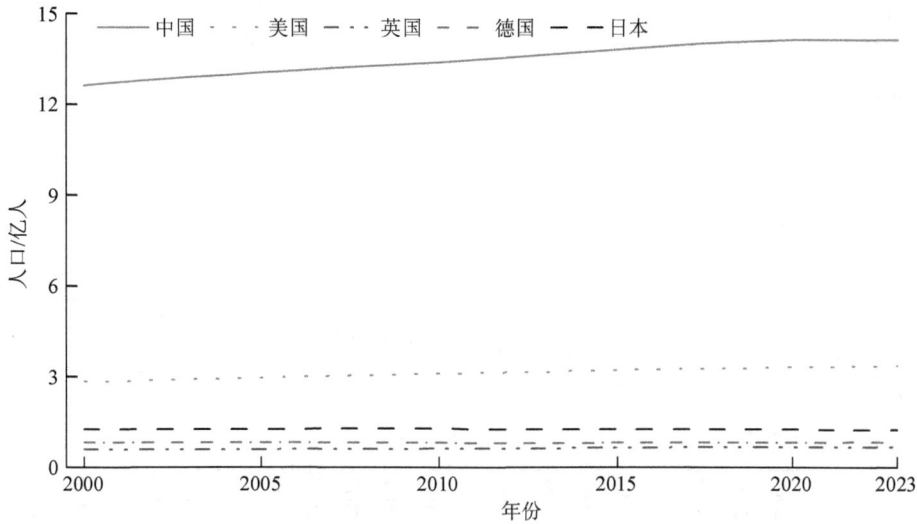

图 2-11　2000—2023 年世界主要经济体人口总量变化趋势

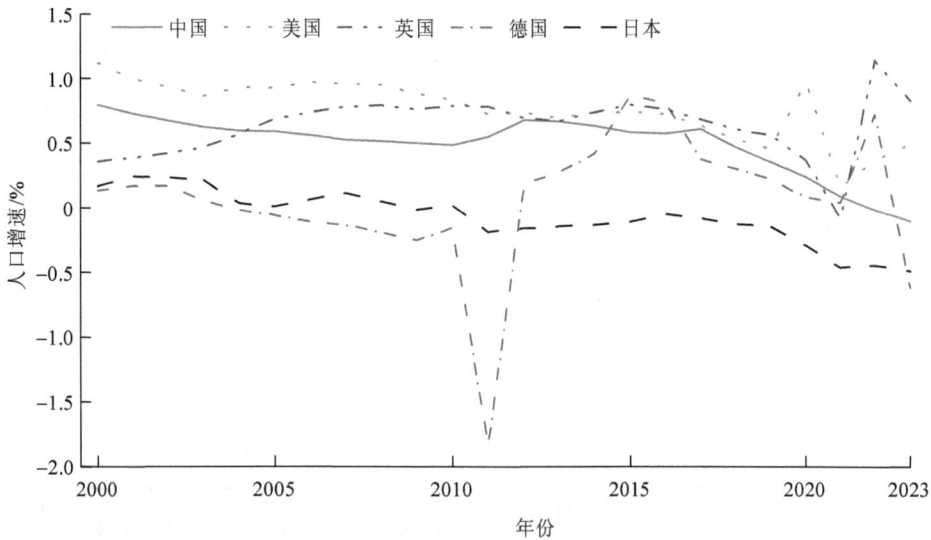

图 2-12　世界主要经济体近年人口增速变化趋势

　　与发达国家相比，我国劳动年龄人口比例仍具有一定优势，65 岁及以上人口比例显著低于美国、英国、德国和日本，但自 2016 年以来比例增速显著加快（图 2-13），预计在 10 年内即能达到 20% 以上（德国水平）。

　　21 世纪以来，我国城镇化率快速提高，在 25 年提高了超过 20 个百分点；发达国家的城镇化率长期维持在 80% 左右水平（图 2-14）。

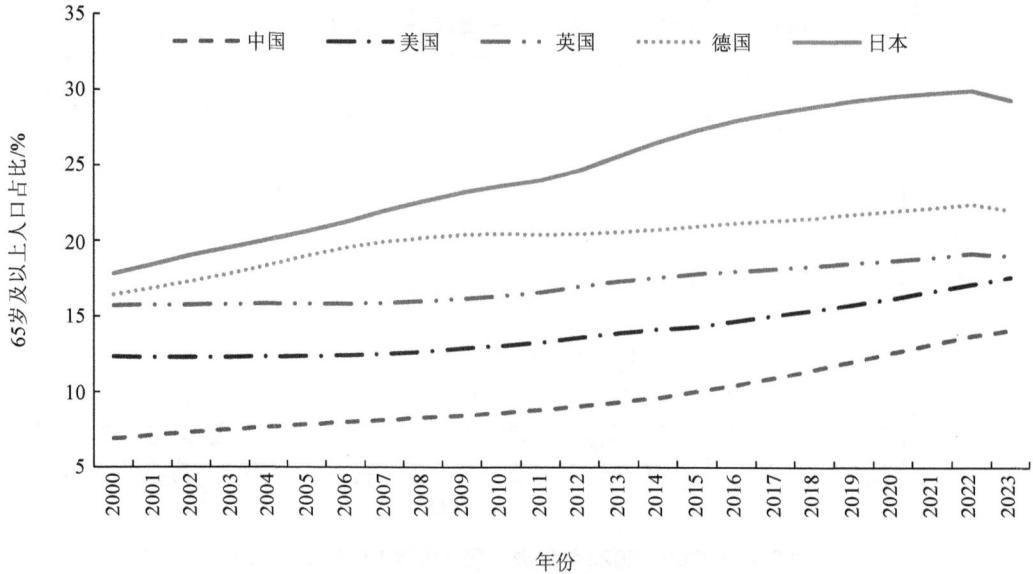

图 2-13  世界主要经济体 65 岁及以上人口占比

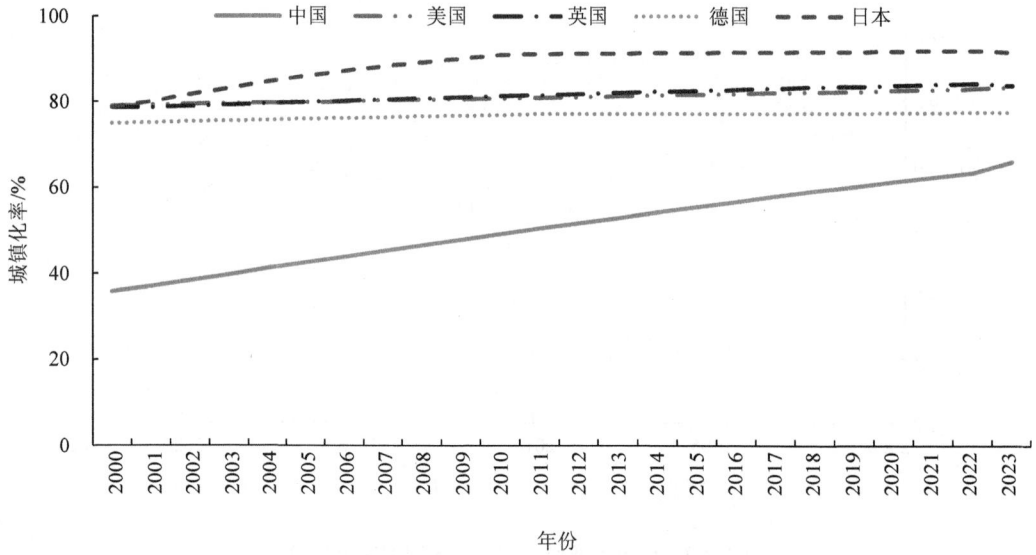

图 2-14  2000—2023 年世界主要经济体城镇化率

根据对"十五五"时期社会经济发展趋势的预测研判，2030 年我国人均 GDP 将达到 1.8 万美元左右，根据世界银行数据，美国、英国、德国和日本等世界传统发达国家人均 GDP 达到该水平的时间均在 1985—1995 年（分别为 1985 年、1993 年、1988 年和 1986 年），在这个区间内，除英国以外的发达国家的经济增速还保持在 5% 以上的较高增速，三次产业方面，第一产业占比已降至 2% 以下的水平，第三产业占比初步增至 50%以上，城镇化率都在 70%以上（表 2-1）。对标分析结果表明，我国的经济规模、产业结构和城镇化建设与发达国家水平相比，还存在一定的提升空间。

表 2-1　人均 GDP 1.81 万美元时部分国家经济产业情况[①]

| 指标 | 美国 | 英国 | 德国 | 日本 |
| --- | --- | --- | --- | --- |
| 达到年份 | 1985 年 | 1993 年 | 1988 年 | 1986 年 |
| 人均 GDP/美元 | 18 237 | 18 389 | 17 931 | 17 452 |
| GDP 增速/% | 7.5 | −10.0 | 7.9 | 48.6 |
| 第一产业占比/% | NA | 1.23 | NA | NA |
| 第二产业占比/% | NA | 40.87 | NA | NA |
| 第三产业占比/% | NA | 57.90 | NA | NA |
| 城镇化率/% | 74.49 | 78.23 | 73.00 | 76.84 |

## 2.3　不同机构研究比较

广泛搜集、整理国内外权威智库及高被引研究对我国近期及中远期宏观社会经济发展水平和增长速度的预测结果，并提炼出关键的社会经济指标。其中，GDP 增长水平、增速如表 2-2 和表 2-3 所示。整体而言，国内外学者普遍预测我国经济增长速率在"十四五""十五五"和"十六五"期间将逐步放缓，但不同研究的变化程度差异较大，2025—2030 年 GDP 增长率为 3.4%~6.9%，2030—2035 年为 2.4%~6.5%。较早研究对我国经济发展较为乐观，而经历新冠疫情、中美贸易战和不稳定的国际局势影响后，近年来的研究对经济增速预测逐渐趋于保守。一部分智库预测我国经济规模将在 2035 年前后达到中等发达国家水平，21 世纪 30 年代末增至与美国持平的水平。

表 2-2　国内外权威机构和研究对我国未来 GDP 预测结果

| 机构或研究者 | 2025 年 | 2030 年 | 2035 年 |
| --- | --- | --- | --- |
| 经济合作与发展组织[②]（OECD） | 30.1 万亿美元（插值） | 36.2 万亿美元 | 40.9 万亿美元（插值） |
| 英国经济与商业研究中心[③]（CEBR） | 20.7 万亿美元 | 31.2 万亿美元（插值） | 41.7 万亿美元（插值） |
| 国际货币基金组织（IMF）[④] | 11.7 万亿美元 | 12.1 万亿美元 | — |
| 易信和郭春丽，国家发展改革委经济研究所 | 18.0 万~21.1 万亿美元 | 22.2 万~27.8 万亿美元 | 26.9 万~35.7 万亿美元 |
| 国家信息中心、生态环境部环境规划院 | 120.5 万~127.5 万亿元 | | 182.7 万~212.7 万亿元 |

① 数据来源：世界银行，GDP 和三次产业增加值为现价，美国、德国和日本无相关年份三次产业增加值数据。
② https://stats.oecd.org/Index.aspx?DataSetCode=EO114_LTB.
③ https://cebr.com/reports/world-economic-league-table-2023/.
④ https://www.imf.org/en/Publications/WEO/Issues/2024/04/16/world-economic-outlook-april-2024.

表 2-3　国内外权威机构和研究对我国未来 GDP 增速预测结果

| 机构或研究者 | 2024—2025 年 | 2025—2030 年 | 2030—2035 年 |
|---|---|---|---|
| 世界银行（WB） | 4.3% | — | — |
| 经济合作与发展组织①（OECD） | 3.9% | 3.9% | 2.4% |
| 高盛（Goldman Sachs）② | — | 4.5% | 4.0% |
| 英国经济与商业研究中心③（CEBR） | 4% | 5.9% | 5.6% |
| 国际货币基金组织（IMF）④ | 4.4% | 3.4% | — |
| 白重恩等，清华大学 | 5.6% | 5% | 4.5% |
| 肖宏伟等，国家信息中心 | 5% | | |
| 易信和郭春丽，国家发展改革委经济研究所 | 4.7%～6.2% | 4.2%～5.6% | 3.8%～5.0% |
| 刘伟和范欣，中国人民大学 | 7.3% | 6.9% | 6.5% |
| 国家信息中心、生态环境部环境规划院 | 5.0%～6.0% | | |

　　产业结构方面，多数研究结论均显示，由于城市化和产业升级，我国经济将从农业-工业结构逐渐升级为工业-服务业结构。首先，农业在 GDP 中的比重将持续缓慢降低，到 2035 年第一产业占 GDP 比重将在 5%～10%。其次，制造业依然将是我国经济的重要支柱，但随着科技进步和生产效率的提高，其相对比重也将有所下降，部分区域的第二产业比重甚至降至 20% 以内，高端制造业将成为第二产业的核心构成。最后，第三产业的比重将显著上升，普遍认为在 2035 年将升至 65% 以上，信息技术和金融服务将成为支撑第三产业乃至中国经济的重要行业。见表 2-4。

表 2-4　国内外权威机构和研究对我国未来产业结构预测结果

| 机构或研究者 | 预测结果 |
|---|---|
| bp global⑤ | 到 2035 年，三次产业占比将达到 5∶23∶72 |
| 麦肯锡（McKinsey & Company） | 未来中国将大力发展新能源相关产业 |
| China Briefing⑥ | 到 2035 年中国经济增长将更多依赖于第三产业的驱动，中国的几个主要城市群（粤港澳大湾区、成渝经济区）将在高端制造业和金融服务业方面成为全球经济的重要组成部分 |
| 剑桥大学 | 随着经济向高质量增长转型，第三产业在 GDP 中的比重将继续增加，第二产业的增速将有所放缓，而第一产业的比重将逐渐减少 |
| 国家信息中心 | 2025 年为（6.9～7.0）∶（32.8～34.1）∶（59.0～60.2），2035 年为（5.4～5.6）∶（25.9～28.1）∶（66.5～68.5） |
| 中国社会科学院数量经济与技术经济研究所 | 2025 年为 8.3∶33.8∶57.9，2035 年为 7.4∶29.9∶62.7 |

① https://stats.oecd.org/Index.aspx?DataSetCode=EO114_LTB.

② https://www.goldmansachs.com/intelligence/pages/gs-research/the-path-to-2075-slower-global-growth-but-convergence-remains-intact/report.pdf#:~:text=URL%3A%20https%3A%2F%2Fwww.goldmansachs.com%2Fintelligence%2Fpages%2Fgs.

③ https://cebr.com/reports/world-economic-league-table-2023/.

④ https://www.imf.org/en/Publications/WEO/Issues/2024/04/16/world-economic-outlook-april-2024.

⑤ https://www.bp.com/en/global/corporate/energy-economics/energy-outlook.html.

⑥ https://www.china-briefing.com/news/chinas-vision-2035-from-beijings-forbidden-city-to-interconnected-eurasian-megacity/.

人口总量及结构方面，国内外相关研究均表明，我国将在未来面临严峻的人口挑战，包括人口总量减少、老龄化加剧和劳动年龄人口减少。2021—2022 年被普遍认为是人口峰值年，之后将持续下降，到 2035 年降至 13.5 亿左右，到 2050 年降至 12.3 亿左右，低生育率、城镇化进程和老龄化加剧是影响人口负增长的最重要因素，据统计 2021 年中国总和生育率（TFR）仅为 1.3，远低于维持人口自然更替所需的 2.1。老龄化的人口结构是我国未来面临的另一大人口挑战，多项研究均表明，到 2035 年中国 65 岁及以上人口比例将提高到 25%，到 2050 年甚至达到 28%左右，预期寿命延长、"婴儿潮"人口进入老年阶段以及低生育率的延续是导致我国老龄化加剧的主要原因，将对我国的经济增长、医疗养老体系造成巨大挑战。受出生率下降和老龄化影响，我国的劳动年龄人口（15～64 岁）在未来也将显著减少，研究显示，到 2035 年劳动年龄人口将比 2020 年减少 1 亿人，由此可能导致经济增长放缓和劳动力市场结构的变化。见表 2-5。

表 2-5　国内外权威机构和研究对我国未来人口预测结果

| 机构或研究者 | 预测结果 |
| --- | --- |
| 人口规模相关研究 | |
| 联合国人口基金会（UNFPA）、中国人口与发展研究中心[1] | 中国人口在 2022 年达到峰值 14.28 亿人，然后开始持续下降，到 2035 年降至 13.52 亿人 |
| 国际货币组织（IMF） | 预计到 2025 年，中国人口将降至 14.10 亿人，到 2030 年降至 14.01 亿人 |
| 中国社会科学院 | 到 2035 年，中国的人口将从目前的 14 亿减少到 13.4 亿，并且老龄化问题将日益严重 |
| 麦肯锡全球研究院[2] | 2050 年中国总人口将降至 12.3 亿人 |
| 人口结构相关研究 | |
| 张永军,中国国际经济交流中心[3] | 预计到 2035 年，65 岁及以上人口比例将增至约 25% |
| 世界银行 | 预计到 2035 年，65 岁及以上人口比例将增至约 20% |
| 劳动人口规模 | |
| 世界银行[4] | 预计到 2035 年，中国 15～64 岁的劳动年龄人口将从 2020 年的 9 亿人降至 8 亿人 |
| 国际劳工组织（ILO） | 中国的劳动年龄人口（15～64 岁）将在未来几十年显著减少，到 2035 年将从目前的 9 亿减少到 8 亿左右 |

城镇化进程方面，绝大部分研究显示，我国的城镇化进程还将持续 10～15 年，到 2035 年增至 70%～75%（表 2-6），不过少数研究也指出，随着我国人口老龄化加剧，逆城市化趋势也可能逐渐显现，老年人口可能会迁移至生活成本较低且环境宜人的小城镇和农村地区。城镇化规模发展之外，区域集聚效应也将更加明显，京津冀、长三角和粤港澳大湾区将是未来我国城镇化发展的关键区域。交通和通信技术发展、住房和公共设施的完善以及农村空心化是影响我国城镇化进程速率和方向的重要因素。

---

[1] https://china.unfpa.org/zh-Hans/publications/22070101.

[2] https://www.mdpi.com/2071-1050/12/10/4202.

[3] https://global.chinadaily.com.cn/a/202103/04/WS60401fd1a31024ad0baac916.html.

[4] https://www.china-briefing.com/news/chinas-vision-2035-from-beijings-forbidden-city-to-interconnected-eurasian-megacity/.

表 2-6　国内外权威机构和研究对我国未来城镇化发展预测结果

| 机构或研究者 | 预测结果 |
| --- | --- |
| 世界银行 | 到 2035 年，中国的城镇化率将达到 70% |
| 联合国人口署① | 到 2035 年，城镇化率将提升至 75.2% |
| 麦肯锡全球研究院 | 到 2030 年，城市人口将占全国人口 80%以上 |
| 中国社会科学院计量经济所 | 到 2035 年，中国城镇化率将超过 70% |
| 中国社会科学院中东欧研究所 | 到 2035 年，中国的城镇化率将达到 75% |
| 国家发展改革委 | 到 2035 年，中国的城镇化率将达到 75%左右 |

## 2.4　预测思路与技术路线

### 2.4.1　预测思路

基于以上研究思路，研究团队开展"十五五"时期我国经济社会的预测。首先，利用宏观计量经济模型和大规模动态可计算一般均衡模型（SICGE），以实现经济社会发展目标和满足潜在增长能力等条件为前提，开展我国"十五五"时期 GDP、产业增加值、人口与城镇化水平等方面的情景预测；其次，在上述预测基础上，进一步对"十五五"时期我国的第一、第二、第三产业结构进行预测；最后，对"十五五"时期我国消费、资本形成、净出口等最终需求开展预测。预测的具体技术路线如图 2-15 所示。

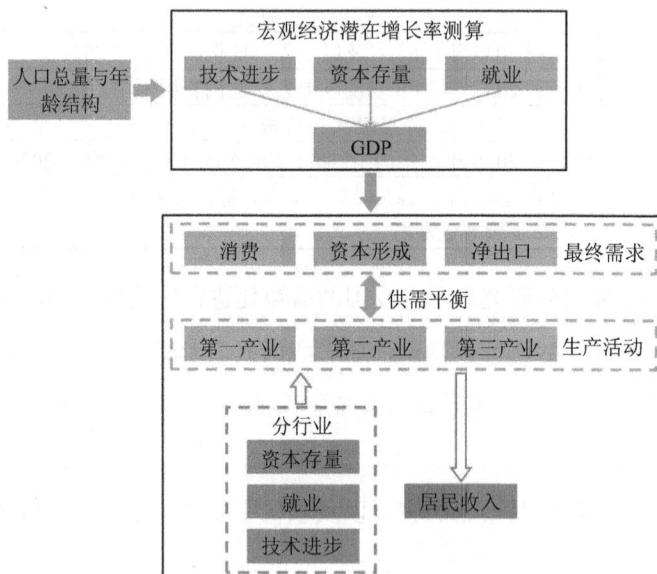

图 2-15　"十五五"时期我国经济社会预测技术路线

① https://unhabitat.org/wcr/.

### 2.4.2　经济社会发展情景设定

在情景模拟中，首先，设定了人口规模、结构以及城镇化进程的速度等要素；其次，设定了有偏向性的技术进步，考虑了通常情况下技术进步对劳动生产率提高的推动作用；最后，各种情景均假定社会保持基本稳定，没有重大的社会、政治环境动荡，以及战乱等事件发生。在这一前提下，本节针对我国经济社会发展的预测设置了基准、高、低三种情景。

（1）基准情景

综合考虑影响中国潜在经济增长的要素投入及其变化规律，全面深化改革取得积极成效，世界经济延续温和增长态势。劳动力数量投入对经济增长的贡献为负，储蓄率下降导致资本存量对经济增长的贡献稳步小幅减弱，而人力资本增长和科技进步对经济增长的贡献均稳步提高。中国收入分配改革取得一定进展，收入差距缩小，节能减排和环境保护政策得到有效执行，环境质量得到显著改善。

（2）高情景

在基准方案的基础上，资本依然发挥重要的经济增长拉动作用，人力资本增长和科技进步对经济增长的贡献大幅提高，全面深化改革取得显著成效，市场配置资源的效率趋于最大化和效益趋于最优化，社会财富的积累和分配更加体现公平正义，扩大人力资本投入、实质性推进科技创新和管理创新、不断优化改进体制机制、进一步完善高质量安全健康开放体系等因素，逐步成为支撑中国保持中高速经济潜在增长的主要驱动力，但环境质量改善效果一般。

（3）低情景

在基准方案的基础上，资本对经济增长的贡献呈下降趋势，劳动力对经济增长的贡献依然为负，而人力资本增长和科技进步对经济增长的贡献均取得一定程度的提高，发展新质生产力和全面深化改革进展一般，环境质量较之前有所改善。

### 2.4.3　主要变量变化趋势

（1）资本存量变化趋势

长期以来，中国经济一直具有高储蓄特征，而高储蓄率必然带来高投资率。从各国历史经验来看，如果一个经济体的储蓄率能占到 GDP 的 30%或者更多，那么它必然会保持较快的经济增速。"十五五"期间，预计中国的高储蓄特征不会改变，但储蓄率将呈逐步降低趋势。当前中国储蓄率在50%左右，预计 2025—2030 年有下降趋势。综合判断，2025—2030 年中国投资增速将逐步回落，但由于投资增速快、惯性大，预计 2025—2030 年资本存量年均增速在 6.4%左右。

（2）劳动力变化趋势

改革开放以来，人口总量和结构的变化构成了中国劳动力供给总量和结构变化的基础，同时，改革开放充分释放了中国的人口潜力，成为中国经济快速增长的重要动力来源。结合前述改革开放以来 40 余年中国的劳动年龄人口增速来看，正是由于劳动年龄人口在不断增加，中国经济发展才能获得充足的劳动力供应。但近年来，受总人口增速下降以及人口老龄化趋势不断深化的影响，中国劳动年龄人口增速已经在不断趋缓。综合判断，"十五五"期间中国劳动力数量将呈下降态势，预计 2025—2030 年劳动力数量年均增速在–0.01%左右。

（3）全要素生产率（TFP）变化趋势

改革开放以来，全要素生产率（TFP）的增长对中国经济增长发挥了重要作用。结合前述对改革开放以来中国全要素生产率增长主要影响因素的分析，根据熊彼特创新周期理论，以 IT 信息技术和人工智能为核心的第五轮技术进步或创新长周期，历经 1991—2008 年的繁荣阶段与 2008—2020 年的衰退阶段后，预计 2025—2030 年技术进步或创新的趋势将由下降转为上升，即处于从衰退转为复苏的阶段。综合判断，受经济增速换挡和发展新质生产力的影响，2025—2030 年中国全要素生产率增速呈现稳定趋势，预计 2025—2030 年全要素生产率年均增速在 2.72%左右。

## 2.5 经济增长预测结果

### 2.5.1 经济总量预测

预测结果显示，整体而言，"十五五"期间我国主要经济社会指标的增速随着基数不断增大出现一定回落，但增量还将稳定上升，产业转型升级稳步发展，产业链现代化有序推进。"十四五"时期以来，尽管我国经济经受了新冠疫情、俄乌冲突等多重强烈冲击，但在高效统筹和多项稳定政策的推动下，保持了稳定增长，"十五五"是美丽中国建设的重要时期，考虑到全球经济步入复苏进程，但增长仍然缓慢且不均衡，俄乌冲突、巴以冲突还未停止，局部战争带来的经济危机加重，"十五五"我国经济社会发展依然面临重重挑战，总体来看，这一时期我国经济还将处于中速增长期，产业迈向中高端水平，将更加注重经济发展的质量和效益，着力推动新质生产力发展。"十五五"我国 GDP年均增速约为 5.0%，按照市场汇率计算，预计 2025 年我国名义 GDP 总量将达到约 142 万亿元，2030 年将达到约 181 万亿元，人均 GDP 将达到约 13.4 万元（按照汇率折算，2030 年我国人均 GDP将达到折合 1.81 万美元）。预计到 2030 年，我国将基本完成工业化进程，产业基础高级化和产业链现代化水平提升，第一产业比重呈现小幅下降，第二产业比重波动下行，第三产业比重将稳步上升，并逐步成为经济发展的主导产业。2030 年三大产业结构调整为 5.4：28.1：66.5，第一产业将着重向现代化和生态化方向发展，充分利用资源、保护生态环境；第二产业将重点打造高端制造和绿色制造业，提升技术水平和资源利用率；第三产业将着重发展知识型服务业和消费型服务，实现服务经济和知识经济转型升级。

房地产行业发展方面，未来房地产市场主要受住房供需情况影响，根据我国城市化进程阶段，住房需求包含刚性需求、改善性需求和更新需求（图 2-16），其中，刚性需求主要是城镇人口增加带来的新的居住需求，这部分需求与城镇化率呈正比关系；改善性需求和更新需求分别是人均住房面积提升和旧房拆除更新带来的居住需求。根据我国人口自然增长、城镇化率提升幅度，可以预测"十五五"期间我国刚性年需求量在 2.5 亿～3.1 亿 $m^2$；综合考虑旧城改造、城市更新等领域政策支持，以及生活水平提升等因素，结合贝壳研究院、明源地产研究院、特许建造学会（CIOB）和麦肯锡全球研究院的相关研究结论，"十五五"期间改善性需求和更新需求年需求量在 4.6 亿～5.8 亿 $m^2$。"十五五"期间的刚性需求、改善性需求和更新需求合计为 7.1 亿～8.9 亿 $m^2$，与目前的建设规模相比还存在一定的下降空间，房地产市场也将经历较大幅度的结构性调整。

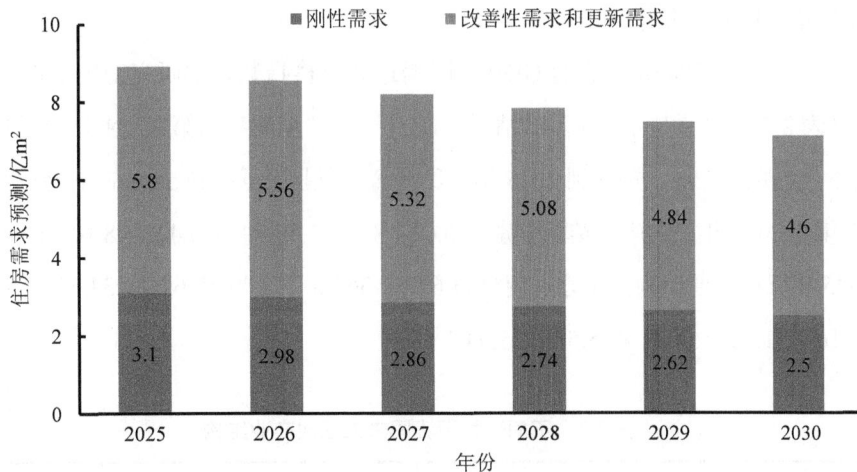

图 2-16 "十五五"时期我国房地产需求预测

基础设施投资方面，我国的城镇化发展与基础设施建设呈现出密切的正相关性和相互促进性。一方面随着城镇化进程推进，大量农村人口迁移到城市，导致对包括交通运输、公共配套设施等在内的基础设施的需求增加，城镇居民生活质量的改善也促进城市基础设施的进一步完善；另一方面城镇化带来了经济活动的集聚效应，推动城市区域的经济发展，这也需要良好的基础设施作为支撑，包括高速公路、地铁、机场和信息通信设施等。近年来，我国基础设施投资呈现稳定增长态势（近 5 年增长率在 0.4%～9.4%），交通运输、信息传输和水利环境公共设施建设等领域蓬勃发展，基础设施建设已成为带动经济增长的重要支撑点。结合《"十四五"全国城市基础设施建设规划》的目标要求和"十五五"时期我国城镇化建设需求，预计未来我国将持续加大对城市基础设施建设方面的投入，年增长率为 5%～8%。对于交通领域，包括公路、铁路、机场等的投资将继续进行，但增长速度可能会减缓，未来几年可能会进入一个相对稳定的状态；对于能源和电力设施，随着我国提出"双碳"目标的逐步落实，可再生能源和电网建设将成为主要投资方向；在新基建领域，包括 5G 网络、大数据中心、人工智能、工业互联网等新型基础设施建设将成为未来投资的新增长点。

### 2.5.2 产业结构预测

改革开放以来，我国经济的持续快速发展开创了中国奇迹和中国模式。这在产业结构上具体体现为国家引导、政策支持、资金投入、技术人才引进等不同发展要素的相互作用。当前，我国正处在新时代的大背景下，积极调整和优化产业结构成为我国经济社会发展的重中之重。大力规范、调整、引领产业结构升级，积极推进以"知识型服务业"为主体的现代服务业发展，将成为今后一段时期内中国经济增长的重要推动力。

综合考虑"十五五"期间分产业的 GDP 实际增速和价格指数，本研究得出了现价条件下的产业结构预测结果（表 2-7）。结果显示，在基准情景下，"十五五"期间我国第三产业比重呈稳步上升趋势，逐步成为经济发展的主导产业，预计到 2025 年，我国第三产业比重达到 58%左右，到 2030 年前后将突破 60%，2025 年和 2030 年三大产业结构分别为 6.62：35.39：57.99 和 5.42：28.10：66.48。在高情景和低情景下，2025 年三次产业结构占比分别调整为 6.55：36.36：57.09 和 6.67：34.77：58.56，2030 年进一步调整为 5.16：31.52：63.31 和 5.58：25.94：68.47。

表 2-7 不同情景下我国未来三次产业结构

| | 基准情景 | | 高情景 | | 低情景 | |
|---|---|---|---|---|---|---|
| | 2025 年 | 2030 年 | 2025 年 | 2030 年 | 2025 年 | 2030 年 |
| 第一产业占比/% | 6.62 | 5.42 | 6.55 | 5.16 | 6.67 | 5.58 |
| 第二产业占比/% | 35.39 | 28.10 | 36.36 | 31.52 | 34.77 | 25.94 |
| 第三产业占比/% | 57.99 | 66.48 | 57.09 | 63.31 | 58.56 | 68.47 |

### 2.5.3 产业发展趋势预测

（1）第一产业

自20世纪80年代以来，可持续发展受到全球性关注，解决经济发展与生态危机两大问题成为各国的共同目标。由于当前农业的高投入、高消耗以及由此带来的水污染、土壤污染等生态环境问题日益严重，有机农业、循环农业、生态农业、集约农业等相继兴起。从农业发展历史来看，从原始农业到传统农业，再从传统农业到现代农业及生态农业，是世界农业发展的趋势和方向。

一方面，发展现代农业和生态农业是由中国人口多、耕地资源少、水资源短缺等基本国情所决定的。中国农业属于资源限制型，水土资源紧缺，且水污染、土壤污染和水土流失问题严重。据统计，目前中国水资源总量为2.8万亿 $m^3$，居世界第6位，但人均水资源不到世界人均水资源量的1/4，在世界排名第121。另一方面，从世界农业劳动人员的数量和年龄结构来看，农业从业人员数量呈下降趋势，而从业人员的年龄呈上升趋势。以美国为例，从事农业生产的人员平均年龄已经达到65岁。因此，无论是从世界农业发展的历史趋势及当今发达国家农业发展的现状来看，还是从中国水土资源短缺的国情来看，发展大规模经营、大机械生产的现代农业和能源资源集约型、人力资源集约型的生态农业是中国农业发展的必然趋势。

（2）第二产业

改革开放以来，我国制造业取得长足进步，建立了完整的产业体系，为中国的工业化和现代化进程提供了有力支撑。但与世界发达国家和先进制造业强国相比，中国制造业仍存在规模大而实力弱、产业结构不合理、资源利用效率低下、信息化水平不高等问题。《中国制造2025》（2015年）明确提出了"到2020年基本实现工业化，制造业大国地位进一步巩固，制造业信息化水平大幅提高"和到2050年"制造业主要领域具有创新引领能力和明显竞争优势，建成全球领先的技术体系和产业体系"的目标。我国将高端制造业和绿色制造业作为中国第二产业转型升级的重要方向。从当前中国工业制造业的发展状况和产业结构来看，2016年，中国的工业产值占国民经济的39.8%，但同时，中国的单位产出能耗和资源消耗水平明显高于西方国家，技术因素和绿色因素成为当前中国工业发展及产品竞争力的两大瓶颈。因此，充分发挥绿色科技在工业发展中的"第一生产力"作用，优化升级中国传统工业制造业，实现工业制造业的现代化和生态化发展，是中国工业发展的重点方向。

按照《中国制造2025》的要求，到2050年中国将走上制造业创新驱动、质量优先、效率提升和人才引领的发展道路，并形成绿色企业标准体系和绿色制造体系。新一代信息技术、新能源、新材料、高端装备等智能制造和绿色制造产业将成为中国经济的重要推动力。

（3）第三产业

尽管近年来我国的第三产业保持较快的增长速度，但与发达国家相比，仍有较大的差距和不足。一方面，从服务业占 GDP 比重来看，我国虽已超过 50%，但按照世界银行关于服务业的相关统计，我国仍属于低收入国家；另一方面，从服务业的发展质量来看，我国的服务业还处在较低端的水平，且存在区域分布不均衡的情况。纵观全球服务业整体发展，2010 年全球进入服务经济时代，2013 年全球 70 多个国家进入或超越了服务经济时代，目前部分发达国家已经处于从服务经济向知识经济的转型期或已经进入知识经济时代。可以说，随着知识经济和科学技术的发展，现代服务业尤其是知识型服务业和消费型服务业，将越来越成为一国经济发展的主要引擎。但是，从作为中国经济增长"三驾马车"之一的对外贸易来看，当前我国服务业在对外贸易中所占比重仍然较小，其中专有权利使用、咨询服务等发展仍然不足，服务业对外贸易种类过于单一。我们应以高效的经济和社会服务为基础，以流通服务为支撑，全面提升知识型服务业与消费型服务业的服务质量和服务能力，积极发挥服务业在引领中国经济发展以及工业化、现代化建设中的重要作用。

## 2.6　人口及城镇化预测结果

### 2.6.1　人口规模预测

预测结果显示，我国人口增长已经进入下降期，老龄化问题日益凸显，即将步入中度老龄化社会。2022 年年末，我国总人口为 14.11 亿人，比 2021 年年末减少 85 万人，这是改革开放以来我国人口首次出现负增长；2023 年年末比 2022 年减少 208 万人，标志着我国人口增长向下已成为不可逆转的趋势。随着出生率下降和预期寿命延长，老龄化问题将更加严重，到"十五五"末期预计 65 岁及以上人口比例将提高至 20%左右。

住房、教育和生育意愿是影响我国人口规模和人口结构最重要的几个因素，且它们之间也存在内在的因果关系。首先，高房价是抑制生育意愿的最重要因素之一，目前，我国出台的保障性住房制度和房价调控措施在一定程度上缓解了住房压力，但高房价依然是影响我国人口规模增长的最关键因素；其次，教育也在一定程度上影响了我国人口规模与结构，一方面高等教育普及率的上升使推迟生育和减少生育数量成为普遍现象；另一方面高昂的教育成本也对生育意愿产生了负面影响，家庭教育支出的增加大幅提高了居民生育的决策成本；最后，除了房价、教育成本等外部因素，内在的生育意愿降低也成为影响人口规模和结构的重要因素，实行数十年的计划生育政策严重降低了人们的生育意愿，放开"二胎"和"三胎"计生政策并未对生育率有长效的提升作用，现代社会中个人更加追求生活质量和职业发展的观念也影响了生育意愿。

综合考虑放开"二胎"和"三胎"计生政策以及国内外复杂形势、宏观经济下行、生育意愿下降对人口总量的影响，预计 2025 年我国人口总量将降至 14.04 亿人，2030 年降至 13.85 亿人，总体来看，在"十五五"期间我国总人口规模整体将处于一个缓慢下降的平台期，人口总量将持续下降（图 2-17）。

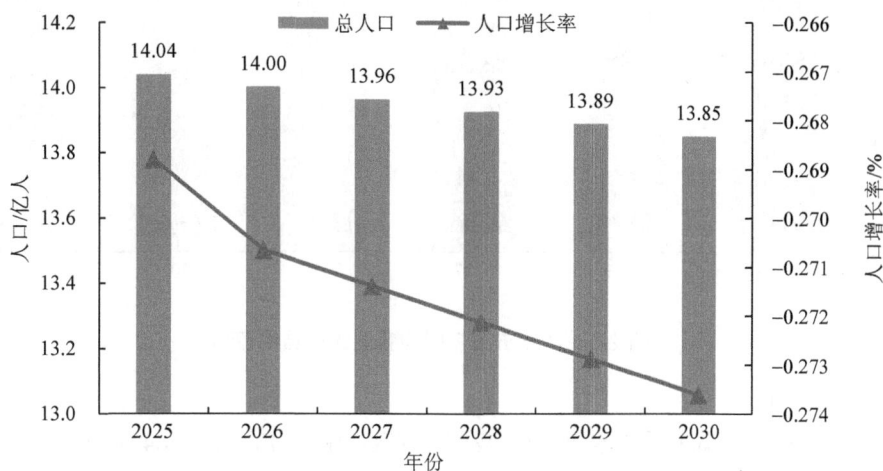

图 2-17　"十五五"时期我国人口增长预测

## 2.6.2　人口结构预测

总体来看，今后我国老龄化形势将进一步加剧。根据中国人口年龄结构变化并考虑可能的生育政策调整，预测"十五五"期间，我国人口将处于加速老龄化阶段。在此期间，我国老年人口将迎来第二个增长高峰，这也将是 21 世纪我国老年人口增长规模最大的一次。老龄人口将超过少儿人口，这标志着中国从主要抚养儿童的时代迈入主要赡养老人的时代，我国开始过渡到中度老龄化阶段，这一阶段的老年人口主要是"60 后"。这批人经历了严格的计划生育，子女数量锐减，城市老年夫妇平均不到 1 个子女，农村老年夫妇平均也只有 2 个子女左右。

人口结构正在并将继续发生不可逆转的重大变化，少子高龄化将是基本特征，放开"二孩"政策对缓解人口老龄化趋势作用甚微，对劳动力数量补充的效益在 2035 年以后才能显现，并直接影响抚养比、储蓄率、消费、资本形成。综合来看，今后我国人口结构老龄化趋势还将进一步加剧，根据我国人口年龄结构变化，同时考虑到生育政策的调整，预测 2025 年 65 岁及以上人口将达到 2.22 亿人，占比 15.8% 左右，进入中度老龄化社会；2030 年我国 65 岁及以上人口将增长到 2.70 亿人，占比将近 20%，开始过渡到深度老龄化阶段（图 2-18）。

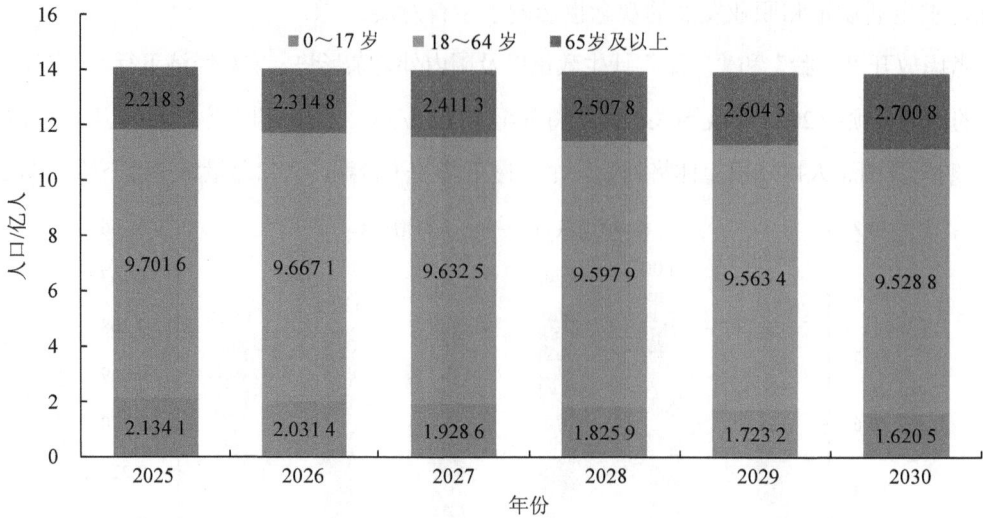

图 2-18 "十五五"时期我国人口结构预测

此外，随着生育率下降和老龄化加剧，我国的劳动年龄人口（15～64 周岁）规模在"十五五"将进入平台期，并开始出现缓慢下降趋势，预计保持在 9.5 亿人左右，在中远期开始持续下降。低生育率导致新生人口减少，是未来劳动年龄人口规模降低的最重要原因。为应对劳动年龄人口减少和老龄化问题，未来我国很大可能推行延迟退休政策，但这也将带来新的社会挑战。产业转型升级、技术进步和城乡差距将进一步改变劳动力需求规模和结构，而教育和职业培训水平的提高也将影响劳动年龄人口自身的诉求。

### 2.6.3 城镇化发展水平预测

改革开放 40 余年以来，我国的城镇化率从不足 20%提升至目前的近 65%，城镇化进程取得了巨大成就。随着社会经济发展，相较于农村，城市提供了更多的工作岗位、更多的收入以及更好的公共服务设施，另外，农业技术的发展也降低了第一产业就业岗位的需求。在快速城市化进程中，大量农村人口转为城镇人口，在城市里定居和工作。

根据对城镇化发展的预测结果，"十五五"期间我国的城镇化率增幅将逐步回落。2023 年年末，我国城镇和农村常住人口分别为 9.33 亿人和 4.77 亿人，城镇化率达到了 66.16%，比 2022 年提高了 0.94 个百分点；根据国内外权威机构相关预测结果，"十五五"至"十六五"期间，我国城镇化率将达到 70%～75%，总体由城镇化快速发展阶段转向更加注重质量和效益的高位发展阶段，这也意味着我国的城镇人口集聚和土地扩张不会再像过去那么快速和剧烈，城市化地区吸引来自农产品主产区和重点生态功能区的人口强度将出现明显下降。"十五五"我国城镇化率还将继续提高，但增长速度将逐步放缓，到 2025 年我国城镇化率预计将达 68.33%左右，届时我国将进入中级城市型社会，到 2030 年我国的城镇化率将达到 73.06%，之后我国将进入城镇化缓慢推进的后期阶段，并逐渐完成城镇化任务（表 2-8）。

表 2-8　未来我国城乡人口比重预测结果　　　　　　　　　　单位：%

| 年份 | 城镇人口比重 | 农村人口比重 |
| --- | --- | --- |
| 2023 | 66.16 | 33.84 |
| 2025 | 68.33 | 31.67 |
| 2030 | 73.06 | 26.94 |

结合我国的国情来看，我国不可能像某些城市型小国那样达到 100%的城镇化率，到 2050 年，我国城镇化率将接近这一"天花板"，届时我国的城乡人口结构和空间结构也将基本趋于稳定。然而，由于发展阶段和城镇化水平的差异，未来各地区城镇化将呈现不同的发展趋势，我国东部和东北地区已进入城镇化减速时期，而中西部地区仍处于城镇化加速时期，是未来我国加快城镇化的主战场，随着中西部城镇化进程的加快，中西部与东部地区的城镇化率差异将逐步缩小。在城镇化发展到一定阶段，参照美国、日本等传统发达国家经验，由于生活成本高企、环境和生活质量相对下降，以及远程办公技术的提升，我国可能出现"逆城市化"现象，即人口从大城市向乡村或小城镇迁移。

在我国城镇化进程不断推进的同时，随着经济增长和社会发展，我国的中等收入群体占比也将进一步提高。预计到"十五五"末期，得益于稳定的经济发展，我国中等收入群体占比将提高至 50%左右。随着产业升级和经济转型，信息技术、金融服务和高端制造业等高技能水平的行业将产生更多的中等收入群体。未来在我国持续优化收入分配制度的背景下，税收改革、完善社会保障体系、消费升级等政策措施均将显著提高我国的中等收入群体占比，促进我国社会和经济发展的稳定，有效提振内需市场和经济信心。

## 2.7　机动车保有量预测结果

截至 2023 年年底，根据公安部统计，全国机动车保有量达到了 4.35 亿辆，其中汽车占 3.36 亿辆。全国新能源汽车保有量达 2 041 万辆，占汽车总量的 6.07%；其中纯电动汽车保有量 1 552 万辆，占新能源汽车保有量的 76.04%。同 2015 年年底新能源汽车保有量 58 万辆相比，8 年时间内其保有量增长约 34 倍；同 2022 年的 1 310 万辆相比，增长 55.8%。从我国汽车保有状况来看，在汽车整体保有量增长速度较慢的背景下，新能源汽车的保有量仍以相当高的速度增长，尤其是近几年随着新能源汽车核心技术的发展、产品质量的提高，以及新能源基础设施的不断普及，新能源汽车在汽车中的渗透率不断攀升。目前新能源汽车渗透率最高的国家挪威,其新能源汽车渗透率达 90%以上,2023 年我国新能源汽车市场渗透率达 30.25%,可见中国新能源汽车市场有着非常大的提升空间。图 2-19 为 2015—2023 年我国新能源汽车保有量及其占比。

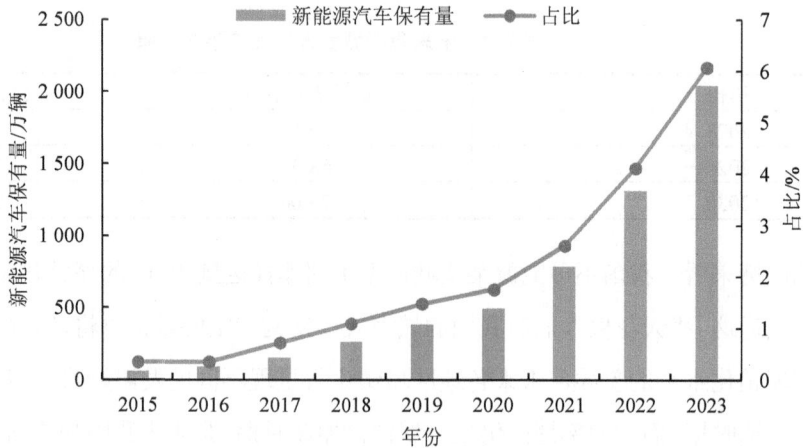

图 2-19    2015—2023 年我国新能源汽车保有量及其占比

本研究统计了世界汽车保有量在 1 000 万辆以上国家的汽车保有量及千人汽车保有量分布情况,如图 2-20 所示。汽车保有量排在前 5 位的国家有中国、美国、日本、俄罗斯、德国,其中中国和美国汽车保有量明显高于其他国家,分别达到 3.18 亿辆和 2.89 亿辆。从千人汽车保有量的统计情况来看,美国千人汽车保有量最高达 860 辆,其次为波兰、意大利、澳大利亚、加拿大、法国,千人汽车保有量在 700 辆以上,而泰国、中国和巴西千人汽车保有量最少,仅分别为 277 辆、223 辆、214 辆。

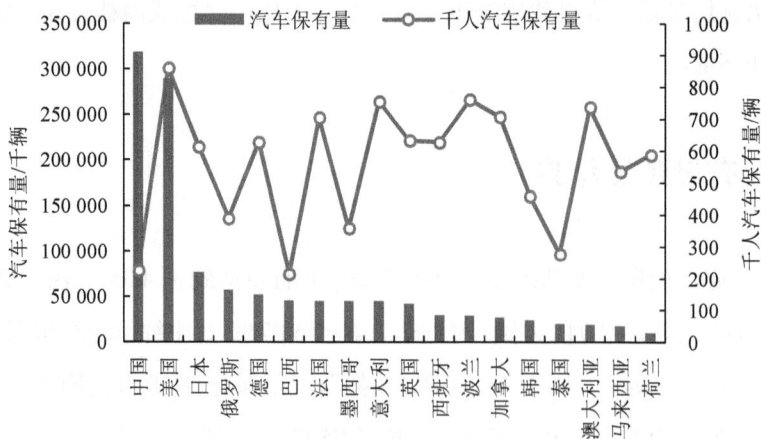

图 2-20    部分国家汽车保有量统计情况

数据来源:https://www.oica.net/category/vehicles-in-use/。

根据国务院办公厅印发的《新能源汽车产业发展规划(2021—2035 年)》,并综合国家信息中心、国务院发展研究中心等相关权威机构的预测,"十五五"期间我国机动车保有量仍将保持持续增长,新能源汽车驶入快速发展新阶段,预计到 2025 年和 2030 年,我国机动车保有量分别达到 4.78 亿辆、6.65 亿辆,千人汽车保有量分别达到 267 辆、366 辆。其中,到 2025 年我国新能源汽车保有量将达到近 4 000 万辆,约占汽车保有量的 10%;到 2030 年我国新能源汽车保有量将达到 1.1 亿辆,约占汽车保有量的 22%。2025 年和 2030 年,我国新能源汽车市场渗透率分别达到 38.45% 和 70%,其中,到 2025 年和 2030 年,纯电动汽车保有量占新能源汽车保有量的比例分别达到 80% 和 90%。

在环保和能源的压力之下,新能源汽车呈现了爆发式的增长,然而在我国现有的能源背景下,纯电动汽车也会带来新的环境问题。首先,新能源汽车会带来固体废物甚至是危险废物污染问题。纯电动汽车随着使用里程的不断增加,电池性能不断减弱,汽车动力电池的平均使用寿命为 5~8 年,我国早期推广的新能源汽车动力电池陆续进入报废期,动力电池将迎来大规模退役潮。据统计,2023 年我国退役动力电池总量超过 58 万 t,到 2030 年,我国动力电池回收量将达到 602.8 万 t,退役的动力电池中含有重金属钴、镍、铜等元素和易燃的有机溶剂,若不及时处理,会带来较为棘手的安全和环境污染问题。其次,新能源汽车用能会带来污染转移问题。国家统计局资料显示,2023 年煤炭消费量占能源消费总量的 55.3%,天然气、水电、核电、风电等清洁能源消费量占能源消费总量的 26.4%,这说明我国仍是以煤炭消费为主的国家。2023 年全国发电量 9.5 万亿 kW·h,火力发电量 6.3 万亿 kW·h,占总发电量的 66.3%,这表明我国电能主要来源于煤炭。由于我国煤炭资源分布西多东少,发电区域主要集中在中西部,"十三五"时期以来,电力行业主管部门加速推进建设特高压输电和常规输电技术的"西电东送"输电通道。这就导致中西部一些地区虽用电少,但因发电产生的环境污染相对严重;而东部一些地区用电量多,却因较少承担发电环节,环境相对较好。

## 2.8  消费总量与结构预测结果

"十五五"期间,我国将进入加速老龄化阶段,消费结构也将相应体现出老龄化消费群体的特征。通过对比前述不同机构的研究结果,人口老龄化将是未来我国消费规模萎缩的重要因素之一。据预测,当我国未来养老金达到人均可支配收入的 50%,即 50% 替代率时,消费容量预计将在 2030 年达到峰值,约为 30.57 万亿元,然后逐渐下滑;而当养老金替代率达到 80% 时,消费容量预计在 2035 年达到峰值,约为 34.57 万亿元,然后逐渐下滑。

人口老龄化不仅会影响消费总量,也将导致未来我国消费结构的变化。一部分与人口规模、年龄结构紧密相关的消费品,如基础的食品消费、白酒和啤酒等,消费量在过去十年里已开始缓慢下降。从分年龄段的消费来看,0~19 岁的消费总量基本保持稳定,20~39 岁和 40~59 岁两个年龄段的消费总量将在"十五五"期间迅速下降。总体来看,在未来我国 60 岁以上人口快速增加的情境下,整个中国的消费容量预计将有 10 年左右的增长期,但增长幅度十分有限,而从消费结构来看,未来的变化并不显著(图 2-21)。

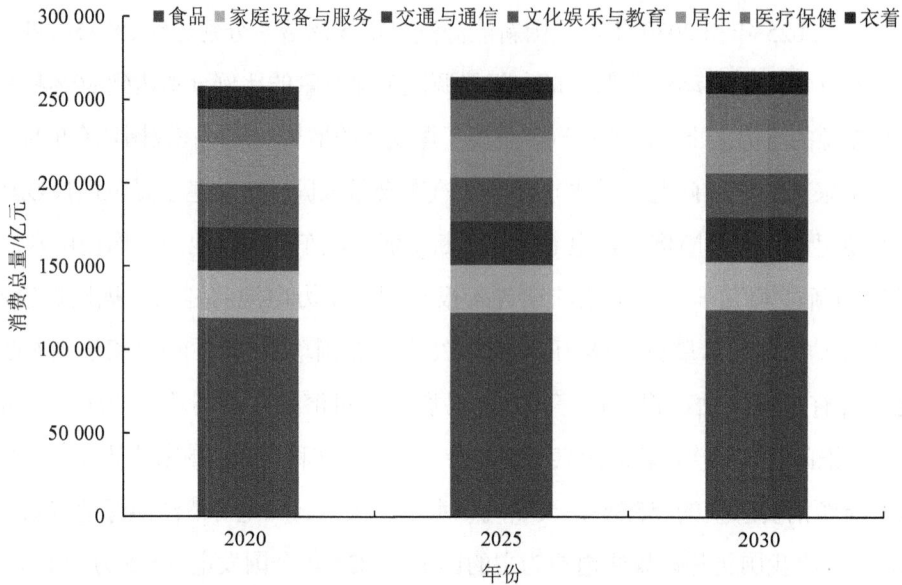

图 2-21 "十五五"时期消费结构预测

## 2.9 科技发展形势研判

当前,全球科技创新空前活跃,人工智能、纳米材料、网络信息、半导体等前沿新兴技术加速突破,新一轮科技革命和产业变革正在重塑全球创新版图和经济格局。基础研究进入大科学时代,科学研究的对象日益复杂,科学研究范式加速转变。全球科技在发展领域、发展方向、发展范式、发展目标上都呈现出一系列新的发展趋势。

在发展领域上,科技发展"一主多翼"态势显著。其中,"一主"指信息技术,"多翼"指新能源、新材料和生物技术。《麻省理工科技评论》与世界经济论坛(WEF)在 2018—2022 年发布的《全球十大突破性技术》和《新兴技术清单》中,约四成技术出现在新一代信息技术领域,超六成创新技术与信息技术有关。信息技术的突破性应用已成为驱动社会生产力变革的主导力量,与此同时,能源技术、材料技术和生物技术等也取得了不同程度的突破性进展,为社会生产力革命性发展奠定了技术基础。

在发展方向上，科技发展"数字化""绿色化"转型明显，数字科技和绿色科技成为当前全球创新突破最多的领域。新一轮科技革命为科技创新提供资源和平台基础，在促进数字技术飞跃式发展的同时为其他技术领域发展提供了高经济性、高可用性、高可靠性的技术底座，构建起一个数据驱动的平台化、生态化的基础设施群，加速了技术发展的数字化转型。此外，随着全球气候变化、资源环境不断恶化等，未来 30 年新能源革命将持续爆发。受化石能源日渐耗竭和环境保护要求的双重影响，科学技术的绿色低碳化发展，包括绿色低碳技术创新和其他技术的绿色低碳化转型，已成为推动实现经济社会绿色低碳转型的关键基础，绿色科技发展趋势明显。

在发展范式上，科技发展"交叉融合"深入进行，跨学科、跨领域交叉融合技术是科技创新重要增长点。当前世界科学研究沿原有路径继续延伸越来越难以取得进展，越来越多的科学家已经转向交叉学科或边缘学科。第四届世界顶尖科学家论坛发布的《全球科技前沿报告》指出，科学探索不断向宏观拓展、向微观深入，交叉融合汇聚不断加速。数字技术的发展加深了技术之间跨学科、跨领域的融合渗透程度，传统技术通过数字化转型不断突破现有的技术壁垒，达到了新的发展高度。同时，数字化与绿色化相互融合、相互促进，将催生出大量新领域新赛道，使未来科技创新转型更加广泛、深刻、快速。

在发展目标上，科技发展强调面向人类高质量发展需求，因此，不能单纯注重经济效益，也要兼顾社会发展效益。伴随科技发展产生的部分社会负外部性迫切要求社会技术系统转型，在发展经济的同时必须兼顾社会公平、生态环境、气候变化等社会问题，实现技术创新和社会结构之间的"协同演化"。党的十八大以来，习近平总书记站在推动人类高质量发展的高度上，始终强调科技发展要坚持"四个面向"，把科技作为造福人民的重要抓手。日本技术预见关于未来优先发展技术的选择导向也由追求经济效益最大化发展到兼顾社会发展效益，未来技术选择更加注重社会因素。英国新一轮技术预见也提出要优先发展健康、食品、生活、交通、能源领域的关键技术。这些都充分体现了科技发展在追求经济效益的同时，越来越注重对社会发展效益的考量，以实现人类社会的全面、可持续发展。

党的十八大以来，以习近平同志为核心的党中央把科技创新摆在国家发展全局的核心位置，推动我国科技事业取得历史性成就、发生历史性变革，从自主创新到自立自强、从跟跑参与到领跑开拓、从重点领域突破到系统能力提升，这十年是我国科技事业跨越式发展的十年，是我国科技创新能力提升最快的十年，也是科学技术第一生产力作用发挥最为彰显的十年。近年来，我国持续加大科技创新投入，科技人才队伍规模不断壮大，2022 年，我国全社会 R&D 经费投入总量首次突破 3 万亿元，达到 30 870 亿元，R&D 经费投入与 GDP 之比达到 2.55%。我国全球创新指数排名从 2012 年的第 34 位上升至 2023 年的第 12 位，成功进入创新型国家行列，开启了实现高水平科技自立自强、建设科技强国的新阶段。

当前，全球产业体系和产业链供应链体系加速重构，呈现多元化、区域化、绿色化、数字化加速发展态势，围绕科技制高点的争夺日趋激烈，同时全球环境治理形势更趋复杂，全球生态环境问题政治化趋势增强。新时代以来，我国经济社会发展已进入加快绿色化、低碳化的高质量发展阶段，面临发展经济、改善民生、保护环境、应对气候变化等多重任务，传统生产力的局限性日益凸显，难以适应中国式现代化的发展需求。未来更高水平的保护要更多依靠高水平科技供给，充分发挥科技"利器"作用，全面提升生态环境科技思维能力、理论水平、技术方法、研究手段，从源头和结构着手，在一些关键领域、关键认知、关键技术上找到新发现、取得新进展、实现新突破。例如，加快绿色低碳技术创新和先进绿色技术推广应用，开辟发展新领域新赛道、塑造发展新动能新优势，推动产业不断向全球价值链中高端迈进，有助于积极争取国际绿色低碳竞争主动权，增强我国在全球环境治理体系中的话语权和影响力，也是落实全球发展倡议，为推动实现更加强劲、绿色、健康的全球发展贡献中国智慧和中国方案。我们要大力推动绿色低碳科技自立自强，不断增强新质生产力的创新能力，为中国式现代化注入强劲动能。

## 2.10  主要结论与形势研判

本章从经济增长、产业结构、人口规模与老龄化、城镇化发展、消费总量与结构等角度，对我国"十五五"期间的经济社会发展趋势进行了预测。

（1）经济增长方面，"十五五"期间，我国经济实力、科技实力将持续跃升，经济保持中速增长、产业迈向中高端水平，经济发展将实现由数量和规模扩张向质量和效益提升转变。在基准情景、高情景和低情景下，"十五五"期间我国经济年均增速预计将分别达到5%、5.5%和4.5%左右。在基准情景下，预计到2025年前后，按市场汇率计算的中国名义GDP总量将达到142万亿元，2030年将达到181万亿元。

（2）产业结构方面，预计"十五五"期间我国的产业结构将持续优化升级，加快向高质量发展迈进。第一产业比重小幅下降，第二产业比重波动下行，工业化顺利完成，第三产业比重稳步上升，服务业成为经济发展的主导力量。在基准情景下，预计到2025年我国基本实现工业化，第二产业比重将降至35.4%左右，第三产业占比有望达到58%左右。"十五五"期间我国工业化顺利完成，第三产业逐步成为经济发展的主导产业，第三产业比重在2030年前后将突破60%，三大产业结构为5.42：28.10：66.48。

（3）人口规模与老龄化方面，老龄化趋势更加明显。预计"十五五"期间我国人口将处于平台期，人口总量水平与 2022 年相近。我国将进入加速老龄化阶段，老年人口将迎来第二个增长高峰，这也将是 21 世纪我国老年人口增长规模最大的一次，预计将由 2.22 亿增长到 2.70 亿，我国开始过渡到深度老龄化阶段。

（4）城镇化发展方面，预计到 2025 年我国城镇化率将达到 68.33%左右，根据城市型社会的阶段划分标准，届时中国将进入中级城市型社会；预计到 2030 年我国城镇化率将达到 73.06%，之后将进入城镇化缓慢推进的后期阶段，逐渐完成城镇化任务。

（5）消费总量与结构方面，人口老龄化是消费规模萎缩的重要因素之一。当我国未来养老金占人均可支配收入的 50%时，我国的消费容量将在 2030 年达到顶峰，然后逐渐下滑。人口老龄化也将导致消费结构变化，一部分与人口规模、年龄结构紧密相关的消费品，如基础的食品、白酒和啤酒等，开始呈现缓慢下降趋势。从分年龄段的消费来看，0～19 岁的消费总量基本保持稳定，20～39 岁和 40～59 岁两个年龄段的消费总量将是"十五五"时期下降最快的。

# 第3章　能源消耗与碳排放预测

近年来，我国以供给侧结构性改革推进能源结构调整和转型升级，能源生产结构由煤炭为主向多元化转变，能源消费结构日趋低碳化，非化石能源发电装机容量稳居世界第一。在全球能源体系发生深刻变革、能源安全风险日益复杂、碳中和目标提出等因素的作用下，我国能源安全保障进入关键攻坚期，能源低碳转型进入重要窗口期，亟须加快构建现代能源体系。本章将对"十五五"期间我国的能源消耗与碳排放进行预测，以期为推动我国绿色低碳发展和美丽中国建设提供技术支撑。

## 3.1　现状分析

### 3.1.1　能源消费现状

（1）能源消费总量低速增长，万元 GDP 能耗持续下降

"十三五"时期以来，我国持续推进"四个革命、一个合作"的能源安全新战略，对能源消费总量实施了合理控制。2023 年，我国能源消费总量（标煤）达 57.2 亿 t，尽管 1980—2023 年我国一次能源消费总量以 5.37% 的年均增速持续上升（图 3-1），但 2012 年后增速逐步回落至较低水平，2012—2023 年一次能源消费总量年均增速仅为 3.25%，其中，2021 年消费总量出现较大反弹，而 2012—2020 年我国一次能源消费总量年均增速仅为 2.72%。

从能源消费强度来看（图 3-2），随着人民生活水平的日益提高，我国人均能源消费量也呈现稳步上升趋势，从 2010 年的 2.69 t 标煤/人增长至 2023 年的 4.06 t 标煤/人，年均增长 3.26%，但与发达国家如美国相比，仍有明显差距。2022 年，美国的人均能源消费量为 9.77 t 标煤/人，是我国人均能源消费水平的两倍多。另外，我国在提高能源利用效率和行业技术水平方面取得了显著成效，2023 年，我国单位 GDP 能源消费强度降至 0.45 t 标煤/万元（近汇率折算约为 3.36 t 标煤/万美元），较 2010 年累计下降 29.56%，我国在保持能源消费增速的同时，也实现了经济的稳定增长，自 2010 年以来，我国

以年均 2.7% 的能源消费增速支撑了年均 6.6% 的经济增长，成为全球能耗强度下降最快的国家之一，但与美国的能耗水平相比，仍有一定差距，美国 2022 年单位 GDP 能耗约为 1.28 t 标煤/万美元（按照当年价格），可以看出，我国当前单位 GDP 能耗水平接近美国的 3 倍。

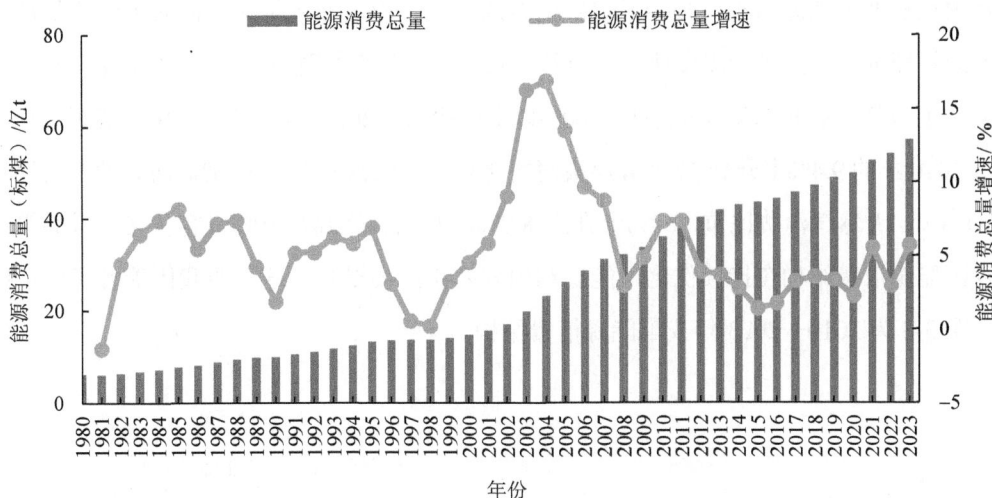

图 3-1　1980—2023 年我国能源消费总量

资料来源：《中国能源统计年鉴 2022》和统计局官网数据。

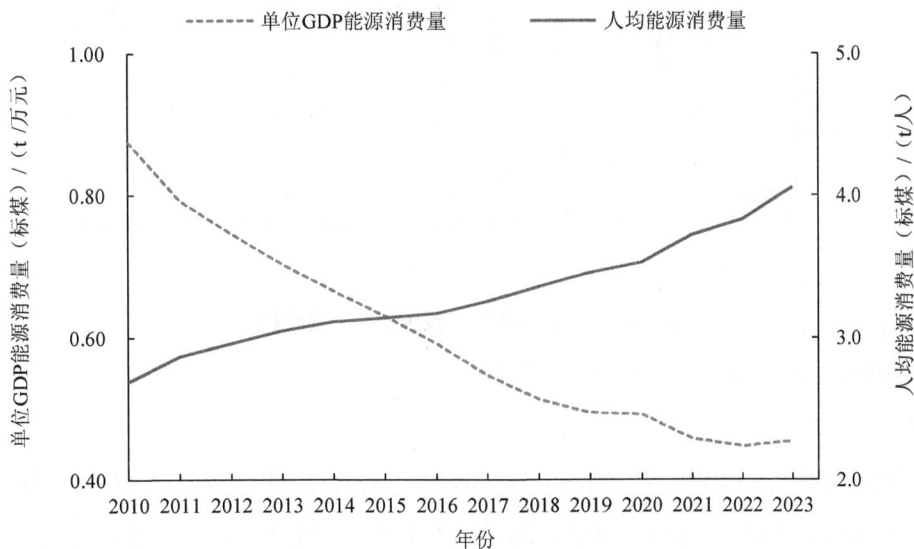

图 3-2　2010—2023 年我国能源消费强度

资料来源：《中国能源统计年鉴 2022》和统计局网站数据，GDP 按 2010 年可比价格计算。

（2）能源消费结构不断优化，非化石能源发电装机容量稳居世界第一，但石油、天然气对外依存度升高

发展清洁能源是改善能源结构、保障能源安全、推进生态文明建设的重要任务。"十四五"时期以来，我国积极调整能源结构，减少对煤炭消费的依赖、稳定油气供应，同时大幅增加清洁能源比重，新能源领域发展得到进一步提速，风电和光伏发电新增装机连续三年超过 1 亿 kW，新能源年发电量突破 1 万亿 kW·h，两年内实现了 60% 以上的增长。2023 年，我国非化石能源占一次能源消费比重由 2010 年的 9.4% 上升到 17.7%，煤炭消费比重由 69.2% 下降至 55.3%，而石油消费比重由 17.4% 上升到 18.3%，天然气消费比重由 4% 上升到 8.7%，非化石能源发电装机容量稳居世界第一。可以看出，我国能源消费结构在持续优化，能源利用效率在持续提升，这表明我国能源发展扩绿降碳成效显著。图 3-3 为 2010—2023 年我国能源消费结构。

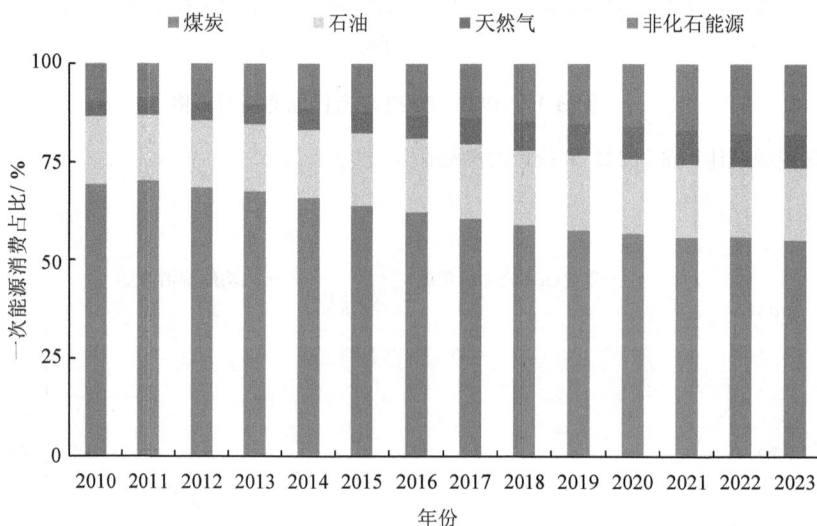

图 3-3　2010—2023 年我国能源消费结构

资料来源：《中国能源统计年鉴 2022》和统计局网站数据。

我国对煤炭消费增长实施了有效控制，但石油和天然气的消费量和对外依存度持续上升。2023 年，我国煤炭消费总量 31.62 亿 t，2015—2022 年均增速为 1.67%。2022 年，我国煤炭生产总量首次超过了消费总量，煤炭对外依存度相对较低，尽管如此，受国际市场波动和环境因素的影响，我国仍需保持稳定的煤炭进口渠道，以确保能源供应的稳定性。与煤炭消费增长的缓慢相比，我国石油和天然气的消费量持续上升（图 3-4），2022 年，我国年石油消费量达到 7.00 亿 t，相较 2015 年增加了

1.52 亿 t，天然气消费量达到 3 747 亿 m³，相较 2015 年增加了 1 815 亿 m³；2022 年，我国石油对外依存度已经超过 70%，天然气对外依存度接近 40%。并且在 2015—2022 年，我国石油和天然气的对外依存度呈稳步上升趋势，这为我国油气安全保障带来了较为严峻的挑战。

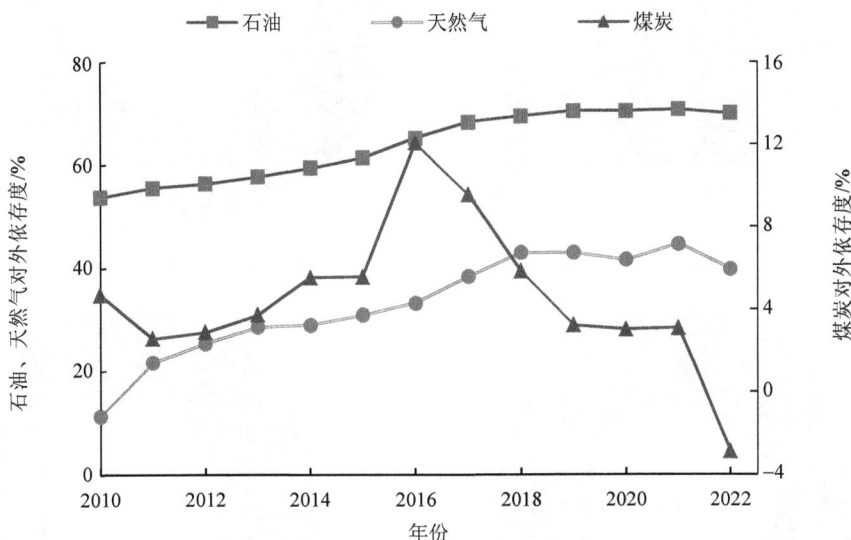

**图 3-4　2010—2022 年主要能源对外依存度**

资料来源：《中国能源统计年鉴 2022》。对外依存度=（能源消费总量-生产量）/能源消费总量。

（3）重点区域煤炭消费量约占 1/2

在能源消费总量方面，2022 年，京津冀地区、苏鲁豫皖地区、汾渭平原地区的经济总量占全国 GDP 总量的 39.3%，人口占全国人口总数的 37.6%，能源消费总量约占全国能源消费总量的 38.3%，而煤炭消费量则约占全国煤炭消费总量的 42.1%。这些区域是国家大气污染防治重点区域，也是我国能源基地、能源产业和运输结构的重要环节。在能源消费结构上，2022 年煤炭在三个区域的能源消费结构中仍占较大比例，尤其是在汾渭平原地区，煤炭占比接近 80%；而石油在各区域能源消费结构中的占比差异较大，苏鲁豫皖地区的石油占比约为 18%，汾渭平原地区则不到 5%；天然气在汾渭平原地区、苏鲁豫皖地区能源消费结构中的占比约为 8%，京津冀地区的天然气占比较高，达到 14% 以上。此外，非化石能源在京津冀地区、苏鲁豫皖地区的占比均在 15% 左右，而汾渭平原地区非化石能源占比较低，仅为 9% 左右（图 3-5）。

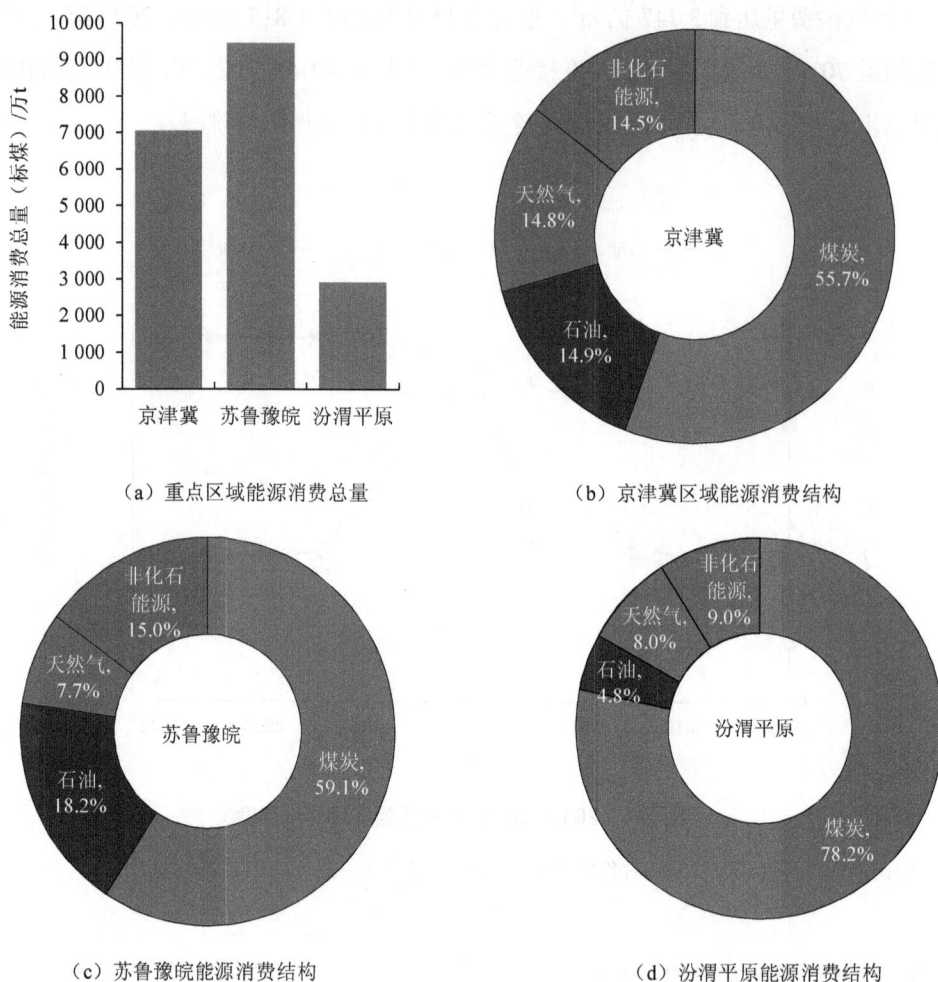

（a）重点区域能源消费总量　　　　　（b）京津冀区域能源消费结构

（c）苏鲁豫皖能源消费结构　　　　　（d）汾渭平原能源消费结构

**图 3-5　2022 年重点区域能源消费量与能源结构**

资料来源：各省（区、市）2023 年统计年鉴。

在单位 GDP 的能源消费强度上，不同产业结构导致各区域能源消费强度呈现显著差异。京津冀地区和汾渭平原地区的能源消费强度明显高于全国平均水平，其中汾渭平原地区的高能源消费强度主要是由于高耗能工业占比较大，单位 GDP 能源消费强度达到全国平均水平的 1.4 倍，而京津冀地区则稍高于全国平均水平，仍需进一步发展高附加值产业。苏鲁豫皖地区的能源消费强度低于全国平均水平，未来应发挥先进制造业和服务业的优势，引领汾渭平原区域的产业结构调整。

（4）主要高耗能行业产品产量仍在高位

石油、煤炭及其他燃料加工业，化学原料和化学制品制造业，非金属矿物制品业，黑色金属冶炼和压延加工业，有色金属冶炼和压延加工业，电力、热力、燃气及水生产和供应业是我国主要的六大高耗能行业。2010—2020 年，我国粗钢和水泥产量总体呈增长趋势，年均增速分别为 5.87% 和 2.71%。"十四五"时期以来，我国高耗能行业产能产量控制初见成效，水泥产量和粗钢产量出现下降，但产量仍居高位，2023 年，水泥和粗钢产量分别达到 20.2 亿 t 和 10.2 亿 t，分别占全球总产量的 50% 和 54%（图 3-6）。我国发电量持续快速增长，由 2010 年的 4.21 万亿 kW·h 增长至 2022 年的 8.85 万亿 kW·h，年均增长 6.39%，火电发电量年均增长 4.86%。火力发电依旧是我国电力的主要来源，但其占比持续下降，由 2010 年的 79% 下降到 2022 年的 67%（图 3-7）。

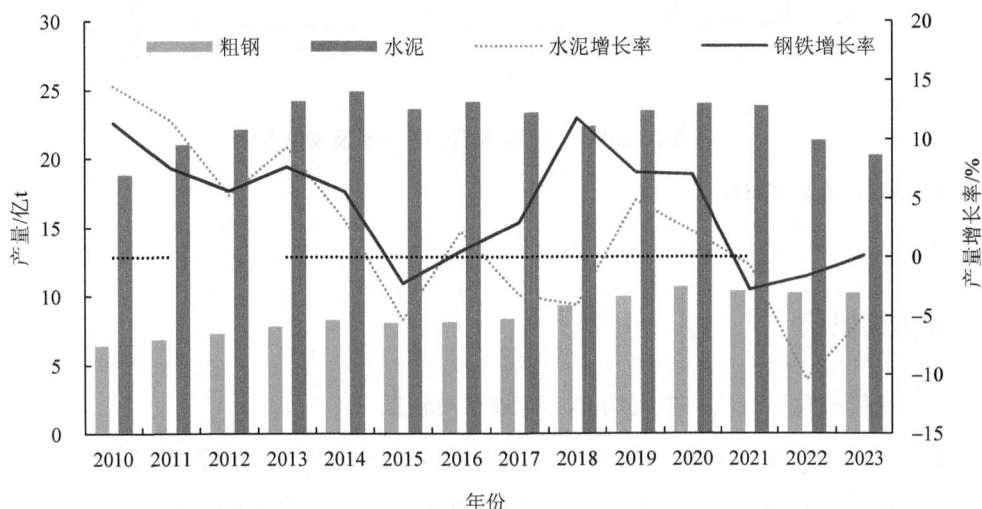

图 3-6　2010—2023 年水泥和粗钢产量及增长率

资料来源：《中国统计年鉴 2023》和统计局官网数据。

随着技术创新的加速推进，我国可再生能源发电效率不断提升，开发范围持续扩大。截至 2022 年年底，我国可再生能源装机达到 12.13 亿 kW，占全国发电总装机的 47.3%。其中，风电 3.65 亿 kW、太阳能发电 3.93 亿 kW、生物质发电 0.41 亿 kW、常规水电 3.68 亿 kW、抽水蓄能 0.45 亿 kW。2022 年，可再生能源发电量达到 2.7 万亿 kW·h，占全社会用电量的 31.6%，较 2021 年提高 1.7 个百分点，相当于减少国内二氧化碳排放约 22.6 亿 t。2023 年可再生能源发电新增装机超过全球的一半，累计装机规模占全球比重接近 40%。风电、光伏等可再生能源已基本具备与煤电等传统能源平价的条件，这些可再生能源不仅提高了我国的能源供给保障水平，也有效降低了碳排放强度和污染物排放量，为应对气候变化作出了积极贡献。2010—2022 年我国发电量见图 3-7。

图 3-7  2010—2022 年我国发电量及火电占比

资料来源：《中国统计年鉴 2023》。

## 3.1.2  碳排放现状

（1）我国碳排放总量较大，但人均 $CO_2$ 排放相对较低

我国 $CO_2$ 排放总量呈现上升的趋势，依据 CEADS 数据库可知，1997—2019 年我国 $CO_2$ 排放总量从 29.2 亿 t 增长到 97.9 亿 t，年均增长 5.6%（图 3-8）；尤其是在 2000—2011 年，碳排放总量保持高速增长，年均增长率高达 10.2%，在这一阶段，我国经济总量高速增长的背后是大量自然资源和环境资源的投入。党的十八大以来，我国积极推动经济社会发展全面绿色转型，取得了积极成效，$CO_2$ 排放增速明显放缓，年均增长率仅为 1.1%。

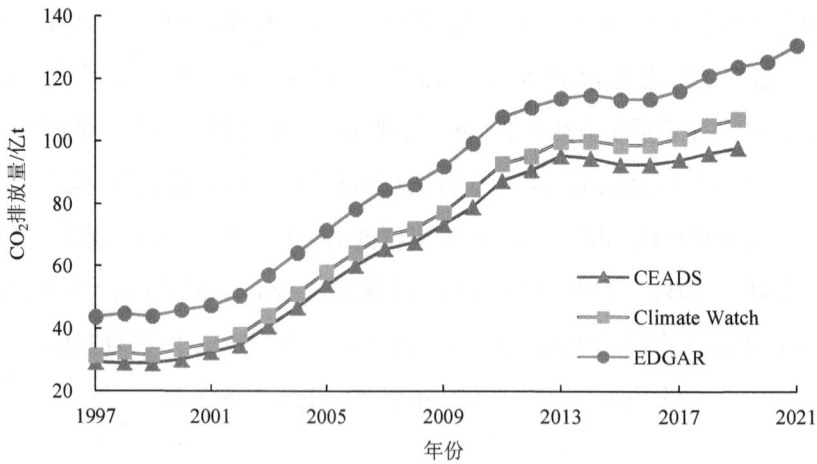

图 3-8  1997—2021 年中国 $CO_2$ 排放量

从人均和单位 GDP 排放来看,我国二氧化碳排放具有人均排放偏低、单位 GDP 排放强度大的特点。根据 Climate Watch 数据库公布的结果可知,2018 年我国人均二氧化碳排放量为 6.94 t/人,相较于所罗门群岛的 70.12 t/人、科威特的 21.62 t/人、加拿大的 16.45 t/人、美国的 14.54 t/人,我国人均二氧化碳排放量相对较小。然而,我国的单位 GDP 二氧化碳排放偏高,2018 年我国单位 GDP 二氧化碳排放量为 695.47 t/10$^6$ 美元,高于许多发达国家的单位 GDP 二氧化碳排放量,也高于全球平均的单位 GDP 二氧化碳排放水平。尽管如此,从历年发展趋势来看,我国单位 GDP 二氧化碳排放总体呈现下降趋势,2020 年我国单位 GDP 二氧化碳排放较 2015 年下降了 18.8%,超额完成了"十三五"预期目标。

能源活动是二氧化碳排放的重要来源。全球能源互联网发展合作组织发布的《中国 2030 年前碳达峰研究报告》显示,2019 年我国能源活动二氧化碳排放约 98 亿 t,约占全社会二氧化碳排放(不含土地利用、土地利用变化和林业活动,英文简称为 LULUCF)总量的 87%。从不同的能源品种来看,燃煤发电和供热排放占能源活动二氧化碳排放的比重为 44%,煤炭终端燃烧排放占比为 35%,石油排放占比为 15%,天然气排放占比为 6%。

(2)重点区域能源活动的碳排放量约占全国能源活动碳排放总量的 44%

从二氧化碳排放总量来看,2022 年,苏鲁豫皖地区的能源活动碳排放总量约为 24.8 亿 t,占全国总量的 25.4%;京津冀地区和汾渭平原地区的能源活动碳排放分别约占全国总量的 9.6% 和 8.6%。其中,山东、河北、江苏三省的碳排放量较大,主要原因是其化石能源消耗量大。从人均二氧化碳排放来看,汾渭平原地区和京津冀地区分别为 11.3 t 和 8.6 t,远高于全国平均水平(6.9 t)。苏鲁豫皖地区的人均二氧化碳排放量为 7.2 t,略高于全国平均水平。从单位 GDP 二氧化碳排放来看,京津冀地区、苏鲁豫皖地区、汾渭平原地区分别是全国平均水平的 1.2 倍、1.0 倍和 1.8 倍。其中,山西省的人均二氧化碳排放和单位 GDP 二氧化碳排放量均最大,均为全国平均水平的 2 倍以上(图 3-9)。

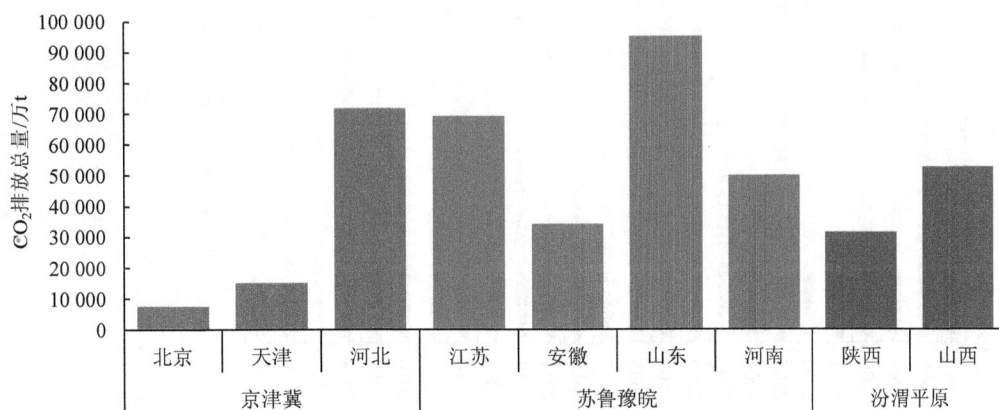

(a)二氧化碳排放总量

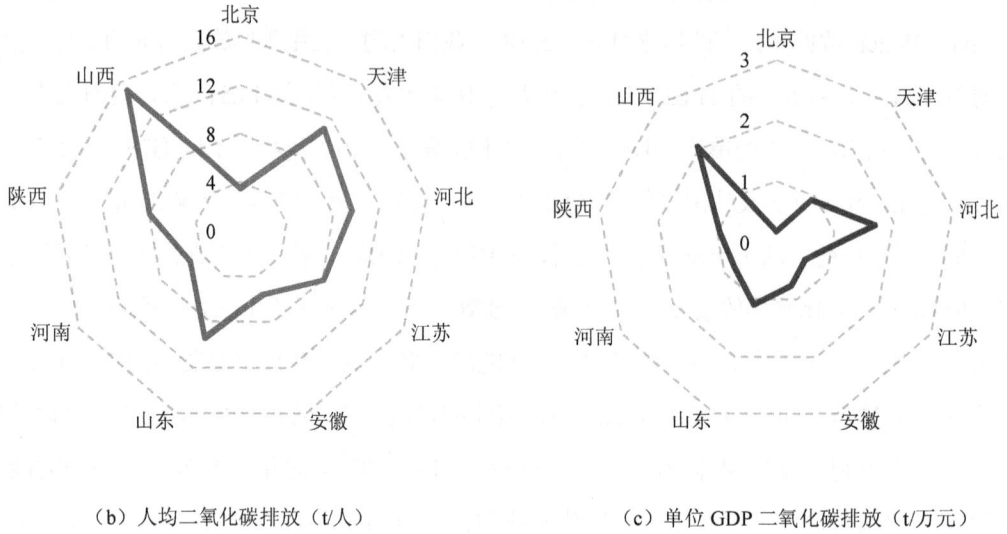

（b）人均二氧化碳排放（t/人）　　　　　　　（c）单位 GDP 二氧化碳排放（t/万元）

**图 3-9　我国重点区域分省碳排放总量与强度**

（3）电力、钢铁及水泥是碳排放量最大的三个行业

根据 CEADS 数据库的统计结果（图 3-10），2021 年，我国第二产业碳排放量占排放总量的 86%。其中，电力、蒸汽和水的生产供应业，黑色金属冶炼和压延加工业，非金属矿物制品业是排放量最大的三个行业，分别占总排放量的 50.7%、17.9% 和 11.0%。与 1997 年相比，这些行业的碳排放量分别上涨了 3.8 倍、4.2 倍和 1.9 倍。运输、储存、邮政和电信行业也是碳排放大户，其碳排放量逐年上升，2021 年占比达到了 7%。

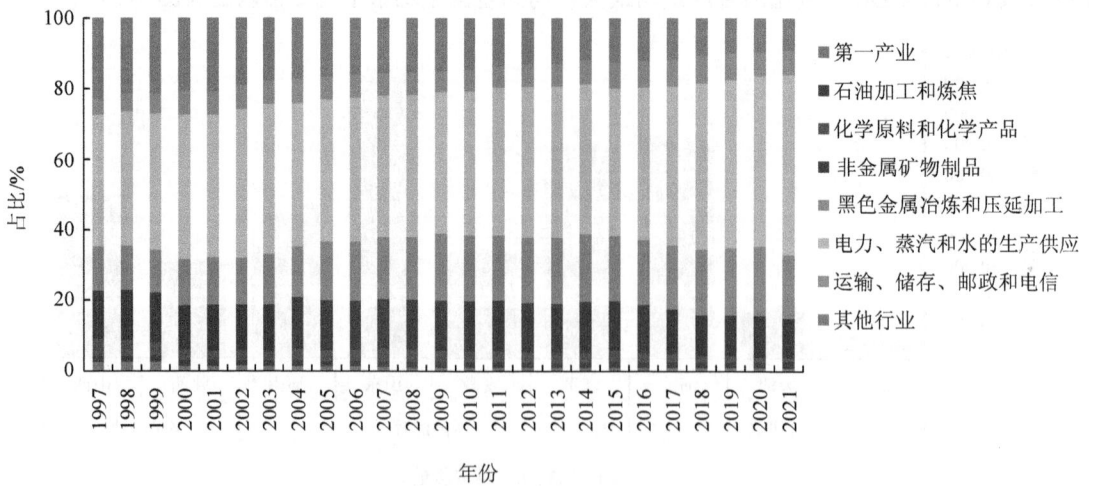

**图 3-10　我国分行业二氧化碳排放量占比**

根据生态环境部环境规划院发布的《基于重点行业/领域国家碳达峰路径研究报告》，我国 2020 年能源活动的二氧化碳排放总量超过 100 亿 t。分行业来看，电力（含热电联产供热）、钢铁、水泥、铝冶炼、石化化工、煤化工以及交通、建筑领域的能源活动排放（均为直接排放）占比分别为 44.8%、14.1%、4.6%、0.7%、5.4%、4.6%、10.6% 和 6.8%。这些行业和领域的排放占比总和超过了 90%，其碳排放达峰路径将决定全国碳排放达峰的时间和峰值大小。

## 3.2 预测思路

（1）技术路线

本研究采取自上而下与自下而上相结合的方式，以经济高质量发展为背景，充分考虑了国家现有政策文件、社会经济与能源规划、相关机构预测成果以及发达国家在不同发展阶段下的能源消耗情况，以我国 2030 年前实现碳排放达峰、2060 年前实现碳中和为约束，以分行业分领域碳达峰情景分析为基础，以技术可达性、措施和成本可行性为条件，通过反复迭代优化来预测我国"十五五"期间的能源消费和碳排放情况。针对电力、水泥、钢铁、煤化工等高耗能、高排放行业，研究预测了这些行业的能源消耗和二氧化碳排放量（能源消费直接排放和工艺过程排放）。此外，还充分考虑国家现有政策文件、社会经济与能源规划、相关机构预测成果，综合研判了京津冀、苏鲁豫皖、汾渭平原等重点区域在"十五五"期间的能源消费与碳排放变化趋势。见图 3-11。

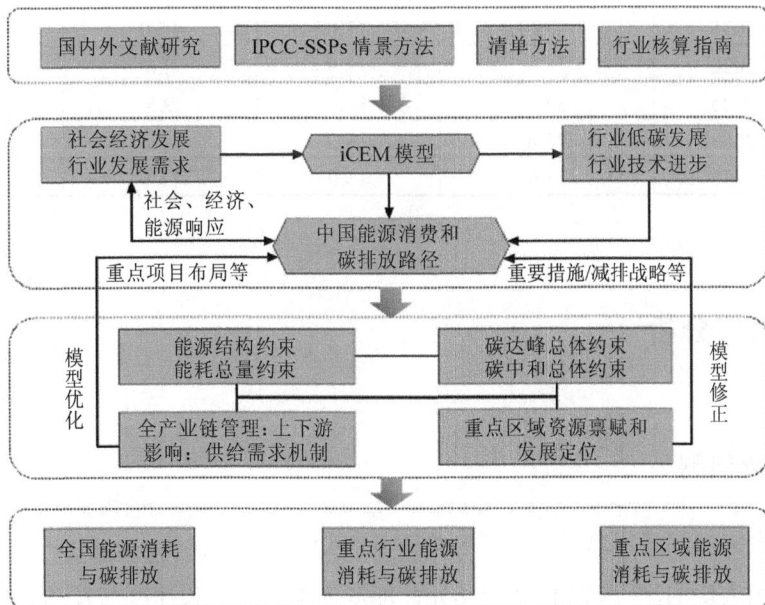

图 3-11　预测技术路线

（2）情景设定

在统筹资源禀赋、能源安全、社会发展规律以及技术进步的基础上，综合考虑全国、重点区域、重点行业和领域国民经济发展需求、能源消耗增长、行业发展技术特点、产业链上下游供需关系、国际形势变化等因素，依据我国经济社会发展、能源相关规划和"双碳"目标的约束，从能源消费总量、能源消费结构、技术进步、产业发展政策等多维度设置了三个不同的预测情景：高排放情景、中排放情景和低排放情景。高排放情景：假设在现有政策目标和技术进步水平的基础上来发展，预计将导致较高的能源消费；中排放情景：假定提前实现碳达峰目标，考虑到可再生能源的快速发展、高碳行业规模的降低，以及节能降耗政策的加强情况；低排放情景：面向碳中和目标，假设我国进一步加快绿色高质量发展的步伐，能源结构加快调整，节能降耗政策手段更加严格，预计将带来较低的能源消费。表 3-1 为三个情景下我国一次能源消费结构预测情况。

表 3-1  我国一次能源消费结构预测                          单位：%

| 情景 | 年份 | 煤炭 | 石油 | 天然气 | 非化石能源 |
|---|---|---|---|---|---|
| 高情景 | 2020 | 56.6 | 18.9 | 8.6 | 15.9 |
| | 2025 | 52.6 | 17.8 | 9.6 | 20.0 |
| | 2030 | 48.0 | 16.0 | 11.0 | 25.0 |
| | 2035 | 42.0 | 15.0 | 13.0 | 30.0 |
| 中情景 | 2020 | 56.6 | 18.9 | 8.6 | 15.9 |
| | 2025 | 52.6 | 17.8 | 9.6 | 20.0 |
| | 2030 | 47.5 | 16.0 | 11.0 | 25.5 |
| | 2035 | 39.0 | 15.0 | 15.0 | 31.0 |
| 低情景 | 2020 | 56.6 | 18.9 | 8.6 | 15.9 |
| | 2025 | 52.4 | 17.6 | 9.5 | 20.5 |
| | 2030 | 46.8 | 16.2 | 11.5 | 25.5 |
| | 2035 | 35.0 | 15.0 | 17.0 | 33.0 |

## 3.3  预测结果与分析

### 3.3.1  能源消费预测

（1）2030 年中国能源消费总量（标煤）约为 64 亿 t

2023 年，我国人均 GDP 达到 1.27 万美元，能源消费总量增长速度与发达国家进入后工业化时期类似。随着经济增长速度的下调，未来能源消耗增长速度会趋于平缓，我国"十五五"时期将是能源转型升级的攻坚期,能源消费总量还将保持上升趋势,能源消费强度持续下降。

在高排放情景下,"十四五"期间,我国能源消费总量预计将持续缓慢上升,同时能源消费强度持续下降。到 2025 年,全国能源消费总量(标煤)将达到 59.8 亿 t,相较于 2020 年增加 9.97 亿 t。其中,40.5%的能源消费增量将由可再生能源提供,煤炭、石油和天然气的消费量将分别比 2020 年增加 11.5%、13.8%和 32%。预计在"十五五"期间,我国的能源消费总量(标煤)依旧保持上升趋势,到 2030 年将达到 64.7 亿 t,相较于 2020 年增长 14.9 亿 t。其中,55.4%的能源消费增量将由可再生能源提供。在化石能源消费方面,煤炭消费总量预计将逐步下降,石油消费(标煤)进入平台期,维持在大约 10 亿 t 的水平,而天然气在一次能源消费中的比重将持续上升,可再生能源占比达到 25%,见图 3-12。

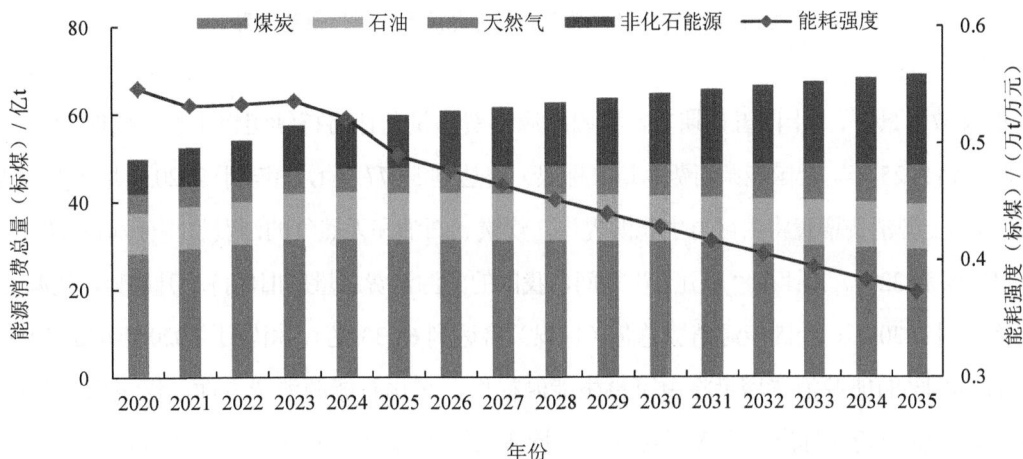

图 3-12 高排放情景下我国能源消费和能耗强度预测

在中排放情景下,"十四五"期间我国能源消费总量预计将持续缓慢上升,同时能源消费强度持续下降。到 2025 年,全国能源消费总量(标煤)将达到 59.8 亿 t,较 2020 年增加 9.97 亿 t。其中,超过 40%的能源消费增量将由可再生能源提供,煤炭、石油和天然气的消费量将分别比 2020 年增加 11.5%、12.3%和 33.4%。预计在"十五五"期间,我国的能源消费总量依旧保持上升趋势,同时能源消费强度下降。到 2030 年,全国能源消费总量(标煤)将达到 64.7 亿 t,比 2020 年增加 14.9 亿 t。其中,57.6%的能源消费增量将由可再生能源提供。在化石能源消费方面,煤炭消费总量预计将逐步下降,石油消费(标煤)进入平台期,维持在大约 10 亿 t 的水平,而天然气在一次能源消费中的比重将持续上升,可再生能源占比将达到 25.5%,见图 3-13。

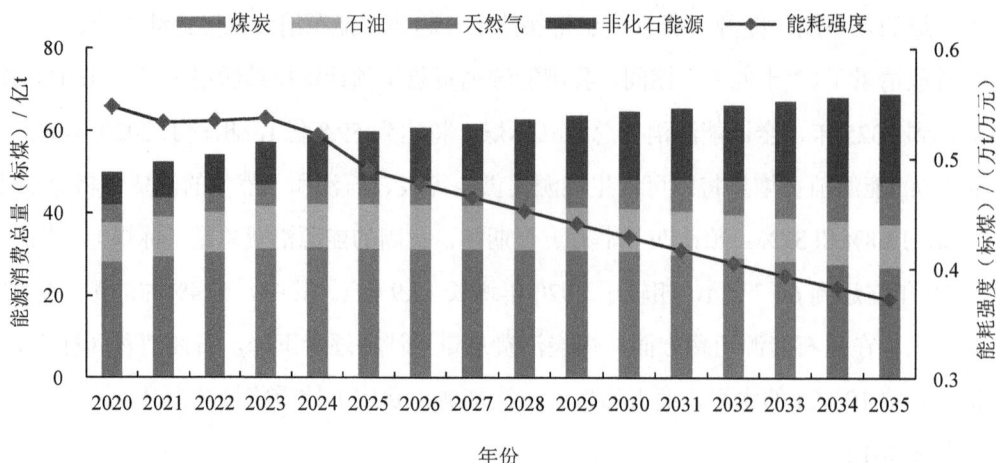

图 3-13　中排放情景下我国能源消费和能耗强度预测

在低排放情景下，"十四五"期间，我国能源消费总量预计将持续缓慢上升，同时能源消费强度持续下降。到 2025 年，全国能源消费总量（标煤）将达到 59.77 亿 t，相较于 2020 年增加 9.97 亿 t。其中，43.5%的能源消费增量将由可再生能源提供，煤炭、石油和天然气的消费量将分别较 2020 年增加 11.1%、11.9%和 32%。预计在"十五五"期间，我国的能源消费总量依旧保持上升趋势，能源消费强度继续下降。到 2030 年，全国能源消费总量（标煤）将达到 64.33 亿 t，相较于 2020 年增加 14.53 亿 t。其中，约 58.4%的能源消费增量将由可再生能源提供，在化石能源消费方面，煤炭消费总量预计将逐步下降，石油消费（标煤）进入平台期，维持在大约 10 亿 t 的水平，而天然气在一次能源消费中的比重将持续上升，可再生能源占比将达到 25.5%。见图 3-14、表 3-2。

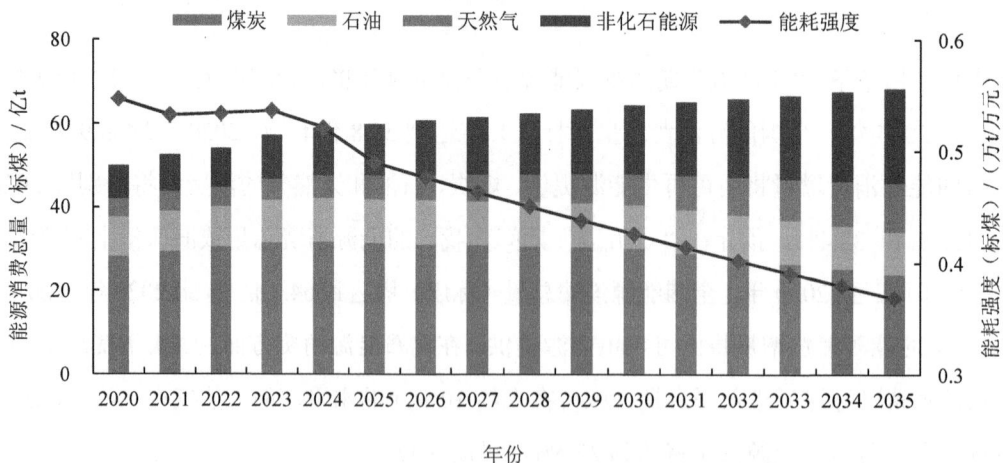

图 3-14　低排放情景下我国能源消费和能耗强度预测

表 3-2　"十五五"期间我国主要的能源消费数据

| 报告/文件 | | 主要内容 |
|---|---|---|
| 中共中央国务院 | 《能源生产和消费革命战略（2016—2030）》 | • 能源消费总量（标煤）要控制在 60 亿 t 以内；<br>• 非化石能源占能源消费总量比重达到 20% 左右；<br>• 天然气占比达到 15% 左右，新增能源需求主要依靠清洁能源满足；<br>• 单位 GDP 二氧化碳排放较 2005 年下降 60%～65%；<br>• 二氧化碳排放 2030 年左右达到峰值并争取尽早达峰 |
| 中共中央国务院 | 《2030 年前碳达峰行动方案》 | • 非化石能源消费比重达到 25% 左右；<br>• 单位 GDP 二氧化碳排放比 2005 年下降 65% 以上；<br>• 顺利实现 2030 年前碳达峰目标 |
| 中国石油经济技术研究院 | 《2050 年世界与中国能源展望》（2020 年版） | • 2025 年以后，石油消费量将逐年缓慢递减；<br>• 预计到 2030 年将下降至 7 亿 t 左右 |
| 中国石化经济技术研究院 | 《中国能源展望 2060》（2024 年版） | • 一次能源消费量（标煤）预计 2030—2035 年达峰，峰值约 60.3 亿 t |
| 中共中央国务院 | 《关于完整准确全面贯彻新发展理念做好碳达峰碳中和工作的意见》 | • 煤炭消费逐步减少；<br>• 石油消费进入峰值平台期；<br>• 天然气消费因为居民用气和天然气发电的发展，仍将继续增加 |
| 国家能源局等相关部门 | 《中国天然气发展报告（2021）》 | • 2030 年达到 5 500 亿～6 000 亿 $m^3$ |

（2）"十五五"末期我国重点区域煤炭消费占能源消耗的比重预计比 2020 年下降约 14 个百分点

未来 10～15 年，部分区域工业化进程仍将持续，能源消耗强度下降面临较大压力，迫切需要推行低碳工业化模式。预计在"十五五"期间，京津冀、汾渭平原、苏鲁豫皖 3 个地区将充分发挥各自比较优势，优化区域产业链供应链布局，不断推动协同发展向广度深度拓展，能源使用效率进一步提高。汾渭平原资源型经济转型任务基本完成，煤炭消费逐步减少；苏鲁豫皖地区将进一步优化产业结构，降低能源消耗强度。

从能源消费总量来看，预计到 2030 年，京津冀、汾渭平原、苏鲁豫皖地区能源消费总量（标煤）分别达到 5.91 亿～6.48 亿 t、4.63 亿～5.21 亿 t、13.89 亿～14.91 亿 t；到 2035 年，京津冀、汾渭平原、苏鲁豫皖地区能源消费总量将分别达到 6.48 亿～6.71 亿 t、5.22 亿～5.40 亿 t、14.91 亿～15.44 亿 t。

从能源消费结构来看，京津冀区域煤炭消耗占比将从 2020 年的 61% 降低到 2030 年的 48%，2035 年预计将进一步降低到 42%，非化石能源比例进一步提升，预计从 2020 年的 11% 增加到 2030 年的 22%，到 2035 年进一步上升到 28%。汾渭平原地区煤炭消耗占比预计从 2020 年的 80% 降低到 2035 年的 51%，非化石能源占比大幅上升，从 2020 年的 7% 提升到 2035 年的 27%。苏鲁豫皖地区煤炭消耗占比预计从 2020 年的 64%降低到 2035 年的 45%，非化石能源占比大幅上升，预计从 2020 年的 11%提升到 2035 年的 30%。

总体来看，"十五五"末期，京津冀、汾渭平原、苏鲁豫皖三大重点区域的煤炭占能源消耗比重预计比 2020 年下降约 14 个百分点，2030 年达到约 52%，到 2035 年将进一步降至 45%，非化石能源比重预计从 2020 年的 10%提升到 2030 年的 23%，到 2035 年预计还将进一步提升到 29%，见图 3-15。

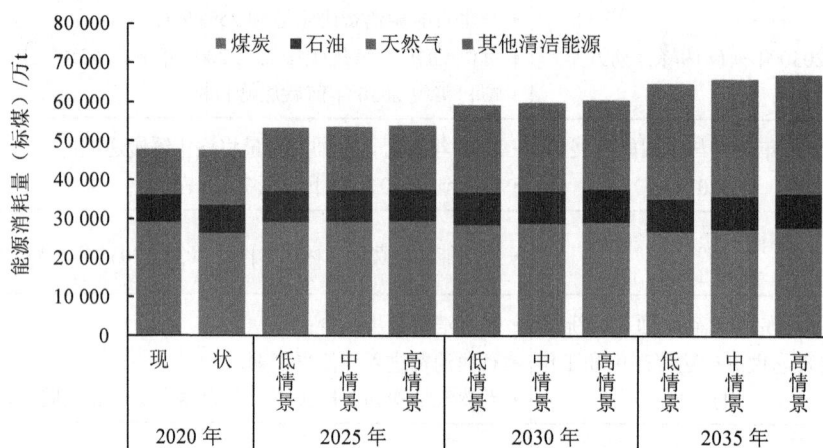

（a）京津冀地区

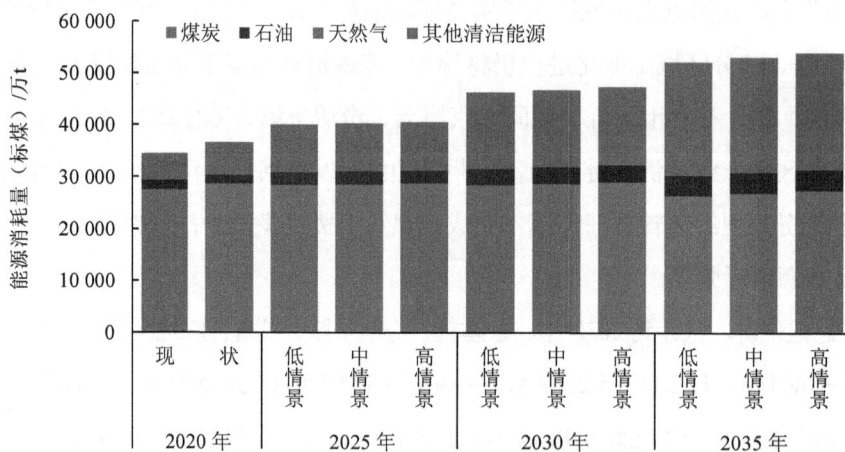

（b）汾渭平原地区

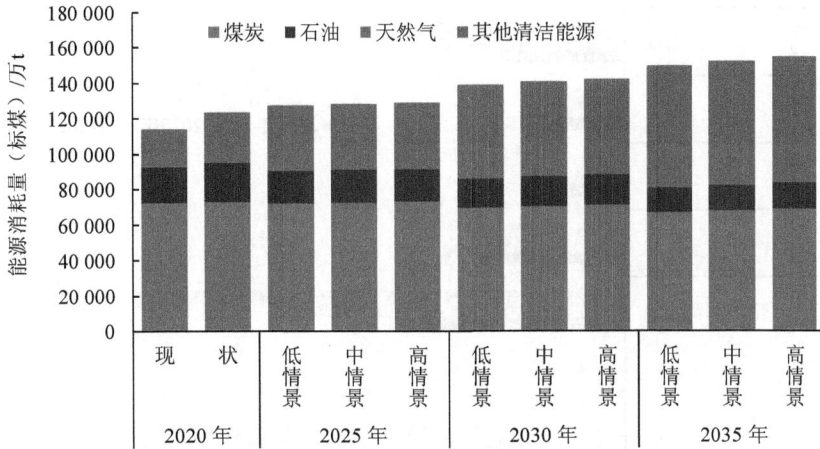

（c）苏鲁豫皖地区

**图 3-15　我国重点区域能源消耗量预测**

（3）"十五五"末期我国重点行业非化石能源消费占一次能源的比重较 2020 年提高 12%～18%

本研究重点预测了电力及钢铁、水泥、煤化工三大高耗能高排放工业行业和交通运输领域的能源消费情况。对于电力行业，未来 10 年电力需求仍将保持较快增长态势，2025 年电力能源消费总量（标煤）预计达到 28 亿～29 亿 t，到 2030 年达到 33 亿～34 亿 t（图 3-16）。钢铁行业将大力推行短流程电炉炼钢，水泥行业将推广水泥窑协同处置生活垃圾和危险废物技术，以减少对煤炭的使用。钢铁、水泥和煤化工行业的能源消费预计在 2030 年前均将达到峰值。

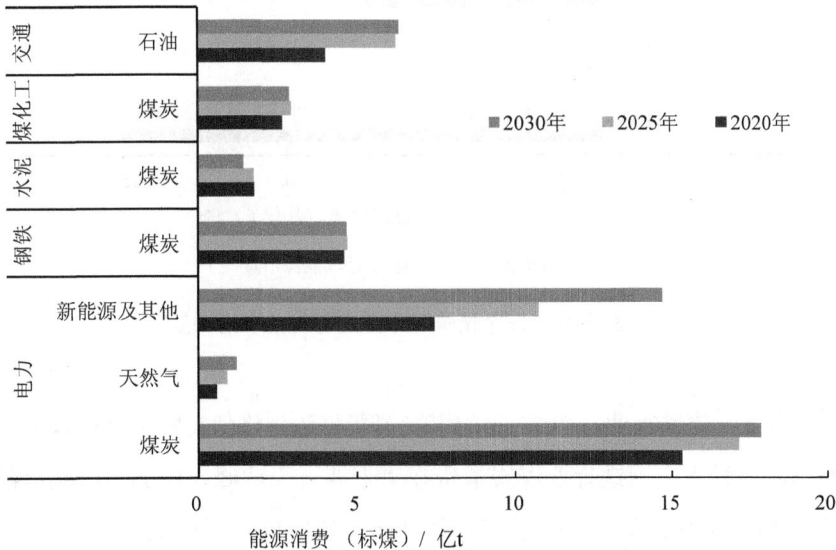

（a）高情景下分行业/领域能源消费

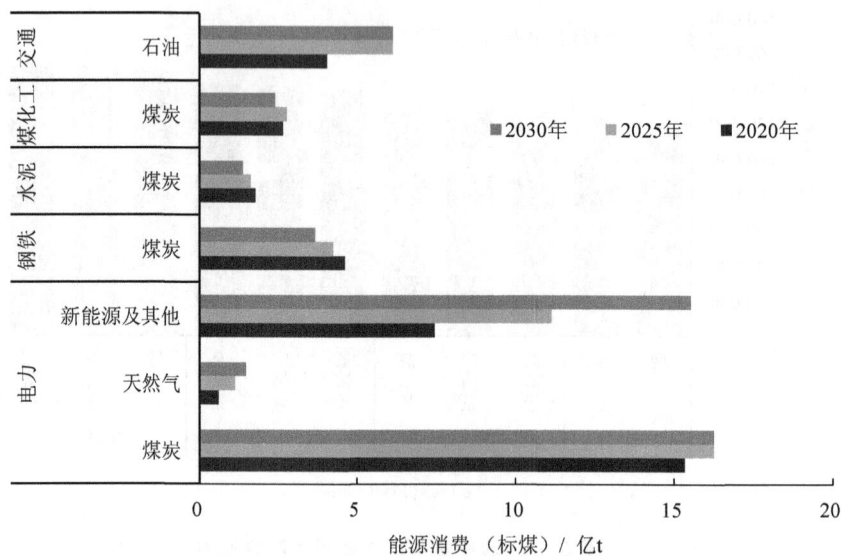

（b）中情景下分行业/领域能源消费

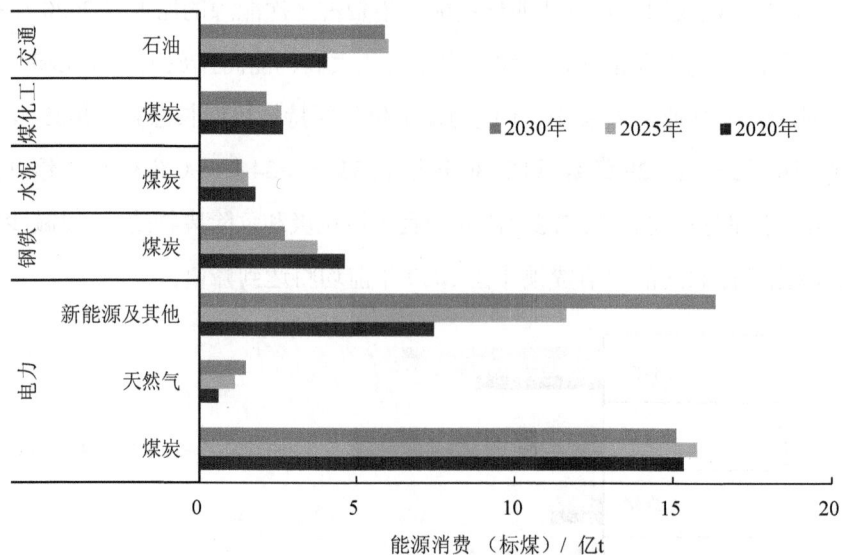

（c）低情景下分行业/领域能源消费

图 3-16　三个情景下分行业/领域能源消费量

在高排放情景下，钢铁行业在 2027 年的煤炭消费将达到峰值，峰值（标煤）为 4.47 亿 t；在中排放情景和低排放情景下，钢铁行业煤炭消费在"十四五"达峰，到 2030 年其煤炭消费量分别较峰值年下降约 21% 和 41%；在三个情景下，水泥行业和煤化工行业的煤炭消费量均在"十四五"时期达到峰值，达峰后将缓慢下降，到 2030 年，这两个行业的煤炭消费量（标煤）将分别达到

1.3 亿～1.4 亿 t，2.1 亿～2.9 亿 t。交通领域能源消费量将持续上升。到 2030 年，我国一次能源消费总量（标煤）预计达到 5.9 亿～6.3 亿 t。

到"十五五"末期，我国重点行业的能源结构清洁化程度将得以提升。电力行业充分挖掘水电、核电、生物质和天然气发电的潜力，新能源发电的比例得到显著提高。2030 年，在高、中、低排放情景下，电力行业新能源发电比例分别为 44%、47% 和 50%，较 2020 年分别提高了 12 个百分点、15 个百分点和 18 个百分点；煤电占比显著下降，较 2020 年分别下降了 13 个百分点、17 个百分点和 20 个百分点。交通领域将大力推广新能源车，预计到 2030 年，新能源乘用车新车销售占比将达到30%～40%，新能源商用客车销售占比将达到 40%，新能源货车销售占比将达到 17%。到 2030 年，我国重点行业和领域的一次能源消费中，非化石能源消费占比较 2020 年将提高 12%～18%。

### 3.3.2　碳排放预测

（1）我国有望实现二氧化碳排放提前达峰

"十四五"期间，在三个情景下，我国的碳排放总量变化趋势基本一致，到 2025 年三个情景下碳排放总量约为 115 亿 t（图 3-17）。然而，在"十五五"期间，三个情景下的碳排放总量开始出现明显差异。在高排放情景下，我国二氧化碳排放总量呈持续上升趋势，到 2030 年达到峰值；在中排放情景下，由于采取了积极的减排措施，我国二氧化碳排放有望于 2027 年达峰，峰值较 2020 年增加 12.9 亿 t 左右，同时由于行业达峰不同步，全国达峰后将保持 2～3 年的峰值平台期，在峰值平台期间，全国年均降碳 1 500 万～2 000 万 t；在低排放情景下，我国将在"十四五"末期达峰，峰值较 2020 年增加 12.3 亿 t 左右。预测结果显示，"十五五"期间我国的碳排放总量仍会保持较高水平，实现"双碳"目标面临较大难度。

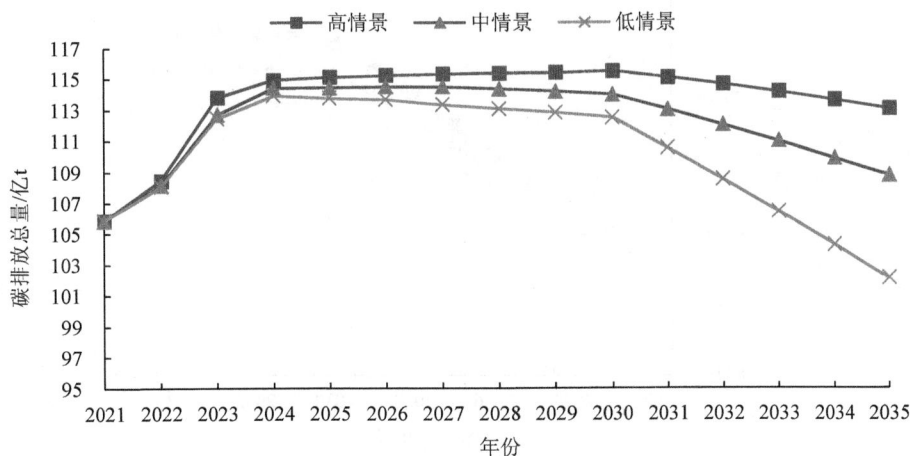

图 3-17　三个预测情景下我国的碳减排路径

（2）全国碳排放于 2030 年前达峰，需要推动不同区域梯次达峰

预测结果显示，京津冀、汾渭平原地区由于产业结构偏重，加之汾渭平原是全国重点的能源生产和供应基地，这两个地区在三个预测情景下均很难在 2030 年前达峰。即使在 2030 年达峰，后续的平台期仍较长。苏鲁豫皖地区在中、低排放情景下可能达峰，在高排放情景下，则在 2030 年前后实现碳达峰。各地区梯次有序的碳达峰行动是"碳达峰十大行动"之一，各地区需要准确把握自身发展定位，结合本地区经济社会发展实际和资源环境禀赋，坚持分类施策、因地制宜、上下联动，梯次有序推进碳达峰进程。2020—2035 年我国重点区域碳排放预测结果见图 3-18。

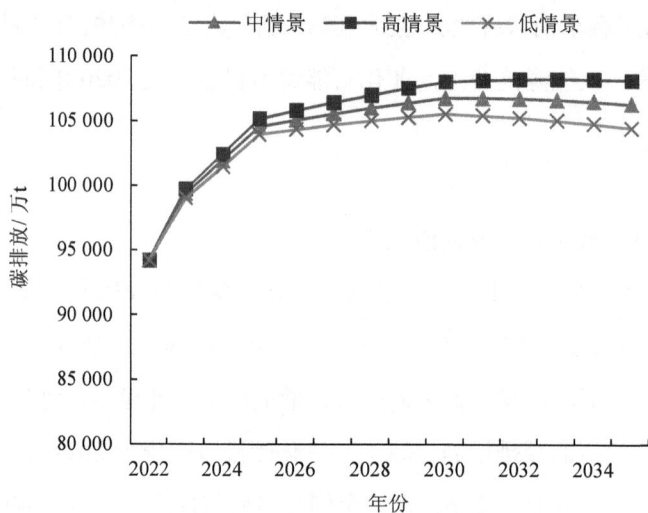

（a）京津冀地区

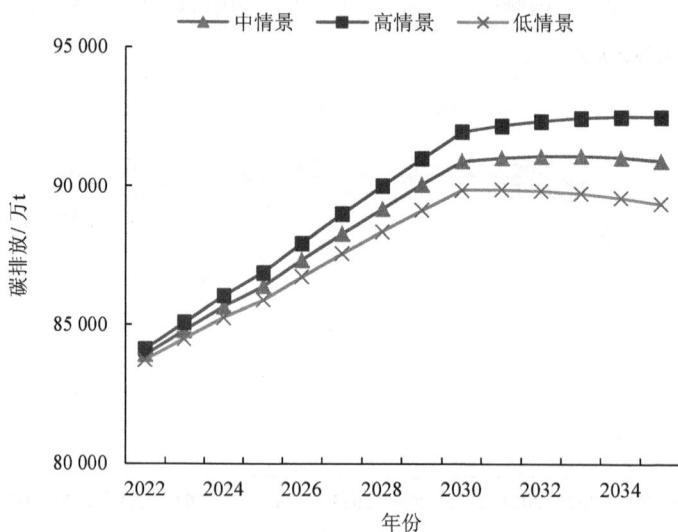

（b）汾渭平原地区

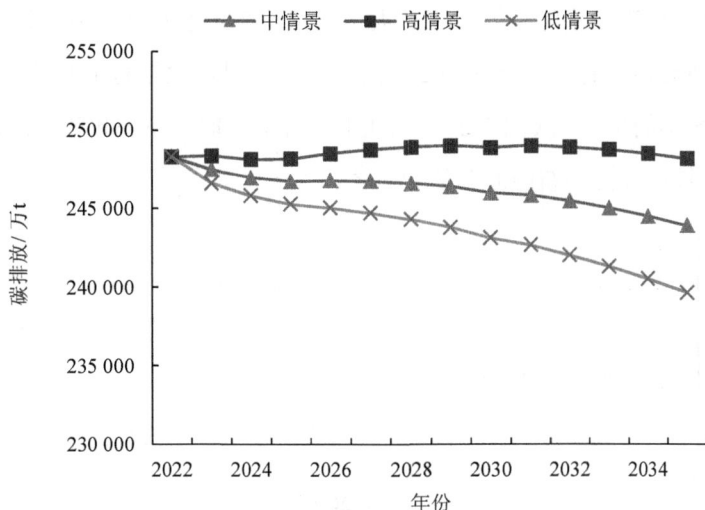

（c）苏鲁豫皖地区

**图 3-18　2020—2035 年我国重点区域碳排放预测结果**

（3）全国碳排放于 2030 年前达峰还需积极推动不同行业分阶段达峰

在高排放情景下，钢铁、水泥和煤化工三大工业预计在"十四五"末期整体达峰，并在达峰后实现碳排放的稳定下降。电力行业预计在 2031 年前后实现达峰，交通行业则预计在 2030 年实现达峰，并在达峰后经历 3~5 年的平台期（图 3-19）。特别需要指出的是，"十四五"将是"控增量、促转型"的关键时期，电力、化工、交通等行业的刚性需求在未来一段时间内仍将居高不下，这几个行业和领域的达峰进程将对 2030 年前全国碳达峰目标的实现产生决定性影响。

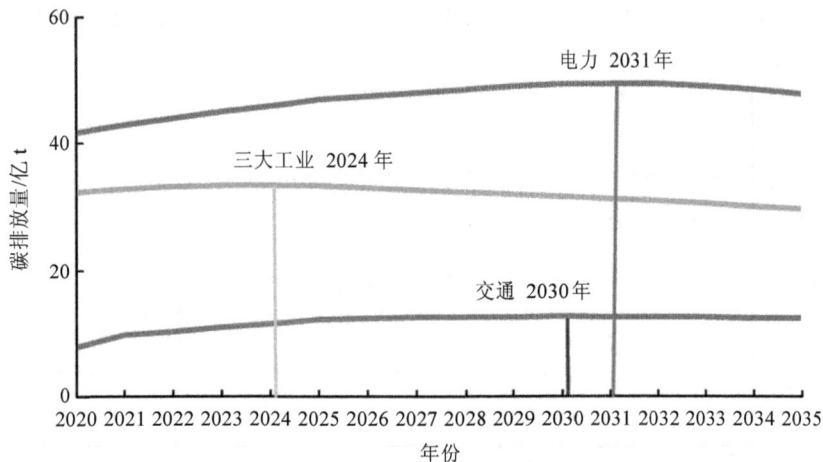

**图 3-19　高排放情景下我国重点行业的碳排放预测结果**

在中排放情景下，钢铁、水泥和煤化工三大工业预计在"十四五"中期整体达峰，并在达峰后实现碳排放的稳定下降。电力行业预计在 2029 年前后实现达峰，交通行业预计在 2028 年实现达峰，并在达峰后经历 5～8 年的平台期（图 3-20）。在此情景下，采取一系列政策手段，包括控制对电力、化工等产品的需求增长，并提高新能源车的导入率。

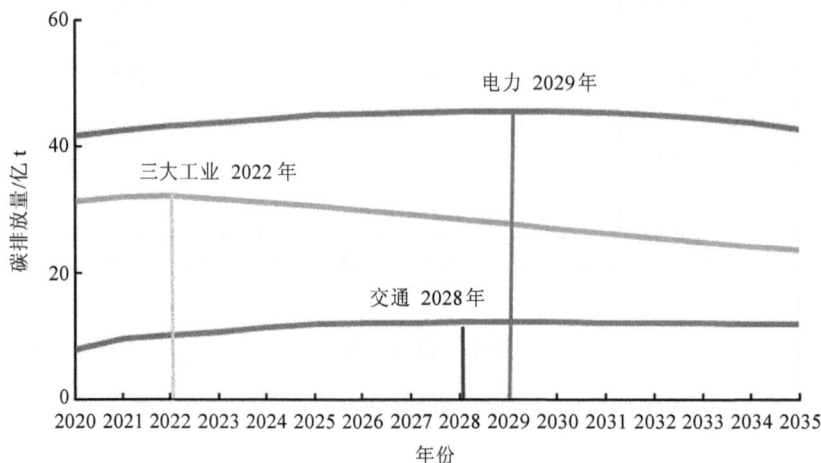

图 3-20　中排放情景下我国重点行业的碳排放预测结果

在低排放情景下，钢铁、水泥和煤化工三大工业预计在 2021 年整体达峰，并在达峰后迅速下降。电力行业预计在"十四五"末期实现达峰，并在达峰后经历 2～3 年的平台期。交通行业预计在 2028 年实现达峰，并在达峰后经历 5～8 年的平台期（图 3-21）。在此情景下，采取政策手段，进一步控制对电力、化工等产品的需求增长，提高风电、光伏、水电等绿色可再生电力的供给，优化行业的用能结构，显著提升钢铁和煤化工行业的电气化程度，并且进一步提高新能源车的导入率。

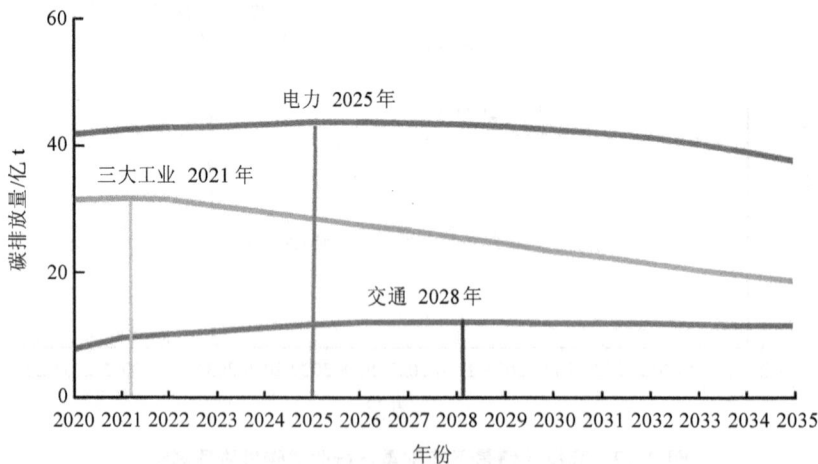

图 3-21　低排放情景下我国重点行业的碳排放预测结果

## 3.4 主要结论与形势研判

未来十年是我国基本实现现代化的关键阶段，在这一阶段，工业化、城镇化、信息化的推进将带来能源消费和碳排放增长的刚性压力。到 2030 年，全国能源消费总量（标煤）预计将达到 64.7 亿 t，较 2020 年增加约 14.9 亿 t。在能源结构优化、产业结构调整、科技进步、非化石能源发展的影响下，超过 65% 的能源消费增量将由可再生能源提供，煤炭消费总量将逐步下降，石油消费将进入平台期，天然气在一次能源消费中的比重持续上升，可再生能源的占比将达到 25%，能源活动二氧化碳排放量有望于 2030 年前达峰。

重点区域和重点行业的煤炭消费占比将稳步下降，碳排放将实现梯次达峰。"十五五"期间，京津冀、汾渭平原及苏鲁豫皖地区将优化区域产业结构和布局，降低能源消耗强度。到 2030 年，这三大区域的能源消费总量（标煤）将分别到 5.91 亿～6.48 亿 t、4.63 亿～5.21 亿 t、13.89 亿～14.91 亿 t。这三大区域总的煤炭消耗占能源消耗的比重将比 2020 年下降 14 个百分点，非化石能源比例将提高到 23%。到 2030 年，重点行业的非化石能源消费比重预计比 2020 年提高 12%～18%，钢铁、水泥、煤化工等高耗能行业以及交通和电力行业将分别在"十四五"前期和"十五五"中后期实现碳达峰。由于行业达峰的时间不同步，全国碳排放达峰后预计还将保持 3～4 年的峰值平台期。在平台期，全国年均降碳仅几千万吨，相当于 1～2 个重大建设项目的碳排放量。因此，我们要高度警惕因重大项目集中建设导致达峰延迟或反复冲高的情况发生。

基于以上形势，为确保实现 2030 年前碳达峰目标，需在能源消费和结构调整上采取积极措施。首先，要协同推进化石燃料的高效利用，坚持绿色开采，科学用煤，加快推进工业、电力及生活等各领域的煤炭清洁高效利用。推进煤炭消费转型升级，促进现代煤化工高端化。其次，要合理调控油气消费，大力推动油气上游绿色发展，突破油气勘探开发关键核心技术，推动炼化行业转型升级。再次，要积极推动核电和可再生清洁能源的发展，逐步降低煤炭消费比例，持续优化能源结构。积极推进核电基础理论研究、核安全技术研究开发设计和工程建设。按照输出与就地消纳利用并重、集中式与分布式发展并举的原则，加快发展水电、风电、太阳能、地热能、生物质能和海洋能等可再生能源。最后，要统筹好发展与安全的关系。立足于我国能源基本国情，处理好发展与减排、整体与局部、短期与中长期的关系。"十五五"期间，我国能源需求总量还将持续增长，在"双碳"目标的约束下，要大力发展非化石能源，构建新型电力系统，实现非化石能源与化石能源的互补和优化组合。能源消费总量中越来越多要来自非化石能源，在能源可靠供应方面，化石能源要发挥基础性调节作用，从而保持能源安全供应能力不下降。

# 第4章 大气环境预测

大气环境质量的改善，最能给老百姓带来幸福感和获得感。近年来，我国实施了大气污染防治攻坚行动，空气质量改善成效显著。然而，当前我国的空气质量改善成效尚不稳固，重点地区、重点领域大气污染问题仍然突出，秋冬季重污染天气依然高发、频发，$O_3$ 污染日益凸显。大气污染防治的长期性、复杂性、艰巨性依然存在，大气环境保护仍处于压力叠加、负重前行的关键期。面对新的形势，本章从行业和区域角度，对"十五五"期间我国主要大气污染物排放量和大气环境质量进行预测判断，识别我国大气环境质量改善面临的主要问题，并提出我国大气环境管理的对策建议。

## 4.1 现状分析

自 2013 年国务院发布《大气污染防治行动计划》以来，我国大气污染防治成效显著，全国已消除 $SO_2$、CO 和 $NO_2$ 超标城市，2020 年起，全国地级及以上城市 $PM_{2.5}$ 年均浓度连续 3 年降至世界卫生组织（WHO）所确定的 35μg/m³ 第一阶段过渡值以下，我国成为全球大气质量改善速度最快的国家。然而，我国的环境空气质量与美丽中国建设、人体健康保护的要求相比仍有较大差距。2022 年全国 $PM_{2.5}$ 平均浓度为 29 μg/m³，是 WHO 指导值的 2.9 倍，是欧美当前水平（欧洲 15 μg/m³，美国 8 μg/m³）的 2～4 倍，仍有 25.4% 的城市 $PM_{2.5}$ 年均浓度超标。同时，$O_3$ 污染问题日益凸显，已成为实现优良天数约束性指标达标的重要瓶颈。在未来较长一段时间内，实现 $PM_{2.5}$ 和 $O_3$ 污染的协同控制将是我国大气污染防治的重点。

### 4.1.1 大气污染物排放大幅下降

近年来，我国在大气环境治理领域取得显著成效，$SO_2$、$NO_x$、颗粒物及 VOCs 等大气污染物的排放得到明显控制，排放量显著下降（图 4-1）。其中，作为大气中 $PM_{2.5}$ 和 $O_3$ 的共同前体物，VOCs 在大气污染治理中受到了广泛的关注，其与 $NO_x$ 的协同减排是当前协同治理 $PM_{2.5}$ 和 $O_3$ 污染的有效途径。

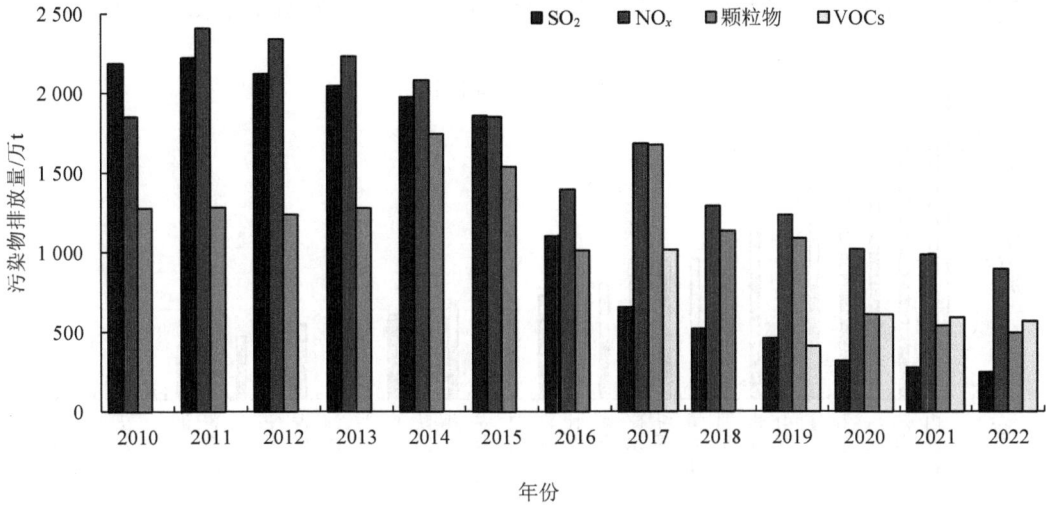

图 4-1　2010—2022 年主要空气污染物排放量

（1）SO₂ 排放现状

2010—2022 年，全国 $SO_2$ 排放持续下降，排放量从 2010 年的 2 185.1 万 t 逐步降至 2022 年的 243.5 万 t。其中，工业源是 $SO_2$ 排放的主要来源，排放占比基本稳定在 80%～90%，近年来逐步下降至 80% 以下；生活源排放占比稳步上升，2020 年后排放占比达到 20% 及以上。见图 4-2。

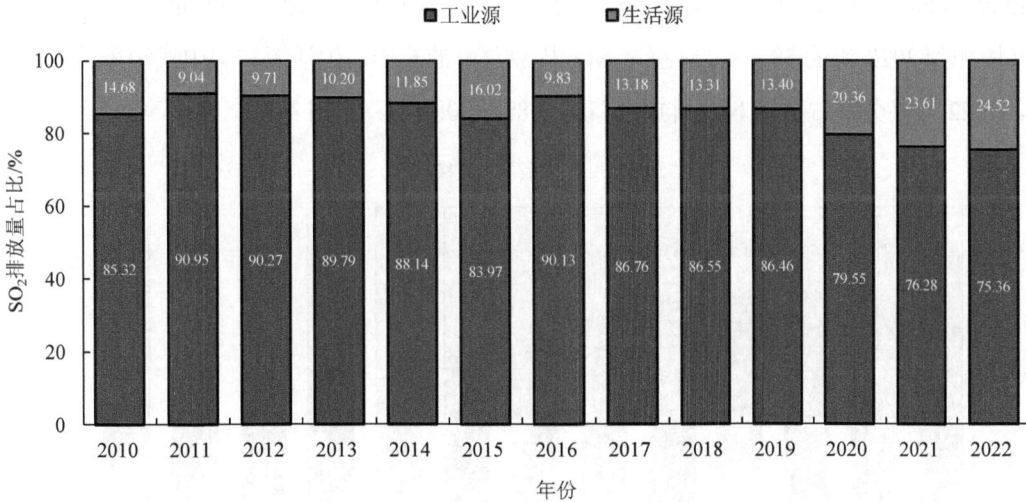

图 4-2　2010—2022 年我国 SO₂ 排放量的结构组成

2022 年，$SO_2$ 排放量排前两位的省份是内蒙古和云南，排放量最低的省份是西藏和北京。在各排放来源中，工业源排放量最高的省份是内蒙古和河北，排放量最低的省份是西藏和北京；生活源排放量最高的省份是云南和黑龙江,排放量最低的省份是天津、海南和北京等。见图 4-3。

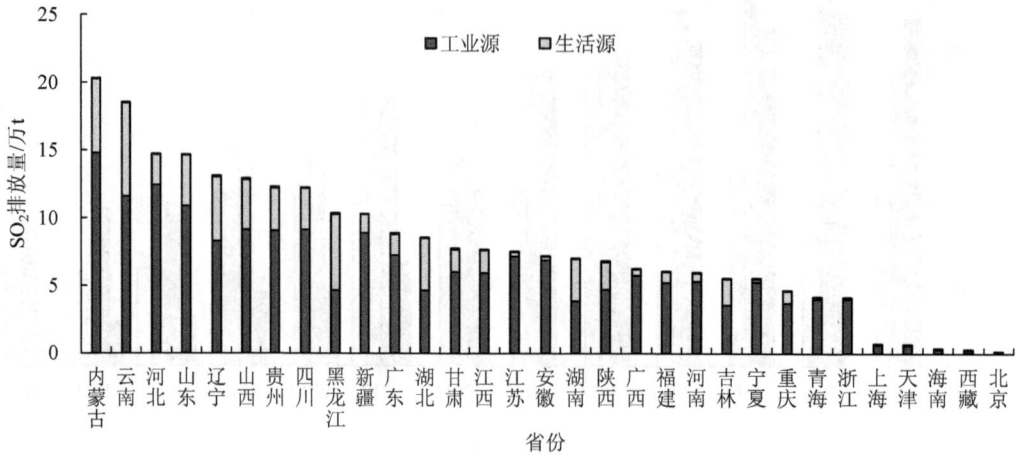

图 4-3  2022 年我国各省份 $SO_2$ 排放量

注:不包括香港特别行政区、澳门特别行政区和台湾地区的数据。余同。

（2） $NO_x$ 排放现状

2010—2022 年,全国 $NO_x$ 排放呈先增加后快速下降的趋势,排放量由 2010 年的 1 852.5 万 t 降至 2022 年的 895.8 万 t。其中,工业源 $NO_x$ 排放占比逐年下降,从 2010 年的 79.1%逐步降至 37.3%;同时,随着经济活动的增多和交通需求的快速增长,移动源排放占比在这期间迅速上升,从 2010 年的 15.7%增加到 2022 年的 58.9%,已超过 $NO_x$ 排放总量的一半。生活源和集中式污染治理设施的排放较少,2022 年仅分别占全国 $NO_x$ 排放总量的 3.8%和 0.01%。见图 4-4。

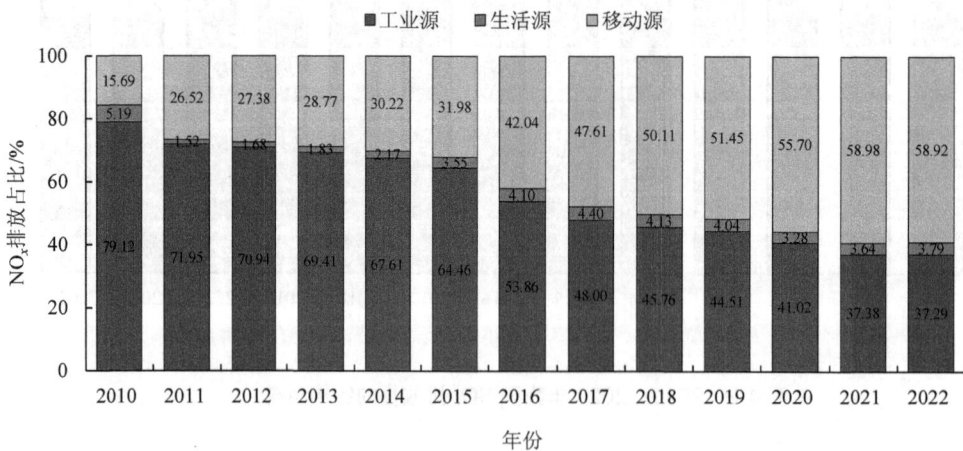

图 4-4  2010—2022 年我国 $NO_x$ 排放量的结构组成

2022 年，NO$_x$ 排放量排前两位的省份是山东和河北，排放量最低的省份是西藏和海南。在各排放来源中，工业源排放量最高的省份是河北和内蒙古，排放量最低的省份是北京和西藏；生活源排放量最高的省份是黑龙江和内蒙古，排放量最低的省份是海南和西藏；移动源排放量最高的省份是山东和河北，排放量最低的省份是青海和海南。见图 4-5。

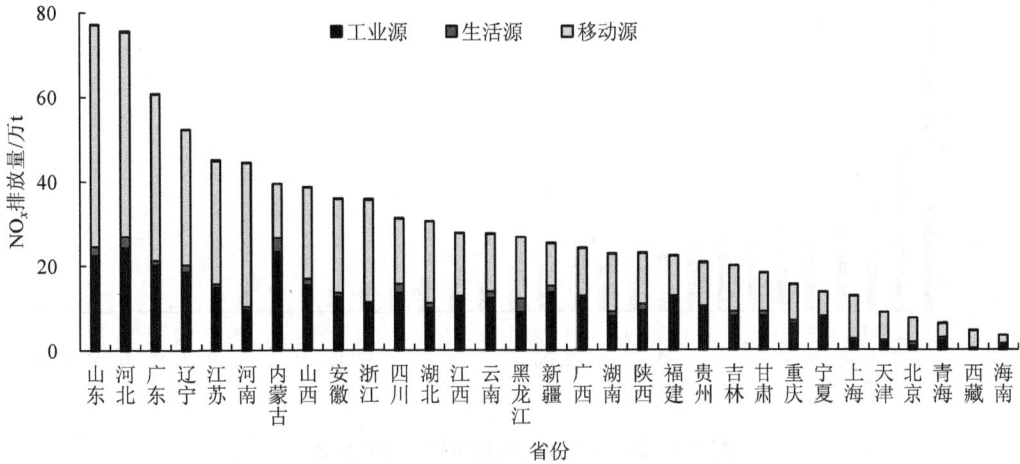

图 4-5　2022 年我国各省份 NO$_x$ 排放量

（3）颗粒物排放现状

2010—2022 年，全国颗粒物排放量总体保持下降趋势，从 2010 年的 1 277.9 万 t 降至 2022 年的 493.4 万 t。颗粒物的排放主要来自工业源和生活源。2020 年之前，工业源是颗粒物排放的主要来源，占比总体稳定在 80% 左右，后续逐步下降至 60% 左右；同时生活源排放占比迅速上升，超过了 30%。移动源和集中式污染治理设施的排放较少，2022 年仅占全国颗粒物排放总量的 1.1% 和 0.01%。见图 4-6。

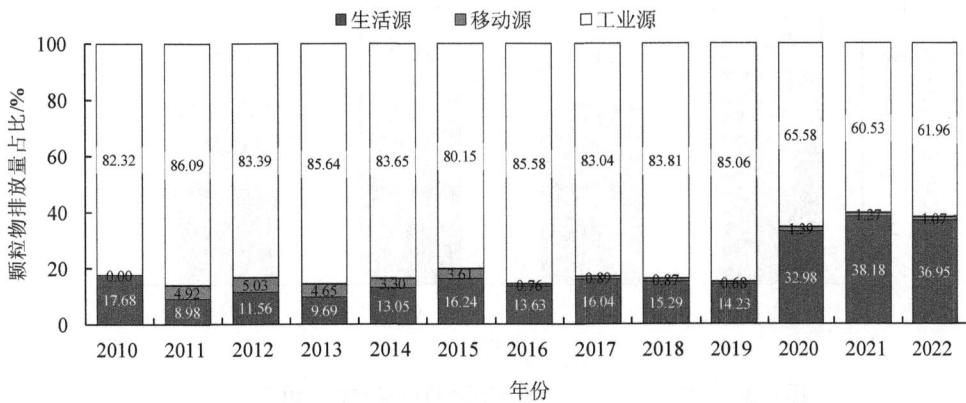

图 4-6　2010—2022 年我国颗粒物排放量的结构组成

2020 年，颗粒物排放量最高的省份是内蒙古，其次是新疆，排放量最低的省份是西藏和北京。在各排放来源中，工业源排放量最高的省份是内蒙古，其次是新疆，排放量最低的省份是西藏和北京；生活源排放量最高的省份是黑龙江和内蒙古，排放量最低的省份是海南和北京。见图 4-7。

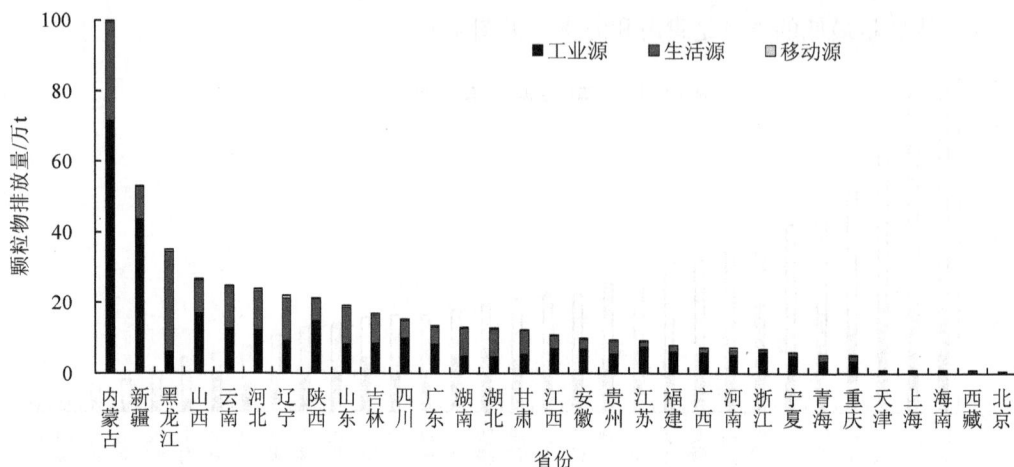

图 4-7 2020 年我国各省份颗粒物排放量

（4）VOCs 排放现状

统计数据显示，2017 年、2020 年、2021 年、2022 年全国 VOCs 排放量分别为 1 017.4 万 t、610.2 万 t、590.2 万 t 和 566.1 万 t，总体呈持续下降的趋势。从各排放源来看，我国 VOCs 排放主要来自移动源、工业源及生活源。其中，工业源 VOCs 排放量呈明显下降趋势，排放占比也由 2017 年的 47.3%逐步下降为 2020 年的 35.6%；生活源 VOCs 排放量占比总体稳定在 29%左右；移动源 VOCs 排放量变化不大，排放量占比约 34.5%。见图 4-8。

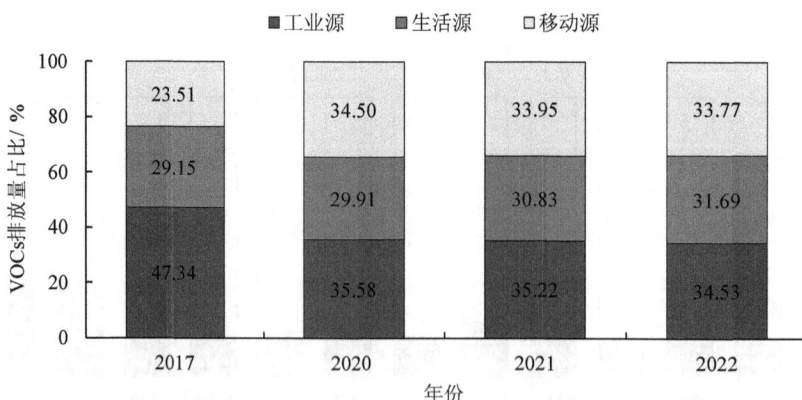

图 4-8 2017—2022 年全国 VOCs 排放量的结构组成

2022 年，VOCs 排放量最高的省份是山东和广东，排放量最低的省份是青海和西藏。同时，山东和广东省是工业源、生活源和移动源排放量最大的省份，青海和西藏则是工业源、生活源排放量最低的省份；移动源排放量最低的省份是西藏和海南。见图 4-9。

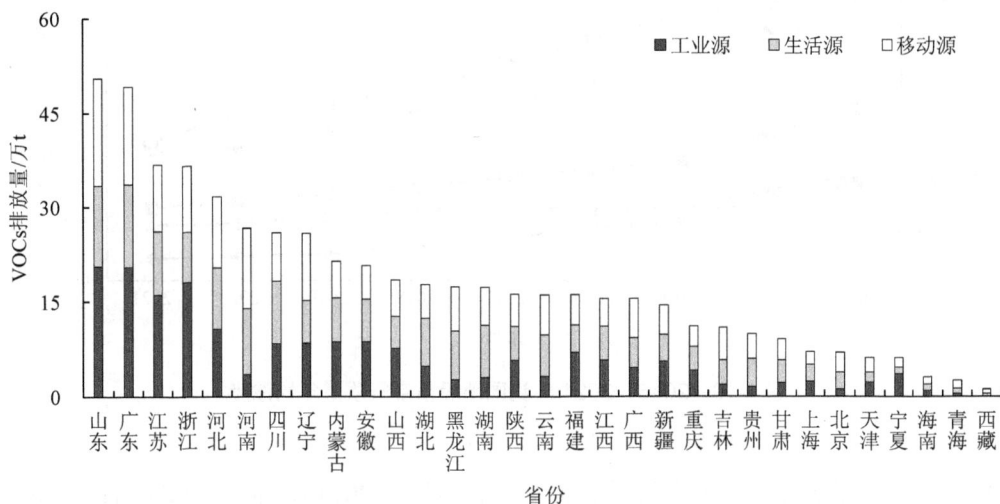

**图 4-9 2022 年我国各省份 VOCs 排放量**

## 4.1.2 大气环境质量显著改善

（1）全国空气质量得到明显改善

2013—2021 年，我国的空气质量有了明显好转。2021 年，全国空气质量优良天数比例达到了 87.4%，重污染天数比例仅为 1.4%，各项主要大气污染物的平均浓度相较 2013 年均有不同程度的下降。具体来看，$SO_2$ 的年均浓度降幅明显，从 2013 年的 40 $\mu g/m^3$ 降至 2021 年的 9 $\mu g/m^3$，降低了 77.5%；$NO_2$ 的年均浓度虽在 2016 年和 2017 年有所回升，但总体仍呈降低趋势，从 2013 年的 44 $\mu g/m^3$ 降至 2021 年的 23 $\mu g/m^3$，降低了 47.7%；$PM_{2.5}$ 的年均浓度逐年下降，从 2013 年的 72 $\mu g/m^3$ 降至 2021 年的 30 $\mu g/m^3$，降低了 58.3%；$PM_{10}$ 的年均浓度从 2013 年的 118 $\mu g/m^3$ 降至 2021 年的 54 $\mu g/m^3$，降低了 54.2%；CO 的年均浓度从 2013 年的 2.5 $mg/m^3$ 降至 2021 年的 1.1 $mg/m^3$，降低了 56.0%；$O_3$ 的年均浓度下降不明显，并在 2015—2018 年出现上升，2013 年、2021 年的 $O_3$ 浓度分别为 139 $\mu g/m^3$ 和 137 $\mu g/m^3$。见图 4-10。

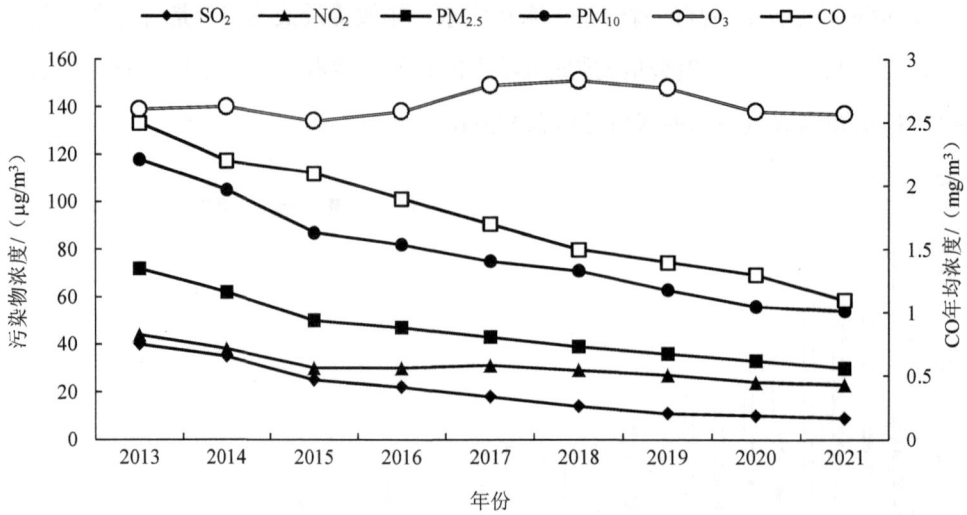

图 4-10　2013—2021 年我国地级市空气质量年均浓度

2014—2021 年，我国各省份的空气质量都有了显著改善。2014 年，除了西藏、海南等少数省份，大部分省份的空气质量均存在 $PM_{2.5}$ 超标情况，特别是京津冀地区以及河南、湖北等中部省份。然而，到了 2021 年，除了河南（45 $\mu g/m^3$）、天津（39 $\mu g/m^3$）、河北（39 $\mu g/m^3$）、山西（39 $\mu g/m^3$）、山东（39 $\mu g/m^3$），其他省份的空气质量 $PM_{2.5}$ 全部达标，尤其是西藏（10 $\mu g/m^3$）和海南（12 $\mu g/m^3$）的空气质量都达到了一级标准。见图 4-11。

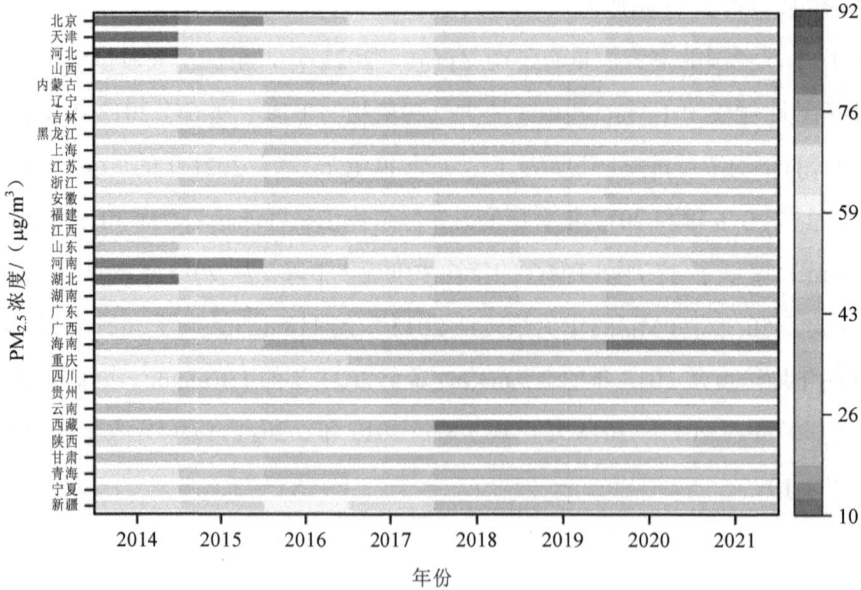

图 4-11　2014—2021 年我国各省份 $PM_{2.5}$ 年均浓度变化情况

（2）重点区域空气质量改善明显

2016—2021 年，我国大部分城市的空气质量有了显著改善，但在京津冀及周边地区、汾渭平原地区、苏皖鲁豫地区以及新疆等地区的空气质量仍然较差。在这段时间内，京津冀及周边地区、长三角地区和汾渭平原三个重点区域的优良天数比例均低于全国平均水平，总体呈现出波动上升趋势。见图 4-12。

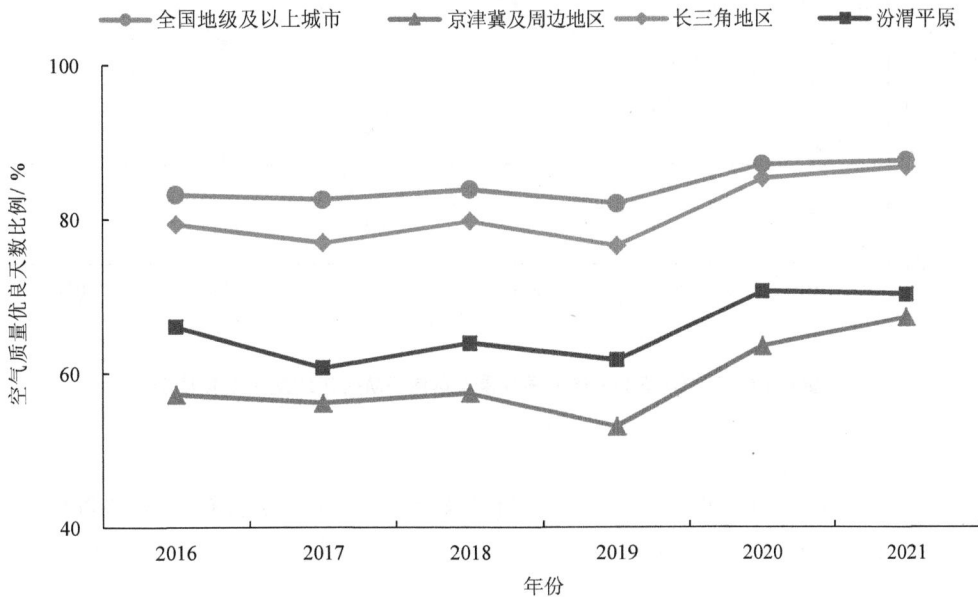

图 4-12　2016—2021 年全国及重点区域优良天数比例变化情况

2016—2021 年，我国重点区域的颗粒物防治成效显著，$PM_{2.5}$ 年均浓度逐年降低，特别是京津冀、长三角和汾渭平原三大重点区域 $PM_{2.5}$ 年均浓度均显著下降，其中京津冀区域降幅最大。自 2020 年起，长三角地区的 $PM_{2.5}$ 年均浓度均达到了国家空气质量二级标准。

2016—2021 年，重点区域的 $PM_{10}$ 年均浓度总体呈现持续下降的趋势。长三角地区的 $PM_{10}$ 年均浓度在 2017 年略有增长，但在 2018 年以后逐年下降，并都达到了国家空气质量二级标准。在颗粒物防控初具成效的前提下，$O_3$ 成为我国大气污染防控的重中之重。2016—2021 年，三大重点区域的 $O_3$ 浓度变化呈现先增长后降低的波动性趋势。自 2017 年起，京津冀和汾渭平原地区的 $O_3$ 年均浓度均高于国家空气质量二级标准。三大重点区域 $O_3$ 浓度在 2019 年达到了近年来的峰值。在 $SO_2$ 和 $NO_2$ 污染防控方面，这些重点区域也取得了显著成效。其年均浓度均达到了国家一级标准。2016—2021 年，全国和三大重点区域的 $SO_2$ 年均浓度逐年降低，并在 2019 年均达到国家空气质量一级标准，$NO_2$ 则是在 2018 年均达到国家空气质量一级标准。见图 4-13～图 4-17。

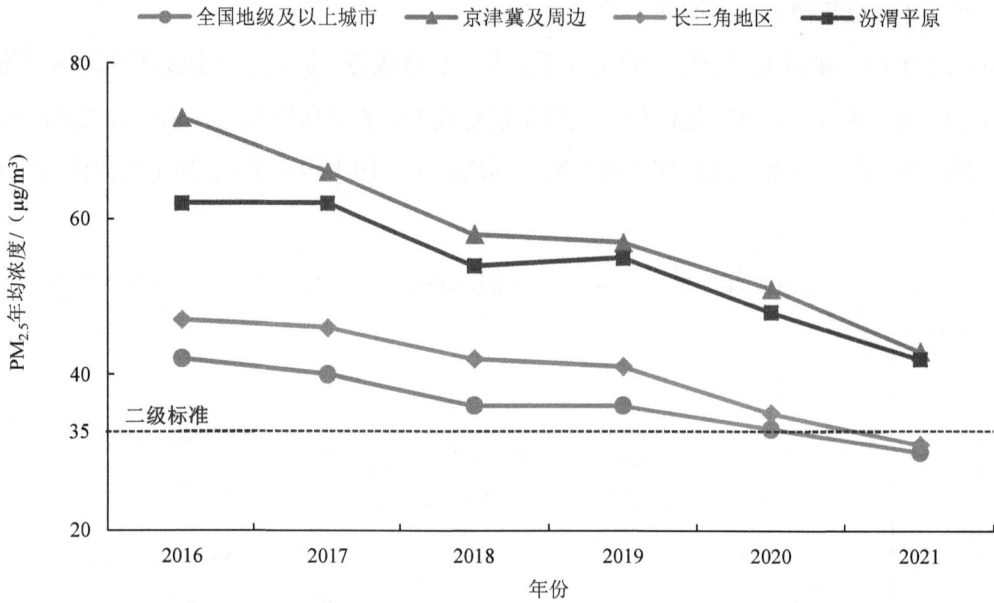

**图 4-13　2016—2021 年全国及重点区域 PM$_{2.5}$ 年均浓度变化情况**

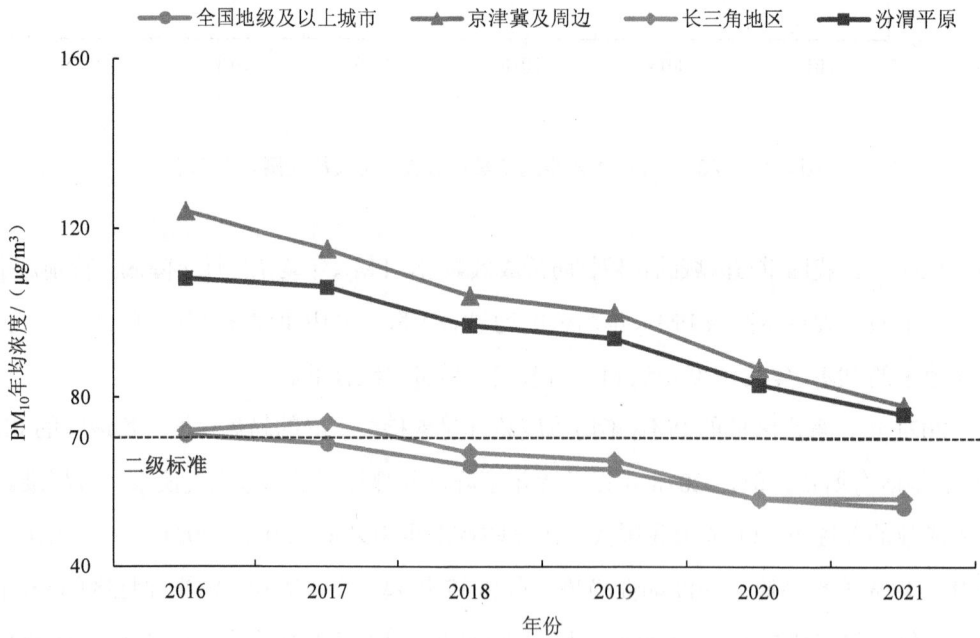

**图 4-14　2016—2021 年全国及重点区域 PM$_{10}$ 年均浓度变化情况**

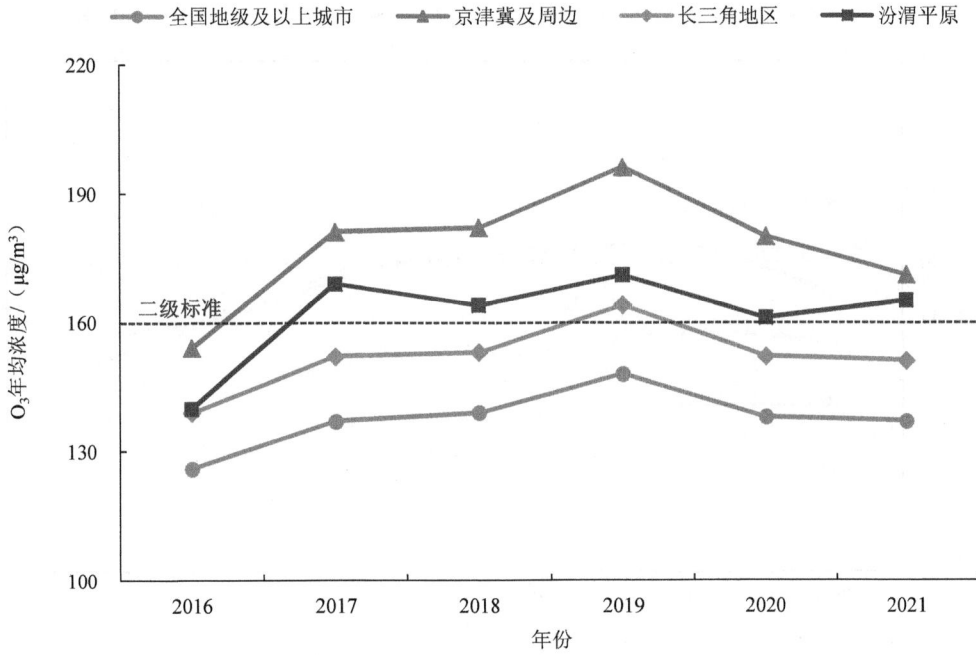

图 4-15　2016—2021 年全国及重点区域 $O_3$ 年均浓度变化情况

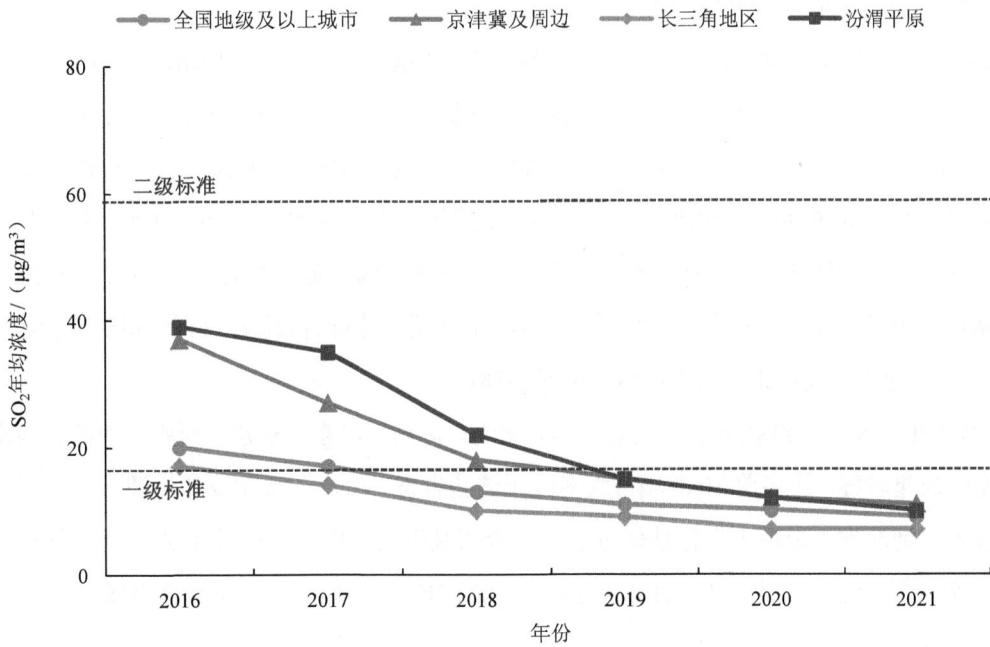

图 4-16　2016—2021 年全国及重点区域 $SO_2$ 年均浓度变化情况

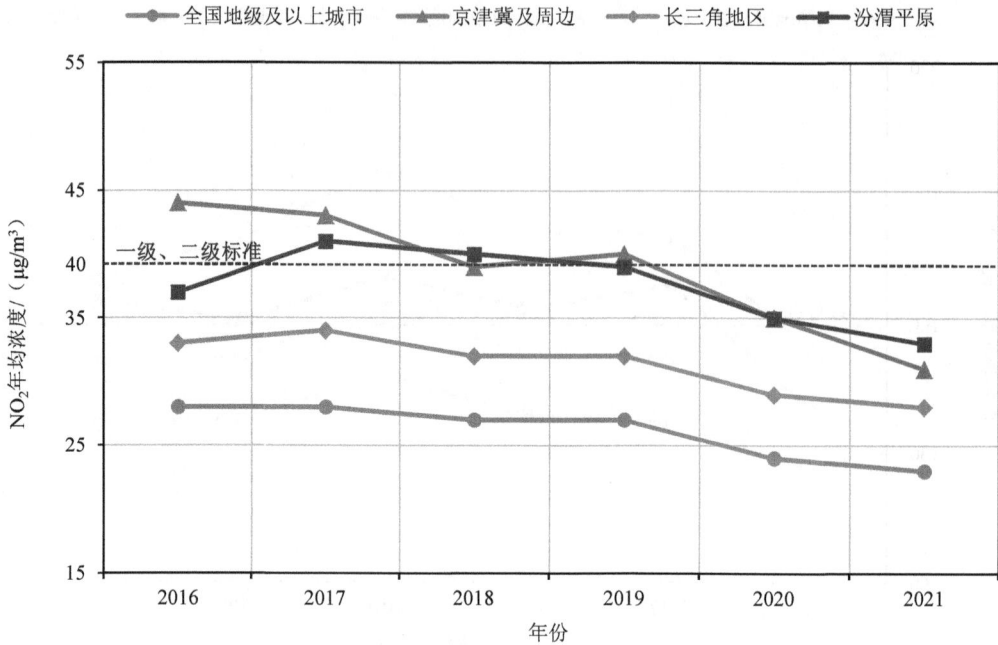

图 4-17  2016—2021 年全国及重点区域 $NO_2$ 年均浓度变化情况

（3）城市空气质量达标数量明显增加

2021 年，全国 339 个城市中，有 218 个城市空气质量达标，占全部城市的 64.3%，而有 121 个城市的空气质量超标，占比 35.7%。平均优良天数比例为 87.5%，其中福州、三亚、阿坝、甘孜、丽江、迪庆、拉萨、昌都、林芝、阿勒泰、三沙、儋州 12 个城市的优良天数比例达到了 100%，有 254 个城市的优良天数比例在 80%～100%，有 71 个城市的优良天数比例在 50%～80%，和田和喀什这两个城市的优良天数比例均低于 50%，分别只有 28.8% 和 39.2%。而在 2013 年，74 个新标准第一阶段监测实施城市中，仅有海口、舟山和拉萨 3 个城市的空气质量达标，占比 4.1%，超标城市比例为 95.9%，74 个城市的平均达标天数比例为 60.5%。见图 4-18。

从 2021 年 168 个重点城市的空气质量排名来看，海南、广东、福建、西藏等南部和西南部省份城市的空气质量较好，排名前 10 的城市大多位于这些省份。而位于京津冀和汾渭平原地区的城市空气质量较差。河北省"退后十"行动促进了河北全部城市均退出了 168 个重点城市空气质量排名后 10 名单，效果较为显著。表 4-1～表 4-3 分别为 2021 年、2017 年、2013 年重点城市空气质量排名前 10 和后 10。

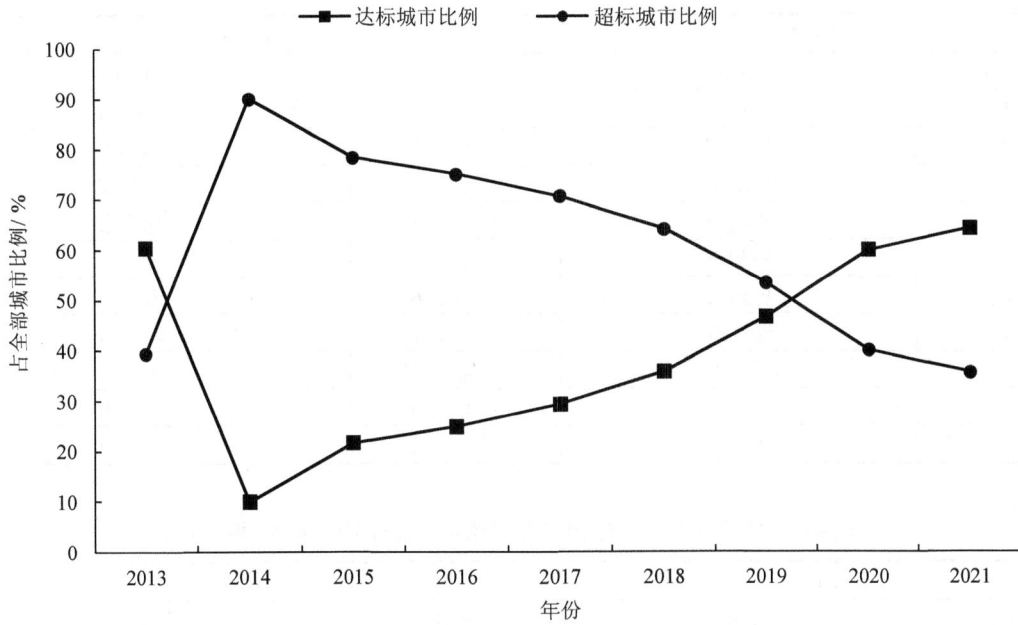

图 4-18　2013—2021 年全国达标城市和超标城市的比例变化

表 4-1　2021 年 168 个重点城市空气质量排名前 10 和后 10 城市名单

| 前 10 名 | | 后 10 名 | |
|---|---|---|---|
| 排名 | 城市 | 排名 | 城市 |
| 1 | 海口市 | 倒数第 1 | 临汾市 |
| 2 | 拉萨市 | 倒数第 2 | 太原市 |
| 3 | 黄山市 | 倒数第 3 | 鹤壁市 |
| 4 | 舟山市 | 倒数第 4 | 安阳市 |
| 5 | 福州市 | 倒数第 5 | 新乡市 |
| 6 | 厦门市 | 倒数第 6 | 淄博市 |
| 7 | 丽水市 | 倒数第 7 | 咸阳市 |
| 8 | 深圳市 | 倒数第 8 | 唐山市 |
| 9 | 惠州市 | 倒数第 9 | 阳泉市 |
| 10 | 珠海市 | 倒数第 10 | 渭南市 |

表 4-2　2017 年 168 个重点城市空气质量排名前 10 和后 10 城市名单

| 前 10 名 | | 后 10 名 | |
|---|---|---|---|
| 排名 | 城市 | 排名 | 城市 |
| 1 | 海口市 | 倒数第 1 | 石家庄市 |
| 2 | 拉萨市 | 倒数第 2 | 邯郸市 |
| 3 | 舟山市 | 倒数第 3 | 邢台市 |
| 4 | 厦门市 | 倒数第 4 | 保定市 |
| 4 | 福州市 | 倒数第 5 | 唐山市 |
| 6 | 惠州市 | 倒数第 6 | 太原市 |
| 7 | 深圳市 | 倒数第 7 | 西安市 |
| 8 | 丽水市 | 倒数第 8 | 衡水市 |
| 9 | 贵阳市 | 倒数第 9 | 郑州市 |
| 10 | 珠海市 | 倒数第 10 | 济南市 |

表 4-3　2013 年 74 个重点城市空气质量排名前 10 和后 10 城市名单

| 前 10 名 | | 后 10 名 | |
|---|---|---|---|
| 排名 | 城市 | 排名 | 城市 |
| 1 | 海口市 | 倒数第 1 | 邢台市 |
| 2 | 舟山市 | 倒数第 2 | 石家庄市 |
| 3 | 拉萨市 | 倒数第 3 | 邯郸市 |
| 4 | 福州市 | 倒数第 4 | 唐山市 |
| 4 | 惠州市 | 倒数第 5 | 保定市 |
| 6 | 珠海市 | 倒数第 6 | 济南市 |
| 7 | 深圳市 | 倒数第 7 | 衡水市 |
| 8 | 厦门市 | 倒数第 8 | 西安市 |
| 9 | 丽水市 | 倒数第 9 | 廊坊市 |
| 10 | 贵阳市 | 倒数第 10 | 郑州市 |

总体来看，近年来我国在大气环境治理领域取得了显著的突破，特别是在 $SO_2$、$NO_x$、颗粒物及 VOCs 等大气污染物的排放控制方面。然而，尽管工业源污染物排放总量明显下降，但移动源的污染物排放占比呈现逐年上升趋势，特别是 $NO_x$ 和 VOCs，这两种污染物是大气颗粒物和 $O_3$ 的前体污染物，从区域层面来看，我国京津冀、汾渭平原和苏皖鲁豫交界地区等仍面临严重的大气污染问题。近 10 年来，我国的空气质量形势发生了显著变化，尽管全国和重点区域的 $PM_{2.5}$ 年均浓度大幅下降，颗粒物等雾霾污染问题得到了有效解决，但 $O_3$ 污染问题日益凸显。$O_3$ 问题是一个世界性难题，参考美国和欧洲等发达国家和地区大气污染防治经验，我国大气污染防治进入了深水区，此外，从重点区域来看，汾渭平原、苏皖鲁豫交界地区部分城市仍面临突出的区域性大气污染问题，新疆部分城市依然受沙尘问题困扰。

## 4.2　预测思路

（1）大气污染物预测思路

基于全国及各地区经济社会发展水平，特别是高耗能高污染行业的发展水平，再结合各行业各领域的能耗水平、污染治理水平进行计算得到。主要大气污染物排放量预测从来源上可以分为工业源、生活源以及机动车来源。预测过程主要包括以下步骤：①收集国家和各地区中长期发展规划中减污降碳相关的目标，结合前述经济社会预测结果、能源消费总量和消费强度预测结果、机动车保有量预测结果等，预测相关产品的产量；②根据相关系数，分别预测工业行业、生活源和机动车的产污系数和相应的主要大气污染物产生量；③确定污染物去除率以及预测主要大气污染物排放量。见图 4-19。

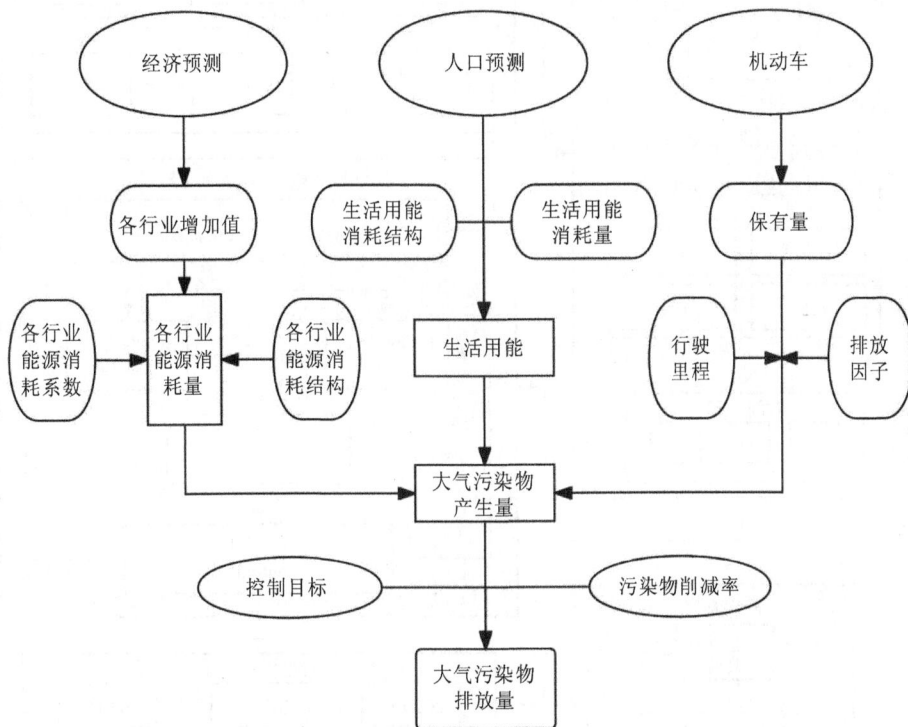

**图 4-19　"十五五"我国主要大气污染物排放预测技术路线**

（2）空气质量预测思路

采用数值模拟的方式，耦合 WRF 气象模拟模型和 CMAQ 空气质量模型，建立全国大气环境质量预测模型，模拟分析我国大气中的 $PM_{2.5}$、$PM_{10}$、$SO_2$、$NO_2$、$O_3$ 等主要污染物的浓度变化，并预测未来大气环境质量的变化趋势。具体来说，模型采用 WRF 气象模式模拟 2020 年度的全国气象数据，以此作为 CMAQ 模型模拟所需要的气象场输入。在污染排放方面，采用多源排放清单嵌套方式，耦合清华大学发布的中国多尺度排放清单模型（MEIC1.4，2020 年）及前述得到的相关行业排放量，在保持 MEIC 清单数据不变的情况下，以 5 年为时间步长，分别建立 2020 年、2025 年及 2030 年全国大气污染物排放清单。将排放清单和气象预测数据输入空气质量模型进行预测模拟，最终得到未来主要大气污染物的浓度。见图 4-20。

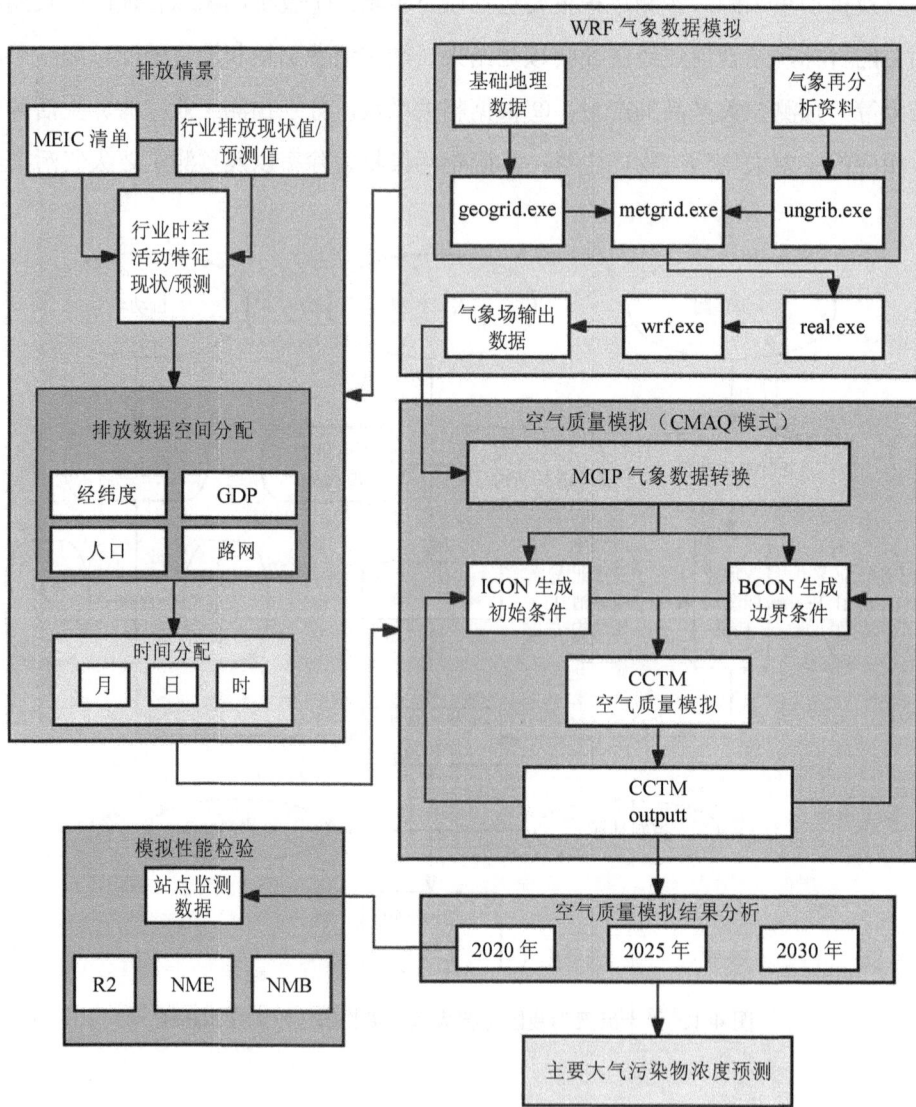

图 4-20 "十五五"我国大气环境质量预测技术路线

同时，根据历史年份（非极端天气年份）污染物排放量和空气质量状况，基于大气污染物排放量预测数据，结合历史类似年份大气污染物排放与空气质量情况，通过趋势外推来预判我国重点区域在目标年份的空气质量。预测方程为

$$Q=f(q, A, a) \tag{4-1}$$

式中，$Q$——预测年份某项大气污染指标浓度值；

$q$——对比年份（如 2020 年）该项大气污染指标浓度监测值；

$A$——预测年份该项大气污染指标前体物排放量；

$a$——对比年份该项大气污染指标前体物排放量。

## 4.3  预测结果与分析

### 4.3.1  主要大气污染物排放预测

（1）$SO_2$ 排放量预测

预测结果显示，到 2025 年，全国分行业终端 $SO_2$ 排放量约为 255 万 t，较 2020 年减少约 20%；而到 2030 年，全国分行业终端 $SO_2$ 排放量还将继续下降，总体上较 2020 年降低 36.8% 左右，总排放量降低至约 201 万 t。在这期间，$SO_2$ 排放较多的行业包括生活源、电力、热力生产和供应业、非金属矿制品业、黑色金属冶炼和压延加工业及有色金属冶炼和压延加工业等工业行业。见图 4-21。

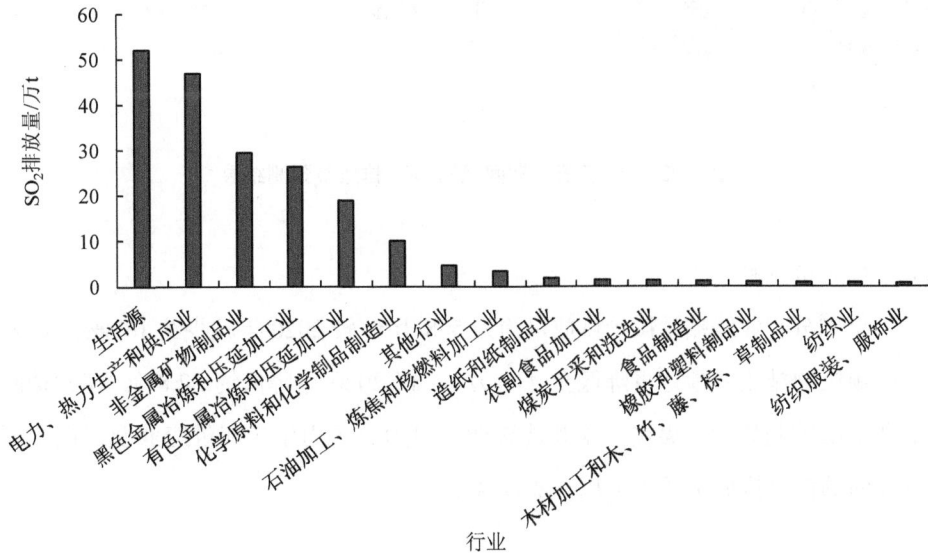

图 4-21  "十五五" 期间我国 $SO_2$ 排放量预测结果

（2）NO$_x$ 排放量预测

到 2025 年，全国分行业终端 NO$_x$ 污染排放量约为 839.55 万 t，较 2020 年减少约 17.5%；而在 2030 年，全国分行业终端 NO$_x$ 污染排放量预计达到 725.99 万 t，较 2020 年降低 28.7% 左右。以机动车为主的移动源是 NO$_x$ 的主要排放来源，"十四五"和"十五五"期间，虽然机动车排放标准和新能源汽车市场渗透率在不断提高，但由于庞大的人口基数和社会经济的增长，机动车保有量仍将保持增长势头，使移动源在 2025 年和 2030 年的 NO$_x$ 排放量分别预计达到 482.24 万 t 和 439.14 万 t，排放占比将从 2020 年的 55.69% 分别提升至 57.20% 和 60.49%。除移动源外，工业源中的电力、热力生产和供应业、非金属矿制品业、黑色金属冶炼和压延加工业也是 NO$_x$ 排放较多的行业。见图 4-22。

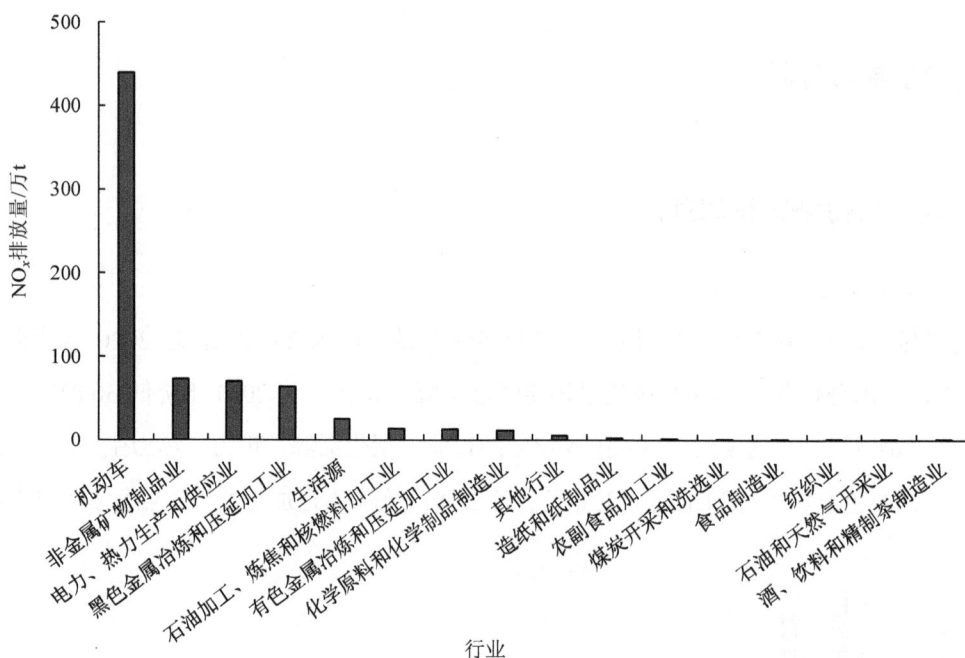

**图 4-22 "十五五"期间我国 NO$_x$ 排放量预测结果**

（3）颗粒物排放量预测

到 2025 年，全国分行业终端颗粒物排放量约为 508 万 t，较 2020 年减少约 16.8%；而到 2030 年，全国分行业终端颗粒物排放量预计将降低至 411 万 t，较 2020 年降低约 32.8%。在此期间，生活源和工业源中的非金属矿制品业，煤炭开采和洗选业，电力、热力生产和供应业及黑色金属冶炼和压延加工业等行业的颗粒物排放量较为突出。见图 4-23。

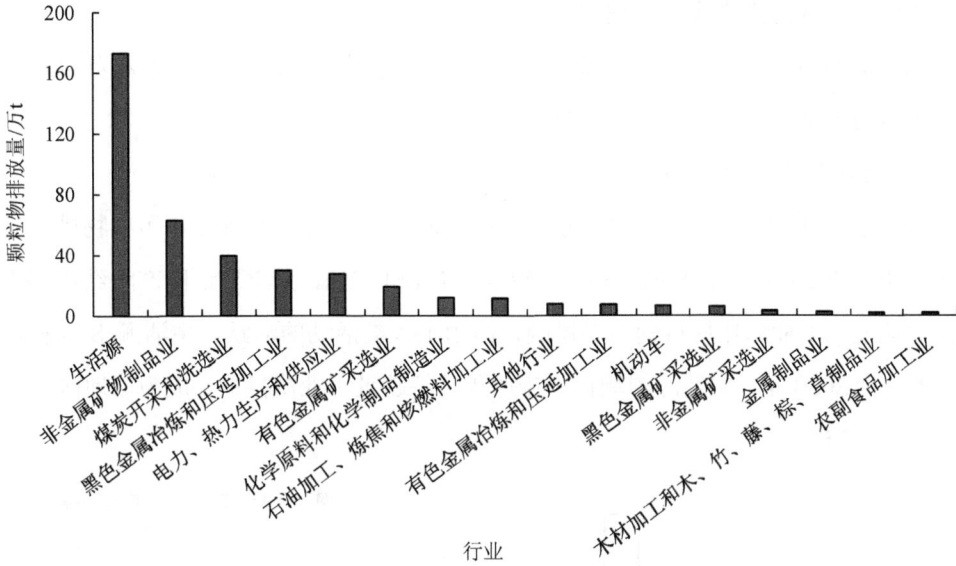

**图 4-23  "十五五"期间我国颗粒物排放量预测结果**

（4）VOCs 排放量预测

到 2025 年，全国分行业终端 VOCs 排放量约为 539 万 t，较 2020 年减少约 12%；而到 2030 年，全国分行业终端 VOCs 排放量将继续下降，总量预计将降至约 476 万 t，较 2020 年降低 22% 左右。在此期间，VOCs 排放主要来自机动车等移动源、生活源以及工业源中的化学原料和化学制品制造业和石油加工、炼焦和核燃料加工业等行业。见图 4-24。

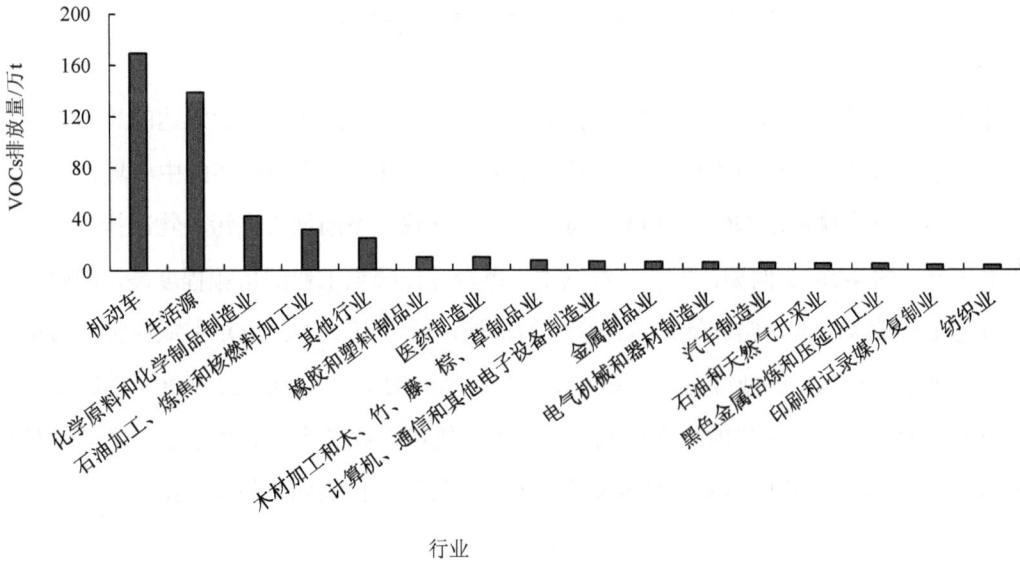

**图 4-24  "十五五"期间我国 VOCs 排放量预测结果**

（5）重点区域大气污染物排放量预测

按照我国当前的主要污染区域，从城市尺度对京津冀、长三角、汾渭平原和苏鲁皖豫交界地区的重点管控区域的污染物排放量进行预测分析。

1）京津冀及周边"2+26"城市

预测结果显示，到 2030 年，京津冀地区 $SO_2$、$NO_x$、颗粒物、VOCs 等污染物排放量将呈现逐年下降趋势，相较 2020 年将分别下降 38%、29%、30% 和 22%。京津冀地区产业结构偏重，随着产业结构的优化调整，工业源排放得到明显遏制，但由于人类活动的活跃，生活源 $SO_2$ 和颗粒物排放占比逐渐上升。到 2030 年，生活源的颗粒物排放预计将超过工业源排放，成为该地区最主要的颗粒物排放源。见图 4-25。

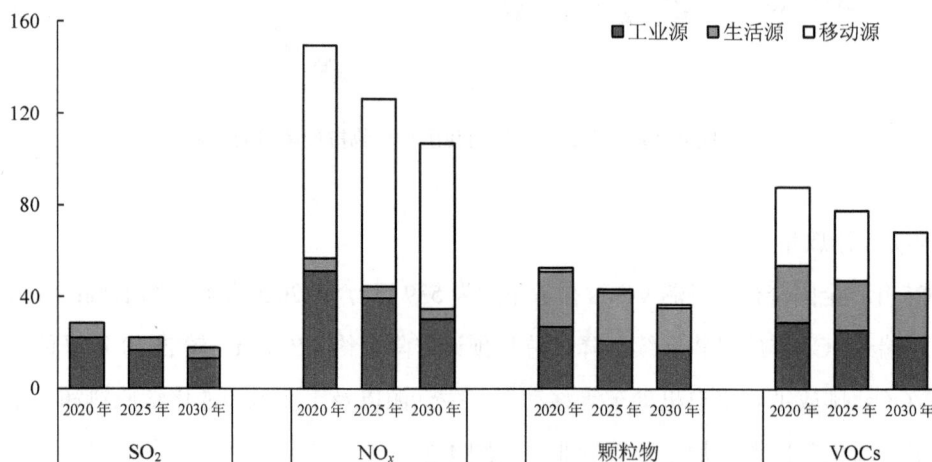

图 4-25 "十五五"京津冀地区大气污染物排放预测

各城市污染物排放结构因城市定位和发展差异而明显不同。例如，工业发达的唐山、邯郸等城市的各项污染物排放量在京津冀地区均居前列。而对于经济发达、人口众多的中心城市如北京、天津和郑州等，其污染物排放以 $NO_x$ 和 VOCs 为主，这也导致了不同城市在污染物减排方面取得的效果存在明显差异（图 4-26）。例如，唐山市对钢铁、煤炭等传统重工业的依赖程度高，因此通过对钢铁行业实施超低排放改造、炉窑和锅炉等综合整治措施，唐山市 $SO_2$、$NO_x$ 和颗粒物等污染减排取得明显效果，然而，VOCs 的减排更多依赖移动源和生活源的贡献，因此其 VOCs 的减排效果远不如其他污染物。对于像北京这样的综合性城市，由于不依赖工业经济，其频繁的人类活动带来更多的 $NO_x$ 和 VOCs 排放，要实现 $NO_x$ 和 VOCs 等污染物的协同减排仍面临较大挑战。

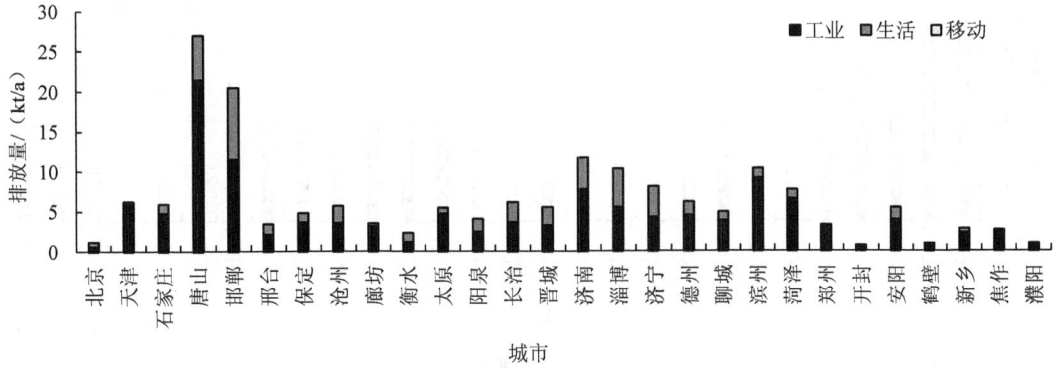

（a）SO<sub>2</sub>

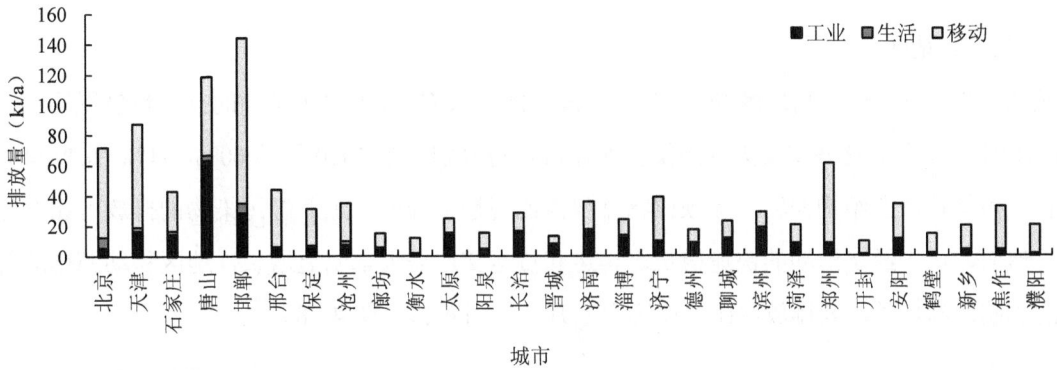

（b）NO<sub>x</sub>

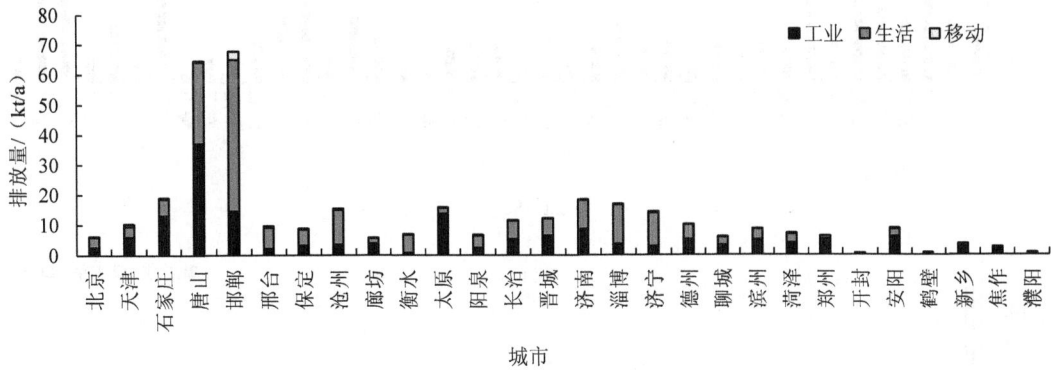

（c）颗粒物

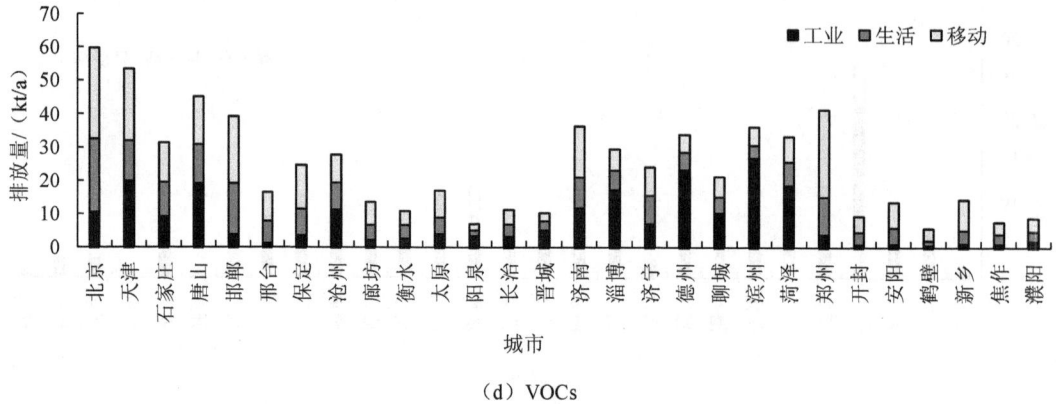

（d）VOCs

**图 4-26 "十五五"京津冀各城市大气污染物排放预测**

2）长三角地区

预测结果显示，长三角地区 $SO_2$、$NO_x$、颗粒物、VOCs 等大气污染物的排放量呈现逐年下降趋势，预计到 2030 年，这些主要大气污染物的排放量将分别降至 2020 年的 60%、71%、63% 和 77%。由于长三角整体产业结构偏轻，除颗粒物排放占比明显下降外，工业源污染物的排放占比变化并不明显。然而，由于经济活动的快速增长，客运和货运交通需求都明显增长，地区移动源排放对大气环境的影响逐渐增长，其排放占比也在逐步上升。见图 4-27、图 4-28。

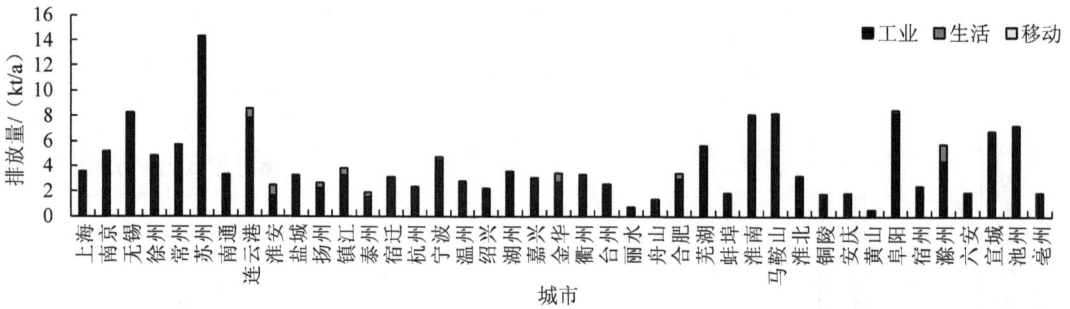

（a）$SO_2$

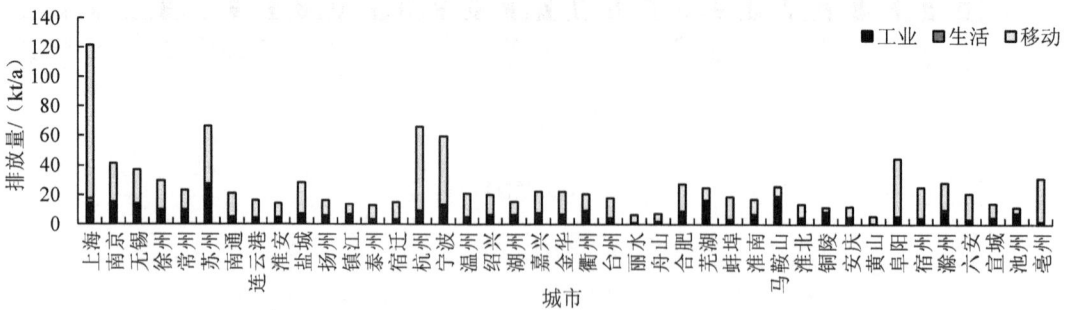

（b）$NO_x$

（c）颗粒物

（d）VOCs

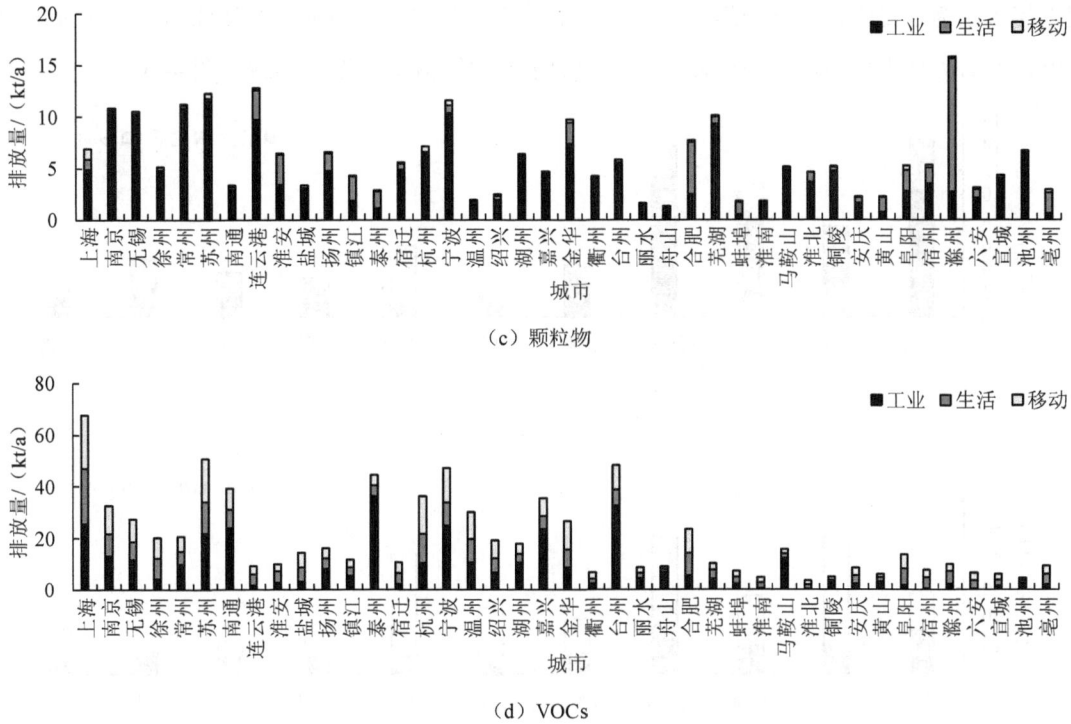

图 4-27　"十五五"长三角各城市大气污染物排放预测

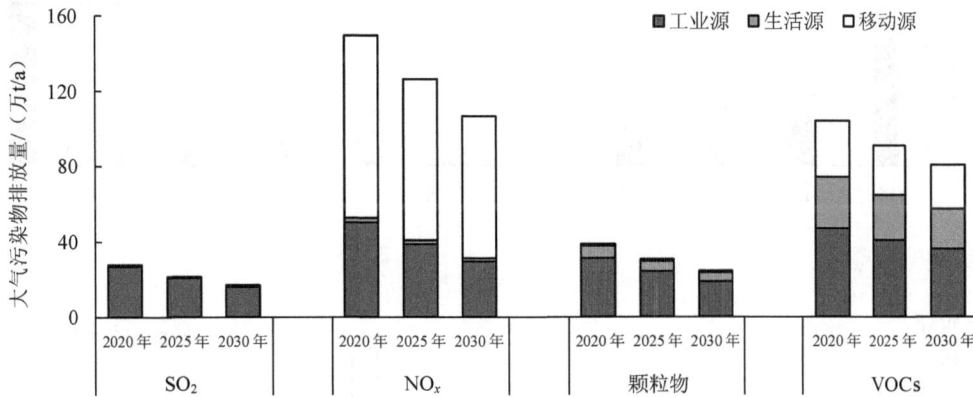

图 4-28　"十五五"长三角地区大气污染物排放预测

3）汾渭平原地区

预测结果显示，通过采取措施，汾渭平原地区的主要大气污染物排放量将明显下降。预计到 2030 年，地区 $SO_2$、$NO_x$、颗粒物和 VOCs 排放量将分别降至 2020 年的 62%、70%、64% 和 79%。工业源排放的 $SO_2$、$NO_x$ 及颗粒物排放占比均将明显降低，而生活源和移动源排放对大气环境的影响越来越大。为了促进汾渭平原地区空气质量的改善，必须加快汾渭平原产业结构和能源结构的优化调整，并着力推进清洁取暖替代散煤、柴油货车整治等措施。见图 4-29、图 4-30。

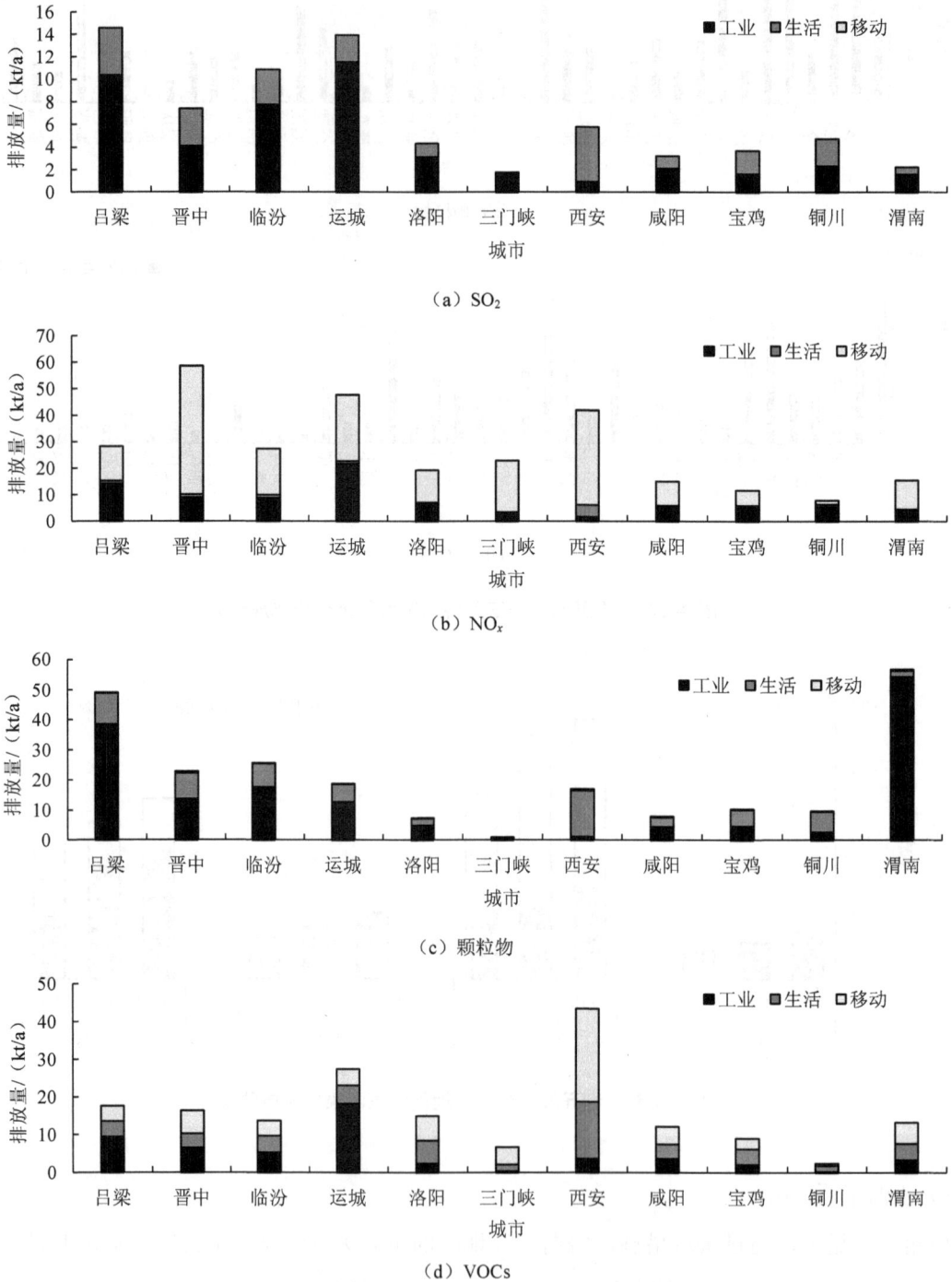

（a）SO₂

（b）NOₓ

（c）颗粒物

（d）VOCs

图 4-29 "十五五"汾渭平原各城市大气污染物排放预测

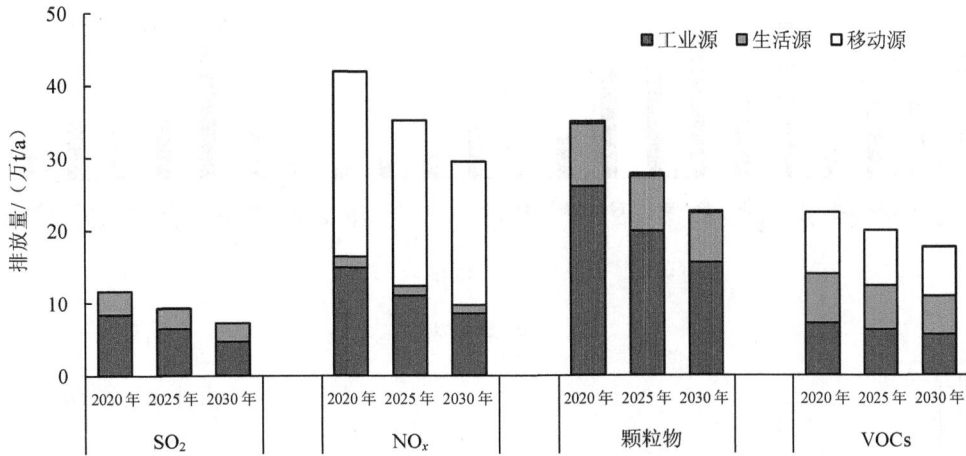

图 4-30　"十五五"汾渭平原地区大气污染物排放预测

4）苏鲁皖豫交界地区

预测结果显示，"十四五"和"十五五"期间，苏鲁皖豫交界地区主要大气污染物排放量将保持下降趋势。预计到 2025 年，地区 $SO_2$、$NO_x$、颗粒物、VOCs 等的排放量将比 2020 年分别下降 21.1%、15.2%、18.1%、11.8%。到 2030 年，这些污染物的排放量还将进一步下降，预计将比 2020 年分别下降 35.4%、28.3%、33.1%和 21.7%。见图 4-31、图 4-32。

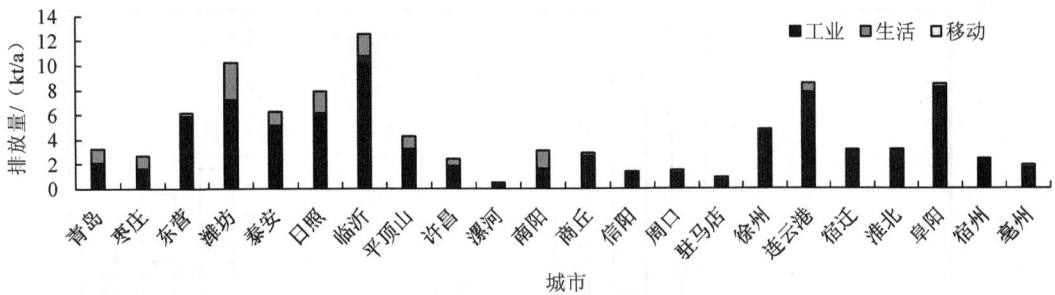

（a）$SO_2$

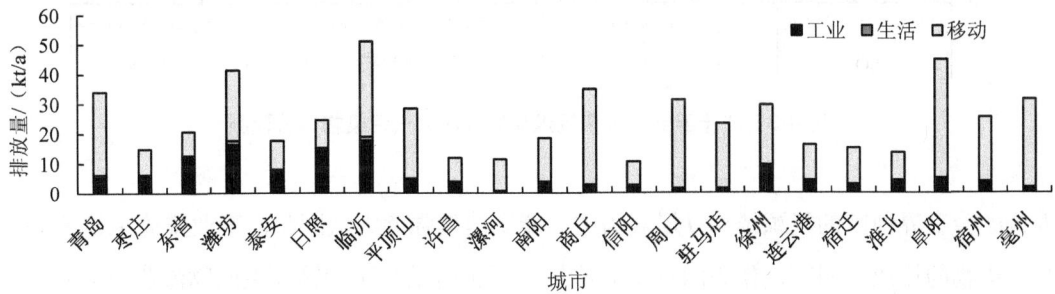

（b）$NO_x$

（c）颗粒物

（d）VOCs

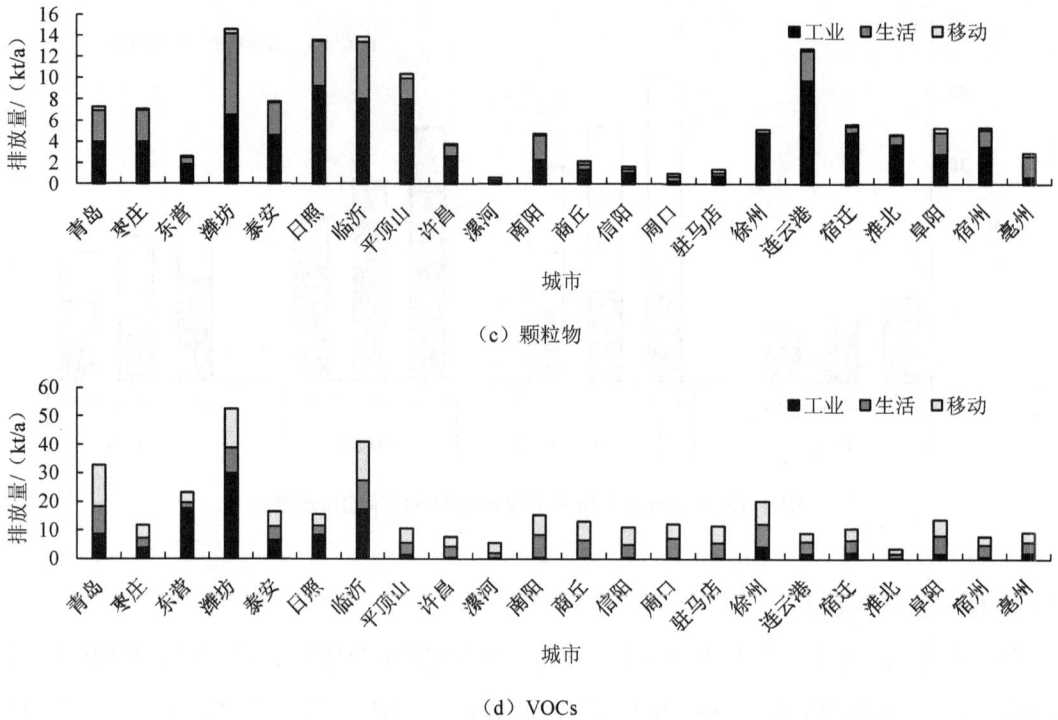

图4-31 "十五五"苏鲁皖豫交界地区各城市污染物排放预测

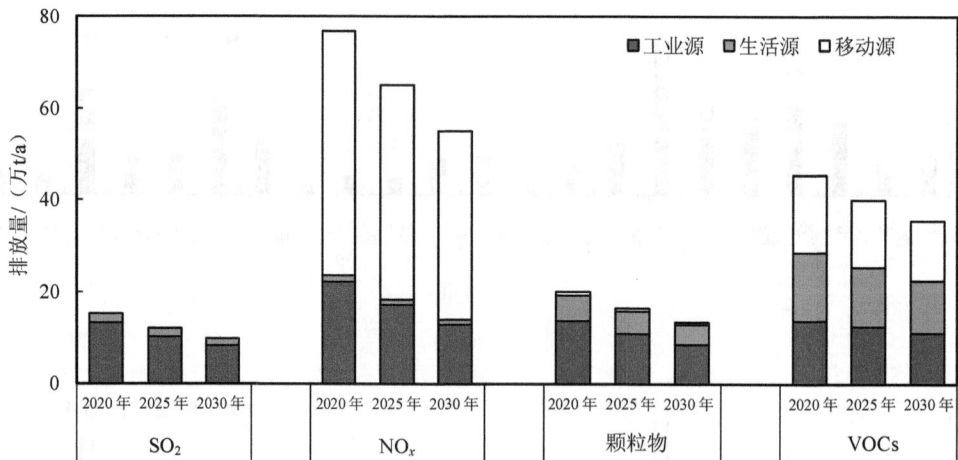

图4-32 "十五五"苏鲁皖豫交界地区大气污染物排放预测

苏鲁皖豫交界地区的能源结构以煤炭为主，能源消费强度大，因此，工业排放主导了 $SO_2$ 和颗粒物等污染物的排放。同时，作为四省交界地带，区域内以公路运输为主的物流业较为发达，移动源对 $NO_x$ 的排放贡献高达 70%。预测结果显示，虽然排放结构变化不大，$SO_2$、颗粒物等污染物的排放仍主要由工业源产生，但随着时间的推移，地区生活源和移动源的排放贡献也将有所上升。此外，由于物流需求的增长，地区移动源对 $NO_x$ 的排放贡献也呈现明显的上升趋势。

### 4.3.2　空气质量预测

（1）全国层面

预测结果显示，在"十五五"期间，我国的空气质量将持续呈现改善态势。其中，$SO_2$ 年均浓度预计在 2025 年下降为 8 $\mu g/m^3$，到 2030 年进一步降至 6 $\mu g/m^3$，均将达到国家空气质量一级标准。由于 $SO_2$ 减排空间已经不大，未来 $SO_2$ 排放量的减少将主要得益于减污降碳等相关政策的实施。$NO_2$ 年均浓度预计在 2025 年降至 20 $\mu g/m^3$，到 2030 年进一步降至 18 $\mu g/m^3$，持续达到国家空气质量一级标准。$PM_{10}$ 年均浓度预计在 2025 年降至 51 $\mu g/m^3$，到 2030 年还将保持在这一水平，持续达到国家空气质量二级标准。但受到沙尘等多因素影响，要达到一级标准还需较长时间。$PM_{2.5}$ 年均浓度预计在 2025 年降到 27 $\mu g/m^3$，到 2030 年继续下降至 22 $\mu g/m^3$，持续达到国家空气质量二级标准。预计 $PM_{2.5}$ 浓度在"十五五"末期将接近国家空气质量一级标准。$O_3$ 年均浓度预计在 2025 年降至 132 $\mu g/m^3$，到 2030 年继续降至 130 $\mu g/m^3$，持续达到国家空气质量二级标准。由于"十四五"和"十五五"期间，$O_3$ 的前体物 VOCs 排放量下降速度较为缓慢，$O_3$ 年均浓度下降速度预计也较为缓慢。见图 4-33。

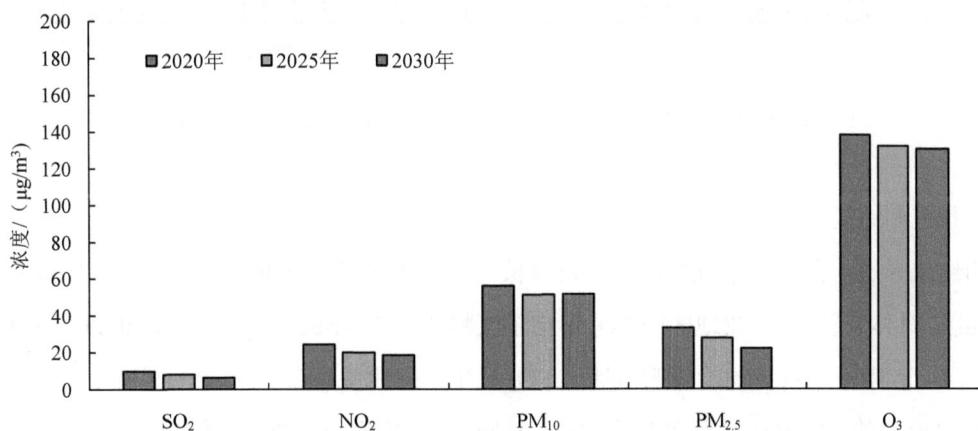

图 4-33　"十五五"我国主要大气污染物浓度预测

（2）京津冀及周边地区

预测结果显示，在"十五五"期间京津冀及周边地区的空气质量将继续改善，且颗粒物和 $O_3$ 的改善幅度将超过全国平均水平。具体来看，地区的 $SO_2$ 年均浓度将从 2020 年的 12 $\mu g/m^3$ 逐步降至

2025 年的 9 μg/m³，到 2030 年还将进一步降至 7 μg/m³。尽管减排空间已不大，但这一浓度水平将始终优于国家空气质量一级标准限值 20 μg/m³。NO₂ 年均浓度将从 2020 年的 35 μg/m³ 降至 2025 年的 30 μg/m³，到 2030 年进一步降至 24 μg/m³，持续达到国家空气质量一级标准。地区 PM₁₀ 年均浓度预计显著下降，将从 2020 年的 87 μg/m³ 降至 2025 年的 72 μg/m³，到 2030 年进一步降至 65 μg/m³，持续达到国家空气质量二级标准。地区 PM₂.₅ 年均浓度预计将从 2020 年的 51 μg/m³ 降至 2025 年的 36 μg/m³，到 2030 年进一步降至 31 μg/m³，在"十五五"期间，地区 PM₂.₅ 年均浓度将达到国家空气质量二级标准。地区 O₃ 年均浓度也将有所下降，从 2020 年的 180 μg/m³ 降至 2025 年的 159 μg/m³，到 2030 年进一步降至 140 μg/m³，在"十四五"末及之后，地区 O₃ 年均浓度将达到国家空气质量二级标准。见图 4-34。

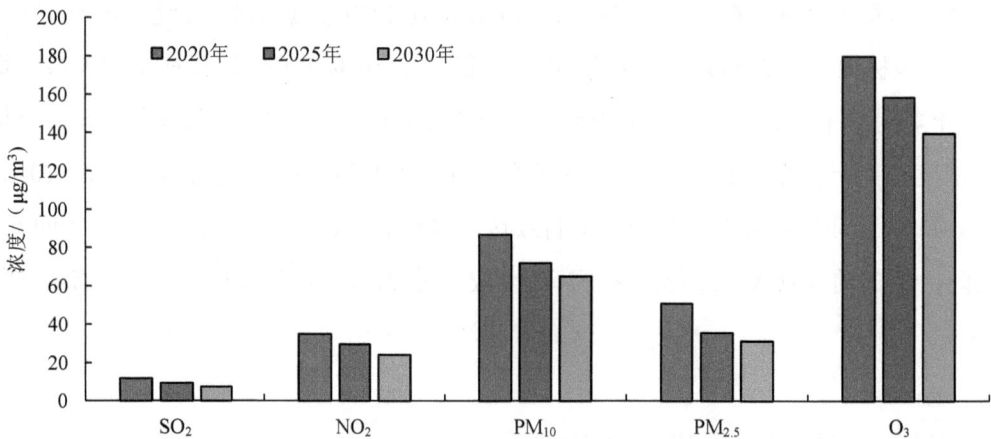

图 4-34 "十五五"京津冀及周边地区主要大气污染物浓度预测

（3）长三角地区

预测结果显示，在"十五五"期间，我国长三角地区的空气质量将持续改善，且总体上将优于京津冀地区。具体来看，长三角地区的 SO₂ 年均浓度将从 2020 年的 7 μg/m³ 降至 2025 年的 6 μg/m³，到 2030 年将继续降至 5 μg/m³，表明该地区 SO₂ 减排空间和质量改善空间已经不大。地区 NO₂ 年均浓度将从 2020 年的 29 μg/m³ 降至 2025 年的 25 μg/m³，到 2030 年将继续降至 21 μg/m³，持续达到国家空气质量一级标准。地区 PM₁₀ 年均浓度将从 2020 年的 56 μg/m³ 降至 2025 年的 53 μg/m³，到 2030 年进一步降至 50 μg/m³。地区 PM₂.₅ 年均浓度将从 2020 年的 35 μg/m³ 降至 2025 年的 29 μg/m³，到 2030 年继续降至 28 μg/m³，持续达到国家空气质量二级标准。地区 O₃ 年均浓度也将有一定幅度的下降，预计将从 2020 年的 152 μg/m³ 降至 2025 年的 143 μg/m³，到 2030 年继续降至 134 μg/m³，持续达到国家空气质量二级标准。见图 4-35。

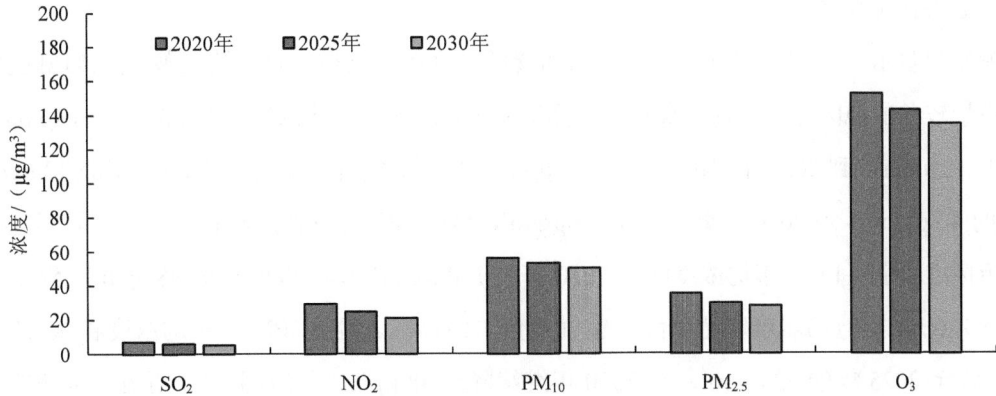

图 4-35　"十五五"长三角地区主要大气污染物浓度预测

（4）汾渭平原地区

预测结果显示，在"十五五"期间，我国汾渭平原地区的空气质量将持续改善，且总体上将优于京津冀地区。汾渭平原地区的 $SO_2$ 年均浓度将从 2020 年的 12 μg/m³ 降至 2025 年的 9 μg/m³，到 2030 年继续降至 7 μg/m³。地区 $NO_2$ 年均浓度将从 2020 年的 35 μg/m³ 降至 2025 年的 29 μg/m³，到 2030 年继续降至 25 μg/m³，将持续达到国家空气质量一级标准。地区 $PM_{10}$ 年均浓度预计将有较大幅度的下降，从 2020 年的 83 μg/m³ 降至 2025 年的 74 μg/m³，到 2030 年降至 68 μg/m³，达到国家空气质量二级标准。地区 $PM_{2.5}$ 年均浓度将从 2020 年的 48 μg/m³ 降至 2025 年的 38 μg/m³，到 2030 年继续降至 34 μg/m³，到"十五五"末期汾渭平原地区的 $PM_{2.5}$ 年均浓度将达到国家空气质量二级标准。地区 $O_3$ 年均浓度也将有较大幅度的下降，从 2020 年的 161 μg/m³ 降至 2025 年的 152 μg/m³，到 2030 年继续降至 143 μg/m³。见图 4-36。

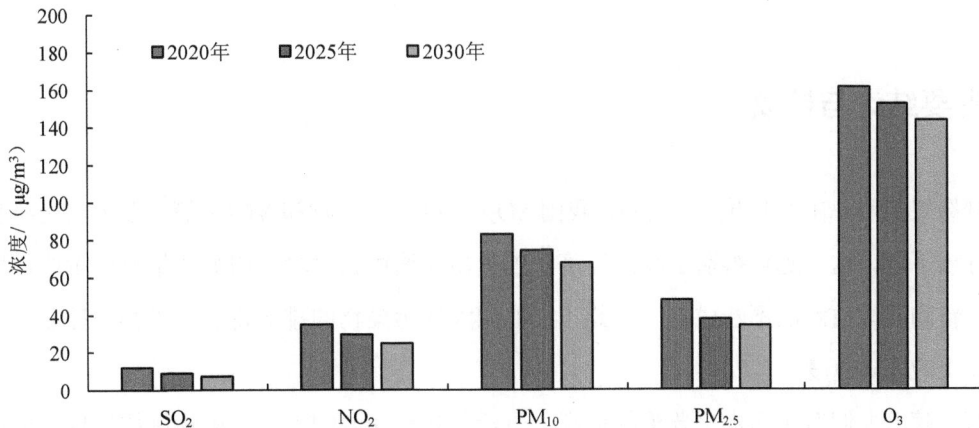

图 4-36　"十五五"汾渭平原地区主要大气污染物浓度预测

（5）苏鲁豫皖地区

预测结果显示，"十五五"期间，我国苏鲁豫皖地区的空气质量将持续改善，但该地区仍将是我国空气质量较差的地区之一。具体来看，苏鲁豫皖地区的 $SO_2$ 年均浓度将从 2020 年的 15 μg/m³ 降至 2025 年的 11 μg/m³，到 2030 年将进一步降至 9 μg/m³。地区 $NO_2$ 年均浓度将从 2020 年的 47 μg/m³ 降至 2025 年的 40 μg/m³，到 2030 年继续降至 34 μg/m³，地区 $NO_2$ 年均浓度将在 2025 年后达到国家空气质量一级标准。地区 $PM_{10}$ 年均浓度将从 2020 年的 120 μg/m³ 降至 2025 年的 98 μg/m³，到 2030 年继续降至 89 μg/m³，但仍然难以达到国家空气质量二级标准。地区 $PM_{2.5}$ 年均浓度将从 2020 年的 86 μg/m³ 降至 2025 年的 52 μg/m³，到 2030 年继续降至 48 μg/m³，预计到"十五五"末期地区 $PM_{2.5}$ 年均浓度仍难以达到国家空气质量二级标准。地区 $O_3$ 年均浓度预计将有较大幅度的下降，从 2020 年的 137 μg/m³ 降至 2025 年的 129 μg/m³，到 2030 年继续降至 122 μg/m³。见图 4-37。

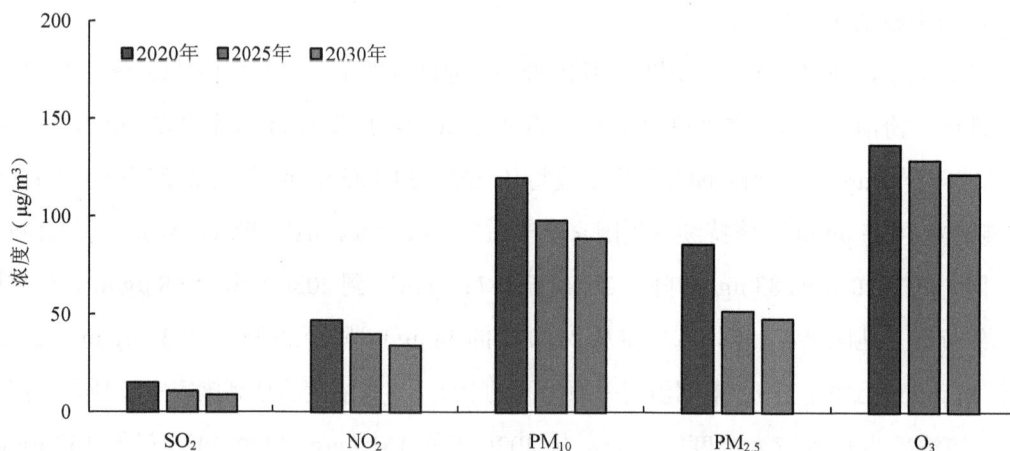

图 4-37 "十五五"苏鲁豫皖地区主要大气污染物浓度预测

## 4.4 主要结论与建议

预测结果显示，在"十五五"期间，我国 $SO_2$、$NO_x$、颗粒物和 VOCs 等主要大气污染物的排放总量将持续下降。这一趋势得益于我国经济发展正由高速增长阶段转向高质量发展阶段，以及生产工艺的革新和减排技术的不断成熟。因此，工业源大气污染物的排放将进一步得到控制，排放总量将保持较快的下降速度。

然而，随着人们对生活水平要求的提高，生活源和移动源的大气污染物排放量也在增加。尽管通过鼓励购置新能源汽车和不断加严排放标准有效降低了单位车辆的污染物排放水平，但总体交通需求的增加将导致汽车总保有量的快速增长，这在一定程度上抑制了各项减排措施的减排效果。因此，"十五五"期间我国移动源的减排幅度相对较小。考虑到移动源的主要排放物 $NO_x$ 和 VOCs 等是大气颗粒物和 $O_3$ 的重要前体物，且移动源在这些污染物中的排放占比逐年上升，未来在持续推进工业源排放管控的同时，还需更加重视对移动源排放的管控。

当前我国空气质量出现明显好转，2021 年，全国六项大气污染物浓度已经全部达到国家空气质量二级标准。其中，颗粒物浓度从 2013 年开始持续下降，$PM_{2.5}$ 年均浓度在 2020 年达到了国家空气质量二级标准，$O_3$ 年均浓度虽然没有超过国家空气质量二级标准，但是一直到 2018 年还处于上升状态。京津冀及周边地区、长三角地区、汾渭平原和苏鲁豫皖地区的空气质量普遍劣于全国平均水平，特别是京津冀和汾渭平原地区的颗粒物尚未达标，$O_3$ 污染居高不下。

预计到 2030 年，我国的空气质量将得到进一步改善，除苏鲁豫皖地区外，重点区域空气质量将达到国家空气质量二级标准。然而，各个地区的 $O_3$ 浓度仍然较高，参考发达国家相关经验，未来需要更多关注协同防控 $NO_x$ 和 VOCs 等前体污染物。

# 第5章　水环境预测

持续改善水生态环境质量，是我国生态文明建设的重要任务。尽管当前我国的水环境质量有所改善，但是水生态环境保护的不平衡问题依然突出，水污染形势依旧严峻。随着新型工业化和城镇化的持续推进，水环境压力仍然较大。本章将在分析当前我国整体水环境现状及面临问题和挑战的基础上，对"十五五"全国重点流域的水环境质量进行预测分析，并以问题和目标双导向提出流域水生态环境治理的对策建议。

## 5.1　现状与问题分析

### 5.1.1　水环境质量得到明显改善

（1）全国总体情况

近年来，我国通过"碧水保卫战"，在水污染物排放总量控制和水环境质量改善方面采取了"双约束"策略，并秉持"抓好差两头、带动中间水体"的保护思路。这一策略的实施，推动了一系列重点工程措施的开展，包括保障饮用水水源地全面达标、优先控制单元综合整治、工业污染综合防治、城镇生活污水处理、农业面源防治示范、生态保护修复、环境风险防范和环境综合整治等。这些措施的实施，使全国水环境质量得到了明显改善。

在水资源利用方面，在水资源总量没有明显变化的情况下，我国的人口、经济得到了快速发展，水资源利用效率也大幅提升。根据《2022 年中国水资源公报》数据，2022 年全国水资源总量为 27 088.1 亿 $m^3$，较多年平均值下降了 8.6%；全国供水总量为 5 998.2 亿 $m^3$，较 2021 年增加了 78 亿 $m^3$。在用水效率上，万元国内生产总值用水量较 1997 年下降了 85.5%（按可比价格计算），万元工业增加值用水量较 1997 年下降了 89.4%（按可比价格计算），降幅明显，耕地实际灌溉亩均用水量较 1997 年下降了 26%（按可比价格计算），达到 364 $m^3$。

根据《中国环境状况公报》和《中国统计年鉴》等资料，2022 年全国地表水 I ～Ⅲ类和劣Ⅴ类断面比例分别为 87.9% 和 0.7%。相较之下，2002 年全国地表水 I ～Ⅲ类断面比例仅为 29.1%，而劣Ⅴ类断面比例高达 40.9%。2002—2022 年，全国地表水 I ～Ⅲ类断面比例提升了 58.8 个百分点，劣Ⅴ类断面比例下降了 40 个百分点（图 5-1）。主要污染物浓度大幅降低，全国地表水国控断面高锰酸盐指数、氨氮浓度分别下降了 67.8% 和 90.8%。值得注意的是，在取得这些成就的同时，我国的地表水环境质量监测网络也在不断完善，监测断面与监测指标数量逐步得到扩展，地表水国控监测断面数量从"十一五"时期的 759 个提升到"十二五"时期的 972 个，到"十三五"期间增长到 2 767 个，到"十四五"时期这一数量已经达到 3 646 个，地表水环境质量监测评价指标也从早期的 9 项扩展至 21 项。

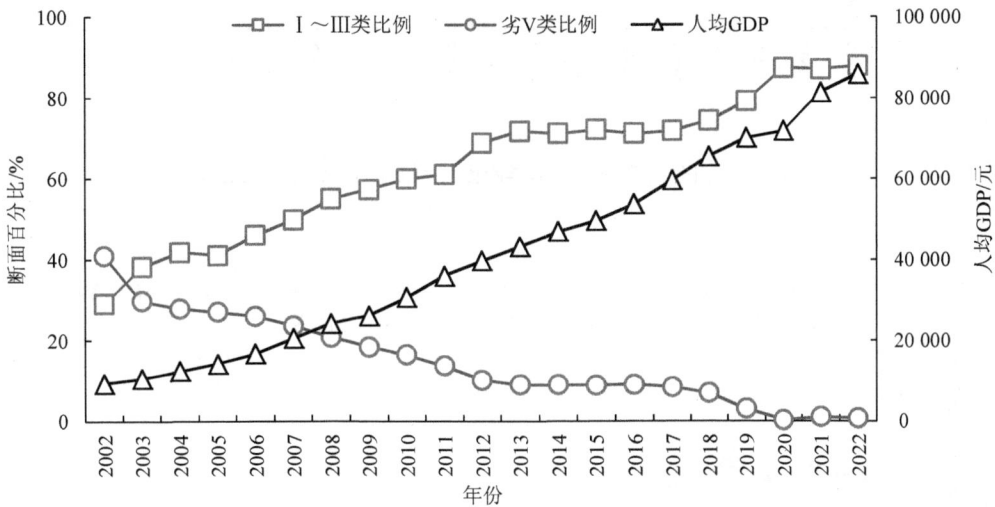

**图 5-1　全国地表水断面比例及人均 GDP 变化（2002—2022 年）**

（2）分重点流域情况

具体从全国七大重点流域来看，各流域的地表水环境质量均呈现逐渐改善的趋势。其中，淮河流域 I ～Ⅲ类断面占比提升最大，由 2002 年的 16.1% 提升到 2022 年的 84.5%；其次是辽河流域，由 2002 年的 17.9% 提升到 2022 年 84.5%。从劣Ⅴ类断面占比的下降幅度来看，海河流域降幅最为明显，从 2002 年的 71.2% 降至 2022 年的 0，下降了 71.2 个百分点（图 5-2、图 5-3）。

2022 年，长江流域水质优良（I ～Ⅲ类）断面比例已经达到 98.1%，较 2016 年提升了 15.7 个百分点，长江流域总体水质保持为优，干流水质稳定达到Ⅱ类，主要支流水质呈现出改善趋势。与此同时，长江水生生物多样性逐步恢复，2020 年监测到鱼类 168 种，2022 年增加到 193 种，长江江豚数量也有所回升，2022 年全流域种群数量达到 1 249 头。

图例: 长江流域 黄河流域 珠江流域 松花江流域
淮河流域 海河流域 辽河流域

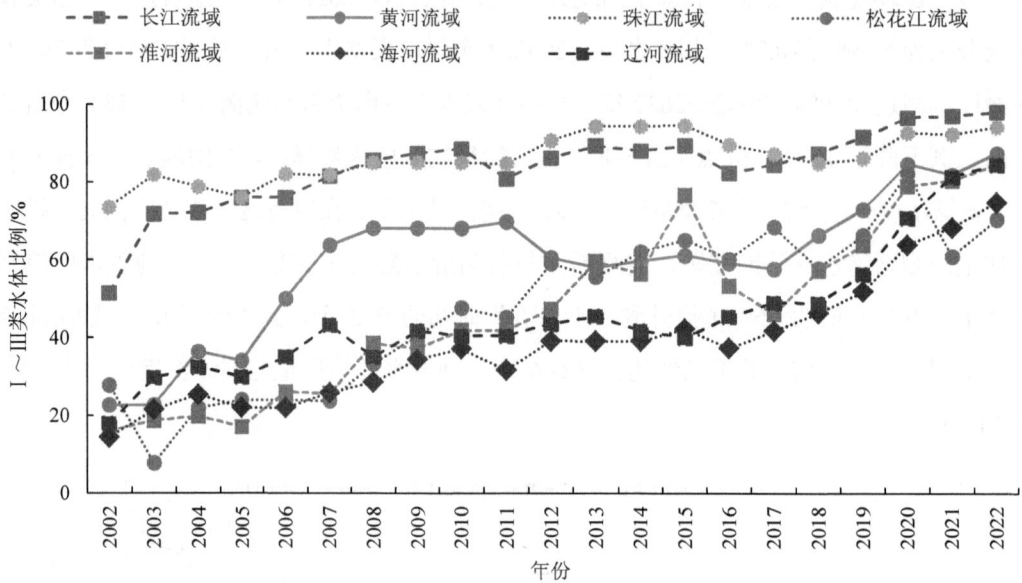

图 5-2 全国七大流域 I ～Ⅲ类断面比例变化（2002—2022 年）

图例: 长江流域 黄河流域 珠江流域 松花江流域
淮河流域 海河流域 辽河流域

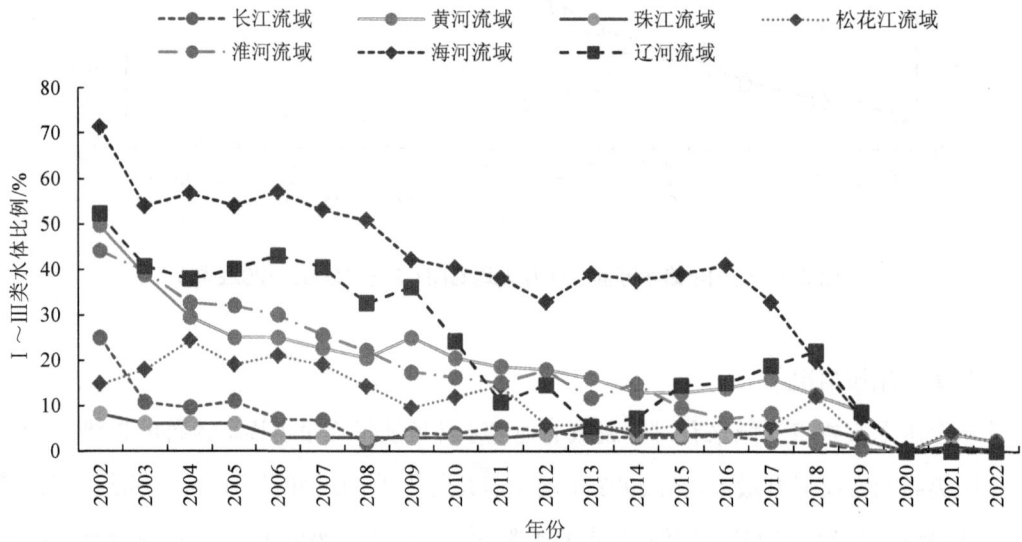

图 5-3 全国七大流域劣Ⅴ类断面比例变化（2002—2022 年）

黄河干流在 2022 年首次全线达到Ⅱ类水质。随着黄河流域生态保护和高质量发展工作的不断推进，黄河流域植被覆盖度不断提升，"绿线"向西移动约 300 km，黄河三角洲保护区生物多样性稳步提升，鸟类数量由 1992 年建区时的 187 种增加到了当前的 370 余种。

（3）重点湖库情况

与此同时，百姓反映强烈、影响城市人居环境的黑臭水体得到大力整治，群众获得感明显增强。截至 2020 年年底，全国 295 个地级及以上城市（不含州、盟）共有黑臭水体 2 914 个，目前已消除黑臭水体 2 863 个，消除比例达到 98.2%。此外，重要湖泊（水库）富营养化趋势得到一定程度的遏制。1996 年监测的 26 个重要湖泊（水库）中富营养化湖泊占比高达 85%，其中，东部湖泊全部呈现富营养化状态，到 2022 年这一数据有了显著变化，在全国开展营养状态监测的 204 个重要湖泊（水库）中，轻度、中度富营养状态分别为 24.0%、5.9%，已无重度富营养化状态湖泊（水库）。

## 5.1.2　污水排放标准不断加严，水污染治理投入持续加大

根据《2022 年城乡建设统计年鉴》，我国城市污水排放量从 2011 年的 403.70 亿 $m^3$ 增加到 2022 年的 638.97 亿 $m^3$，县城污水排放量从 2011 年的 79.52 亿 $m^3$ 增加到 2022 年的 114.93 亿 $m^3$，这种增长与居民生活用水耗用量的增加呈现同步增长的趋势。尽管污水排放量在增长，但近年来我国污水排放的标准在加严，以及对水污染治理的投资在加大，这对于水环境质量的改善成效作出了重要贡献。

一方面，我国城镇污水排放标准持续趋严，自《城镇污水处理厂污染物排放标准》（GB 18918—2002）发布以来，我国的城镇污水处理厂经历了五轮次提标改造，有力提升了污水处理能力和水平。另一方面，各级地方政府持续增加对水污染治理相关领域的投入。1998 年，我国第一次以城市基础设施建设为支持方向发行了国债；2006 年，国家"十一五"规划首次将主要水污染物 COD 等减排指标作为约束性指标，我国的城市污水处理厂建设开始进入高速发展时期；2012 年，国务院办公厅印发了《"十二五"全国城镇污水处理及再生利用设施建设规划》，要求在前期建设的基础上进一步加大城镇污水配套管网建设力度，全面提升污水处理能力，并明确提出所有设区市均要建有污水处理厂，县城具有污水集中处理能力。根据中国生态环境统计年报数据，到 2022 年全国环境污染治理投资已增长到 10 639 亿元，是 2002 年的 6.6 倍。其中，对污水处理设施的投入和建设呈现快速增长趋势，这些投入使我国的污水处理能力得到不断提高、处理工艺不断升级、城镇管网覆盖程度不断完善，逐步实现了污水处理量增速大于污水排放量增速，全国的污水处理率也从 2002 年的 39.97% 显著提升到 2022 年的 98.11%，基本实现了污水处理的全覆盖。见图 5-4、图 5-5。

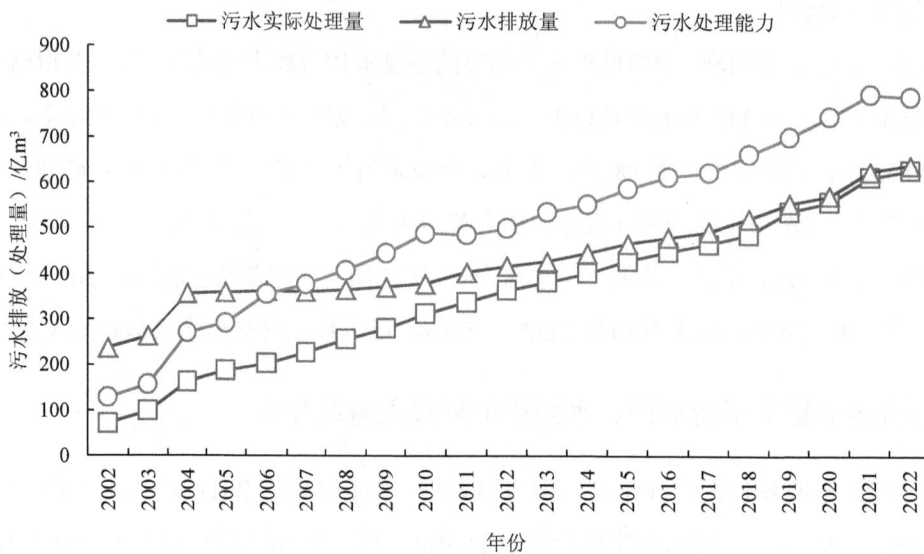

图 5-4　2002—2022 年我国污水处理量与排放量的变化趋势

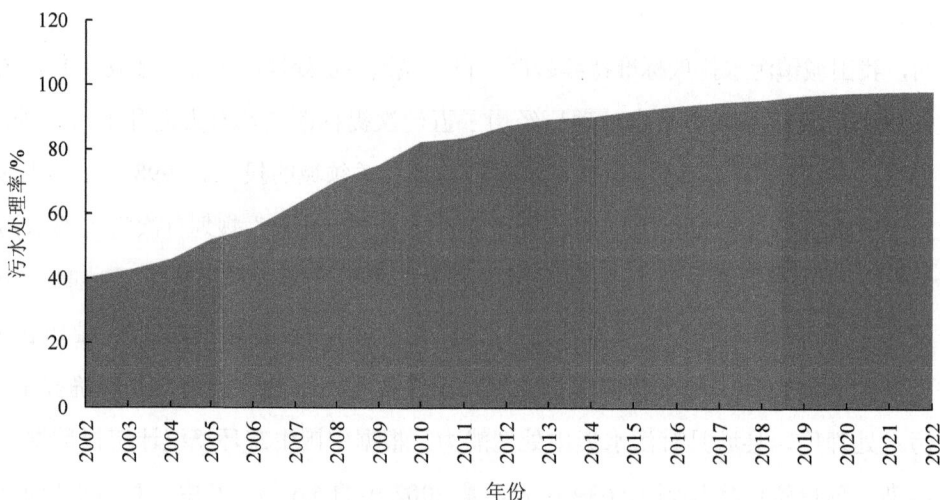

图 5-5　2002—2022 年我国污水处理率的变化趋势

### 5.1.3　水生态环境问题仍然不容忽视

尽管我国在水污染防治工作和水环境质量改善方面已经取得了显著成效，但我们仍然需要清醒地认识到，我国在水生态环境保护方面存在的一些结构性、根源性问题尚未得到根本解决，与美丽中国的建设目标相比，仍有一段不小的差距，且在未来"十五五"期间，这些问题仍将是我国水生态环境保护工作中的关键难题。

（1）面临的共性问题

一是我国地表水环境质量的改善仍存在不平衡性和不协调性。部分地区水污染排放仍居高位，超过了区域水环境的承载力。工业和城市生活污染的治理效果仍需进一步巩固和深化。全国城镇生活污水的集中收集率仅为 60%，农村生活污水的治理率不足 30%。城乡环境基础设施的欠账仍然较多，特别是在老城区、城中村以及城郊接合部等区域，污水收集能力不足，管网建设质量不高。大量的污水厂进水浓度偏低，汛期污水直排环境现象普遍存在，城市雨水管网成为"下水道"，各类污染物在雨水管网"零存整取"。城乡面源污染防治的瓶颈亟待突破。受种植业、养殖业等农业面源污染的影响，汛期特别是 6—8 月是全年中水质相对较差的月份，这期间，长江、珠江、松花江和西南诸河流域的氮磷污染上升为首要污染物。水质较差以及黑臭水体尚未实现长治久清，松花江、黄河和海河流域仍存在一些劣 V 类水体，农村黑臭水体成为影响农村环境的重点领域。

二是我国水资源分布不均衡，且高耗水的发展方式尚未发生根本转变。我国人口众多，但水资源稀缺，水资源的时空分布不均衡，供需矛盾突出。部分河湖的生态流量难以保障，河流断流、湖泊萎缩等问题依然严峻。黄河、海河、淮河和辽河等流域的水资源开发利用率远超 40% 的生态警戒线；在京津冀地区，汛期时超过 80% 的河流存在干涸断流现象，干涸河道长度占总长度的 1/4。作为高耗水行业的煤化工行业，其有 80% 的企业集中在黄河流域。2022 年，我国农田灌溉水有效利用系数为 0.572，万元国内生产总值用水量和万元工业增加值用水量分别为 49.6 m³ 和 24.1 m³，这些指标仍明显低于先进国家水平。

三是我国的水生态环境遭破坏现象较为普遍。全国各流域水生生物多样性下降趋势尚未得到有效遏制。长江水生生物多样性指数持续下降，多种珍稀物种濒临灭绝，中华鲟、达氏鲟（长江鲟）、胭脂鱼、"四大家鱼"等鱼卵和鱼苗大幅减少，长江上游受威胁鱼类种类占全国总数的 40%，白鳍豚已功能性灭绝，江豚面临极危态势。外来有害生物入侵加剧；黄河流域水生生物资源量减少，北方铜鱼、黄河雅罗鱼等常见经济鱼类分布范围急剧缩小，甚至成为濒危物种；2020 年国控网监测的重点湖库中处于富营养化的湖库有 32 个，较 2016 年上升了 7 个，太湖、巢湖、滇池等湖库蓝藻水华发生面积及频次居高不下。

四是我国的水生态环境仍存在安全风险，大量化工企业临水而建，严重破坏了河湖湿地的生态。据统计，长江沿岸分布着 40 余万家化工企业以及五大钢铁基地、七大炼油厂。长江经济带 30% 的环境风险企业离饮用水水源地较近，取水口呈"犬牙交错"状分布，严重威胁着所在地及下游地区的供水安全。此外，因安全生产、化学品运输等引发的突发环境事件频发；河湖滩涂底泥的重金属累积性风险也不容忽视，尤其是在长江与珠江上中游的重金属矿采选、冶炼等产业集中地区存在更为突出的安全隐患。

五是我国面临水体新污染物预防和治理的极大挑战。近年来，随着化学品的大量生产和应用，一些新污染物所产生的水生态环境和人群健康危害逐渐凸显。水体新污染物如内分泌干扰物（环境激素）、全氟化合物等持久性有机污染物（POPs）和抗生素等的治理目前还面临诸多问题，具体表现在：社会认知欠缺，导致在生产和使用化学品的过程中极少会针对新污染物采取主动减排或防控措施；对其的防控机制尚不健全，多数新污染物尚未被纳入我国常规的生态环境监测体系，也缺乏必要的监测手段和技术，前端治理和后端防控均缺乏必要体系及标准规范；水体新污染物治理的法律建设相对滞后，缺乏对各类新污染物生产和排放的限制性条款以及专门针对新污染物的环境管理条例。

六是我国的水环境治理体系和治理能力现代化水平与发展需求不相匹配。随着我国新型工业化的深入推进、城镇化率的快速增长以及对于粮食安全的全面保障，我国在工业、生活、农业等领域面临的水污染排放压力持续增加。在国家生态文明改革进一步深化的背景下，统筹地上地下、陆海协同增效的水生态环境治理体系还有待进一步完善，水生态环境监测预警能力还有待加强，水生态环境保护相关的标准体系仍需进一步完善，流域水生态环境管控体系还需进一步健全，包括科技支撑、宣传教育、能力建设等还需要得到加强。

（2）七大重点流域面临的具体问题

全国七大重点流域各自面临的水生态环境突出问题不尽相同，具体分析如下：

长江流域主要表现为流域生态系统保护性整体不足，沿江水环境风险较高，大型湖库富营养化加剧。近年来，长江经济带生态系统格局发生了显著变化，自然岸线保有率仅为 44.0%，自然滩地长度保有率仅为 19.4%，而长江岸线利用率已达到 26.1%，天然林、灌丛、草地和沼泽等自然生态系统的面积均有所减少，下游地区干流岸线开发利用比例高达 40%，而城镇建设用地的面积增幅更是高达 84.1%。此外，沿江密布着石化、化工、医药、纺织印染等高风险、重污染企业，结构性、布局性风险十分突出。长江经济带有 30% 的环境风险企业位于饮用水水源地周边 5 km 范围内，取水口和排污口交错分布。长江干线港口的危险化学品年吞吐量达到了 1.7 亿 t，种类超过了 250 种，且其运输量仍以年均 10% 的速度在增长，重化工围江情况突出，饮用水安全保障形势严峻。

黄河流域主要表现为高耗水的发展方式与水资源的短缺并存，生态环境脆弱。黄河流域的水资源总量不足长江的 1/10，人均水资源量不足 1 000 m³，属于水资源相对匮乏的流域。近年来，由于受到气候变化和人类活动的影响，水资源总量呈持续减少趋势。同时，黄河流域的水资源开发利用率已超过 70%，地表水开发利用率超过 80%，远超 40% 的生态警戒线，其开发强度仅次于海河流域，位居全国第二。此外，黄河流域的水生态系统服务功能正在减弱，部分湖泊、湿地严重退化，水土流失面积持续扩大，达到 46.5 万 km²，占流域总面积的 62%，生物多样性也在持续减少。据统计，黄河干流鱼类由 20 世纪的 130 种快速下降到 21 世纪初的 47 种。作为我国重要的农业产区，黄河流域农业面源污染问题也非常突出。据统计，沿黄 9 省（区）的 COD 和总磷污染物排放中，来自农业面源污染的比例分别超过 70% 和 60%，其中甘肃和内蒙古更是超过了 80%。

珠江流域面临的主要问题包括部分水体防止返黑返臭的压力较大，中游地区重金属污染风险较高。流域内局部水污染依然严重，南盘江、大湾区、粤西桂南及粤东沿海的河流国考断面水质相对较差，达标基础还不稳固。此外，珠江中游地区是重要的矿山开采地，由于非法民间采矿和尾矿的不当堆放，形成了大量酸性矿山废水，引起了周围土壤的重金属污染及周围水体的酸化，这些问题都十分突出。

淮河流域主要面临水资源保障程度低、农业面源污染防治压力大等问题。流域内水资源配置工程体系中的蓄、引、提、调等措施不够完善，山东半岛、江淮分水岭、淮北平原等地区的水资源调蓄能力不足，水资源调度手段较为缺乏，生态流量保障程度较低。

海河流域面临的主要问题包括水资源严重短缺、水生态流量严重不足以及水体污染严重。作为全国人均水资源量最少的流域，海河流域的人均水资源仅为 270 m³，只有全国人均水资源量（2 109 m³）的 12.8%。近年来，由于流域下垫面变化、降水减少及地下水位下降引起土壤蓄水能力增强，使地表产流能力明显降低，年径流系数更是下降到 0.081。同时，海河流域的水资源开发利用率居全国首位，已超出合理承受范围，这加剧了流域内的水环境污染，也破坏了水生态系统。过度开发导致生态流量不足，多数河流的上游和源头区处于中风险断流状态。虽然南水北调工程显著提升了区域地下水位，但同时大幅加剧了流域内的水分蒸发，尤其是在海河流域东部地区，加重了次生盐渍化等生态环境问题。水体生态功能严重退化，以单一防洪功能为目标的自然河道渠化、硬化较为普遍，湿地面积急剧减少，生物多样性受到很大影响。此外，海河流域的地表水质达标率尚未达到国家平均水平。2022 年，流域地表水水质优良（Ⅰ～Ⅲ类）的断面比例仅为 74.8%，离全国 87.9% 的平均水平还有较大差距。截至 2022 年 7 月，海河流域内呈现富营养化的湖库点位仍有 27 个，轻度富营养状态湖库的比例高于全国平均水平，流域富营养化控制依然任重道远。

辽河和松花江流域面临的主要问题是生态流量保障不足和水环境质量改善成效不稳定。受气候影响，这两个流域的径流集中在每年的 7—8 月，加上冰封期较长，导致流域径流在年内分配不均，月径流量变化幅度大。特别是在枯水季节，部分河道的水量几乎完全依赖上游水库放水，这使河流的生态系统受控于水库，生态流量不足，甚至出现较大范围的断流。2001—2013 年，辽河流域劣Ⅴ类水质断面比例从 59.7% 降至 10.8%，优良水质断面比例从 8.3% 提升至 45.5%。到了 2018 年，这一比例进一步提升到 48.9%，显示出水环境质量逐年改善的趋势。然而，2013—2018 年，劣Ⅴ类水质断面的比例从 5.4% 增至 22.1%，水质出现了明显波动。松花江流域也经历了类似的情况，劣 V 类断面比例从 2014 的 4.6% 降至 2018 年的 12.1%，优良水质断面比例在 2021 年仅达到 61%，比 2020 年的 81.4% 下降了 20%，显示出水质改善成果的不稳定。

## 5.2 预测思路

本研究针对水环境质量的预测主要采取数理模型结合趋势外推的方法。首先，根据全国七大重点流域历年的主要污染物排放数据以及水质监测站点的监测值等，构建模型，建立污染物与水质的响应关系，确定影响水环境质量的相关因素；之后，利用趋势外推方法，建立不同等级水体比例与相应影响因素间的回归方程，并设计不同情景方案进行预测。其概念模型为

$$Q_i = f(a, b, c) \tag{5-1}$$

式中，$Q_i$——第 $i$ 类水环境质量指标；

$a$，$b$，$c$——水环境质量的影响因素。

对于水质数据，由于其时序变化存在一定随机性，因此需要通过平滑处理过滤掉数据中一些短期不规则变化，以便找出较长时间的变化规律和发展趋势。在这里，采用指数平滑法进行数据平滑处理，某一期的指数平滑值是本期实测值与上期平滑值的加权平均。其公式为

$$s_t = \alpha y_{t-1} + (1 - \alpha)s_{t-1} \tag{5-2}$$

式中，$s_t$——第 $t$ 期的平滑值；

$y_{t-1}$——第 $t-1$ 期的实际值；

$s_{t-1}$——第 $t-1$ 期的平滑值；

$\alpha$——平滑系数，它的取值大小决定了权数变化的快慢，直接影响过去数据对预测值的作用。

如果时间序列较平稳，数据波动较小，$\alpha$ 取值则较小，取值为 0.1～0.3；如果数据波动较大，则取值为 0.3～0.5；如果数据波动很大且趋势比较明显，则取值为 0.6～0.8。

通过比较各个影响因素与水质相关性，最终选择在环境污染治理投资与 III 类及以上水质断面比例间建立拟合关系。其中，环境污染治理投资主要选取与水环境治理有关的数据，这些数据来源于中国城市建设年鉴中的污水处理、污泥处置以及再生水利用投资数据之和。考虑到"十五五"期间国家对于水环境治理投入的变化趋势，设定了三种情景方案：低情景假定到 2030 年前我国污水治理投资占 GDP 比重保持在 2020 年水平；中情景假定到 2030 年前我国污水治理投资占 GDP 比重较 2020 年提高 10%；高情景假定到 2030 年前我国污水治理投资占 GDP 比重较 2020 年提高 25%。这三种情景方案将有助于我们更好地理解未来我国水环境质量的变化。

## 5.3 预测结果与分析

（1）总体分析

从污水排放及处理量的角度来看，随着我国经济增长和城镇化进程加快，预计"十五五"期间我国污水排放量和处理量还将持续增长，到 2025 年和 2030 年，七大重点流域污水排放总量将分别达到 659.8 亿 t 和 747.96 亿 t。其中，长江流域排放量和处理量最大，其次是珠江流域和淮河流域。

从水污染治理投资的角度来看，因人口增长和经济发展导致的污染物排放增长预期始终存在，为了保持水质的持续改善，仍需加大污染治理投入。预计到 2025 年，在低、中、高三种情景下，七大重点流域的水污染治理投资总额将分别达到 2 373 亿元、2 610 亿元和 2 967 亿元；到 2030 年将分别达到 3029 亿元、3332 亿元和 3786 亿元。其中，长江流域水污染治理投资位列七大重点流域之首，其次是珠江流域和淮河流域。

从重点流域的水环境质量变化趋势来看，随着污染治理的深入推进，我国的水环境质量整体呈现稳中向好的趋势，但各流域之间仍存在一定差异。在低情景下，预计到 2024 年，长江流域Ⅲ类及以上断面比例将达到 100%，黄河和珠江流域将分别在 2029 年和 2027 年实现 100%；在中情景下，预计长江流域的Ⅲ类及以上断面比例在 2023 年可以达到 100%，黄河、珠江、松花江流域将分别在 2027 年、2027 年和 2029 年达到 100%；在高情景下，到 2030 年，除海河和辽河流域的Ⅲ类及以上断面比例未达 100%外，其余流域均可实现。其中，黄河流域将在 2025 年实现，珠江和松花江流域将在 2026 年实现。

（2）重点流域污水排放与处理量预测分析

根据前述对我国未来经济增长以及污水处理设施增长幅度的综合考量，本研究对 2030 年前各重点流域的污水排放量和污水处理量进行了预测。预测结果显示，受经济增长、城镇化提升等因素影响，我国的污水排放量未来仍将保持增长趋势。预计到 2025 年和 2030 年，七大重点流域的污水排放总量将分别达到 659.8 亿 t 和 747.96 亿 t，较 2022 年分别增长 19.0%和 36.7%。其中，长江流域的污水排放量最大，预计到 2030 年将达到 254.4 亿 t；其次是珠江流域和淮河流域，预计到 2030 年将分别达到 162.6 亿 t 和 112.6 亿 t。见图 5-6。

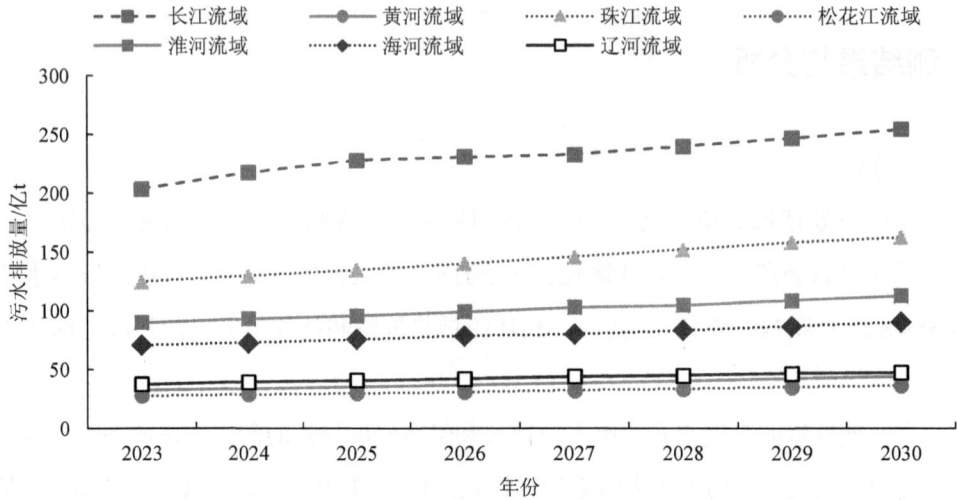

**图 5-6　2023—2030 年我国污水排放量预测结果**

考虑到未来各重点流域都会提升污水收集处理设施、完善配套管网建设等，预计污水实际处理量也将有显著提高。预测结果显示，到 2025 年和 2030 年，七大重点流域的污水处理量将分别达到 637.3 亿 t 和 729.4 亿 t，较 2022 年将分别增加 13% 和 34.3%。其中，长江流域的污水处理量最大，预计到 2030 年将达到 245.9 亿 t，其次是珠江流域和淮河流域，预计到 2030 年将分别达到 160.9 亿 t 和 111.2 亿 t。通过比较污水处理量和污水排放量可以看出，到 2025 年和 2030 年，七大重点流域总体的污水处理率将分别达到 96.2% 和 97.7%，基本保持在较高水平。见图 5-7。

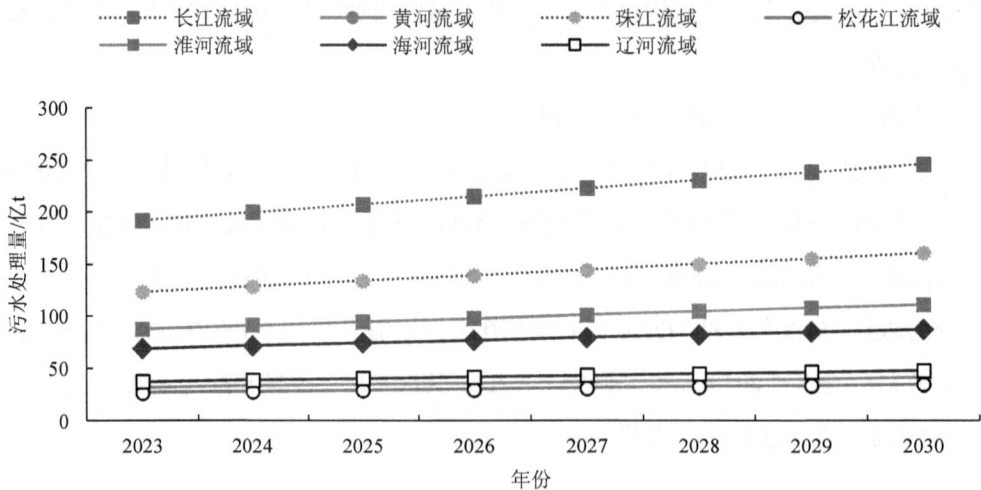

**图 5-7　2023—2030 年我国污水处理量预测结果**

（3）重点流域的水污染治理投资预测分析

1）长江流域

2002—2022 年，长江流域的污水治理投资呈快速上升趋势，从 2002 年的 86.09 亿元增长到 2022 年的 735.55 亿元。同期，长江流域Ⅲ类及以上水质断面比例从 2002 年的 51.5%提高到 2022 年的 98.1%。鉴于目前长江流域尤其是干流断面的水质整体良好，"十五五"期间继续保持这种状况将面临较大的难度，所需付出的边际成本也会较高。综合考量，其污水治理投资与Ⅲ类及以上水质断面的比例之间呈对数回归关系。预计在低情景、中情景、高情景下，到 2025 年，长江流域的污水治理投资将分别达到 910 亿元、1 001 亿元和 1 038 亿元；到 2030 年，这一数字将分别达到 1 162 亿元、1 278 亿元和 1 452 亿元。见图 5-8。

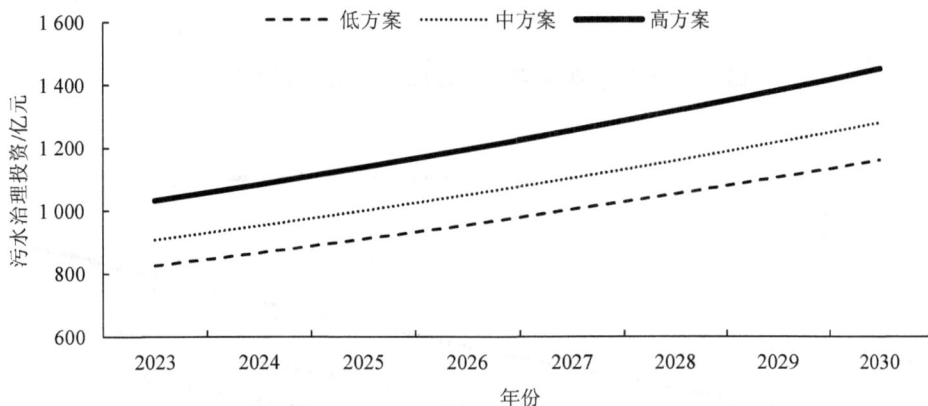

图 5-8　2023—2030 年长江流域污水治理投资预测结果

2）黄河流域

2002—2022 年，黄河流域的污水治理投资也呈快速上升趋势，从 2002 年的 11.1 亿元增长到 2022 年的 103.55 亿元。同时，黄河流域Ⅲ类及以上水质断面比例从 2002 年的 22.7%提高到 2022 年的 87.5%。预计在低情景、中情景、高情景下，到 2025 年，黄河流域的污水治理投资将分别达到 126 亿元、138 亿元和 157 亿元；到 2030 年，这一数字将分别达到 160 亿元、176 亿元和 200 亿元。见图 5-9。

3）珠江流域

2002—2022 年，珠江流域的污水治理投资也呈快速上升趋势，从 2002 年的 28.4 亿元增长到 2022 年的 242.2 亿元，是七大重点流域中增幅最大的。同时，珠江流域Ⅲ类及以上水质断面比例也从 2002 年的 73.5%提高到 2022 年的 94.2%。预计在低情景、中情景、高情景下，到 2025 年，珠江流域的污水治理投资将分别达到 555 亿元、610 亿元和 693 亿元；到 2030 年，这一数字将分别达到

708 亿元、779 亿元和 885 亿元。见图 5-10。

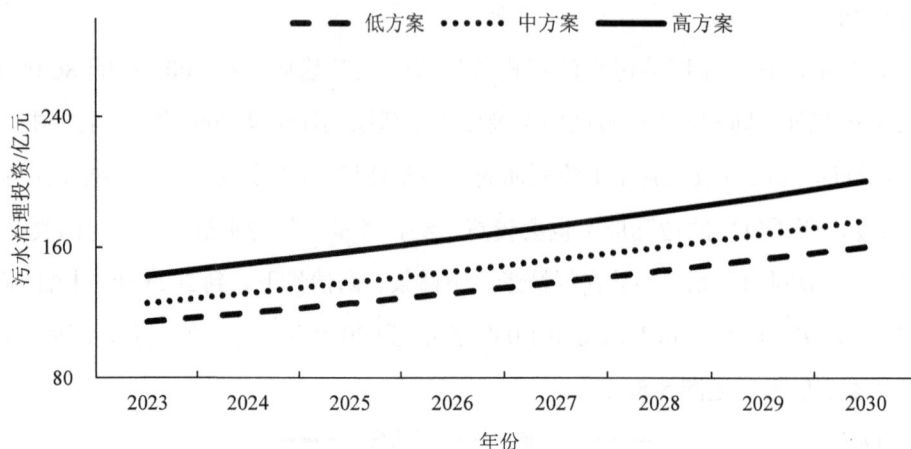

图 5-9　2023—2030 年黄河流域污水治理投资预测结果

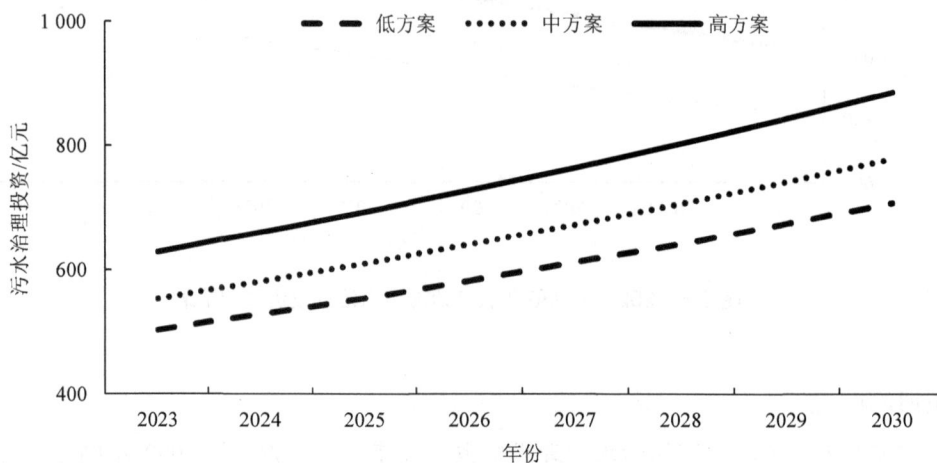

图 5-10　2023—2030 年珠江流域污水治理投资预测结果

4）松花江流域

2002—2022 年，松花江流域的污水治理投资从 10.4 亿元增长到 53.5 亿元，同时，流域内Ⅲ类及以上水质断面比例也从 2002 年的 27.8%提高到 2022 年的 70.5%。预计在低情景、中情景、高情景下，到 2025 年，松花江流域的污水治理投资将分别达到 77.4 亿元、85.2 亿元和 96.8 亿元；到 2030 年，这一数字将分别达到 98.8 亿元、108.7 亿元和 123.5 亿元。见图 5-11。

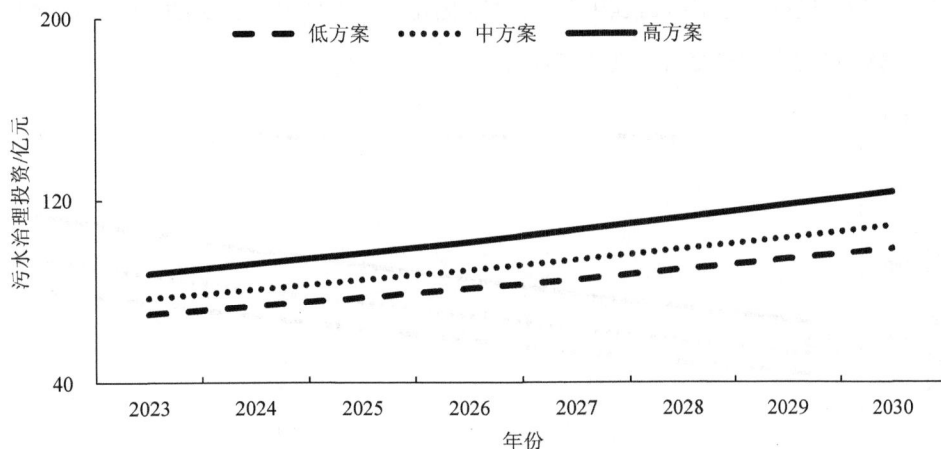

图 5-11　2023—2030 年松花江流域污水治理投资预测结果

5）淮河流域

2002—2022 年，淮河流域的污水治理投资从 33.5 亿元增长到 338.4 亿元，同时，流域内Ⅲ类及以上水质断面比例也从 2002 年的 16.1%提高到 2022 年的 84.5%。预计在低、中、高情景下，到 2025 年，淮河流域的污水治理投资将分别达到 378 亿元、415 亿元和 473 亿元；到 2030 年，这一数字将分别达到 482 亿元、531 亿元和 603 亿元。见图 5-12。

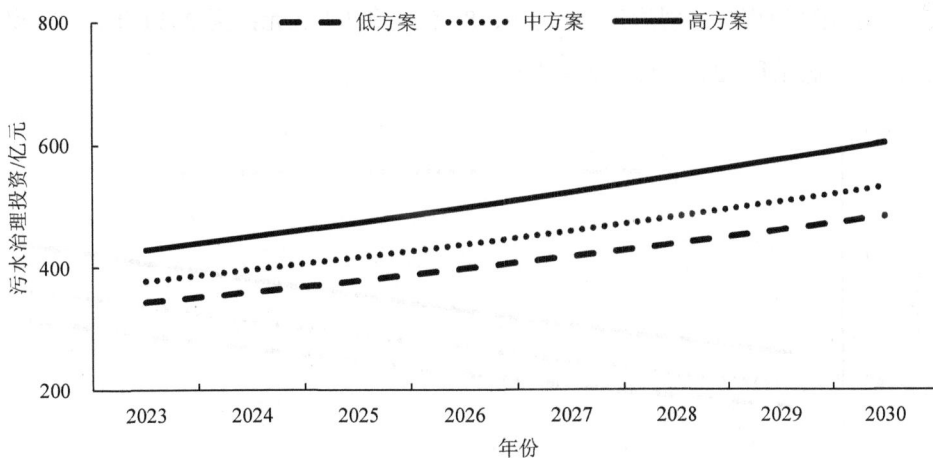

图 5-12　2023—2030 年淮河流域污水治理投资预测结果

6）海河流域

2002—2022 年，海河流域的污水治理投资从 48.5 亿元增长到 207.7 亿元，同时，流域内Ⅲ类及以上水质断面比例也从 2002 年的 14.4%提高到 2022 年的 74.8%。预计在低、中、高情景下，到 2025 年，海河流域的污水治理投资将分别达到 249 亿元、274 亿元和 311 亿元；到 2030 年，这一数字将分别达到 318 亿元、350 亿元和 397 亿元。见图 5-13。

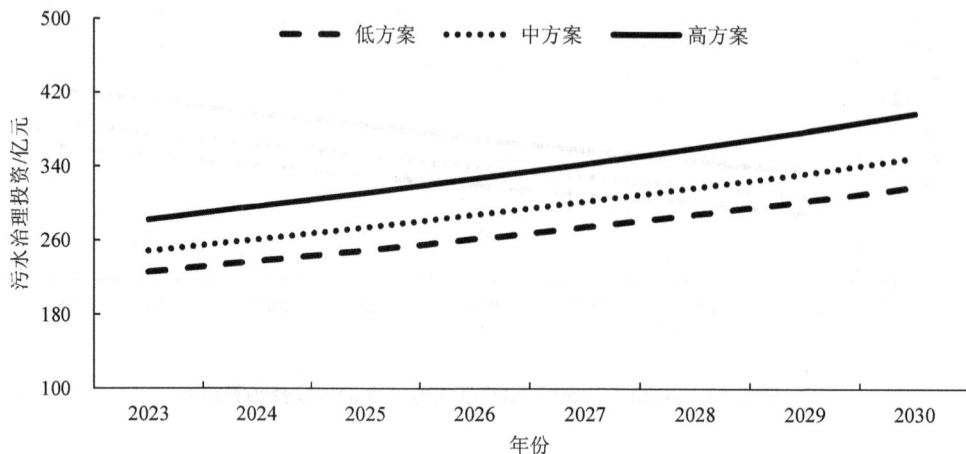

图 5-13　2023—2030 年海河流域污水治理投资预测结果

7）辽河流域

2002—2022 年，辽河流域的污水治理投资从 9.1 亿元增长到 36.5 亿元，同时，流域内Ⅲ类及以上水质断面比例也从 2002 年的 17.9%提高到 2022 年的 84.5%。预计在低、中、高情景下，到 2025 年，辽河流域的污水治理投资将分别达到 78 亿元、85 亿元和 97 亿元；到 2030 年，这一数字将分别达到 100 亿元、109 亿元和 124 亿元。见图 5-14。

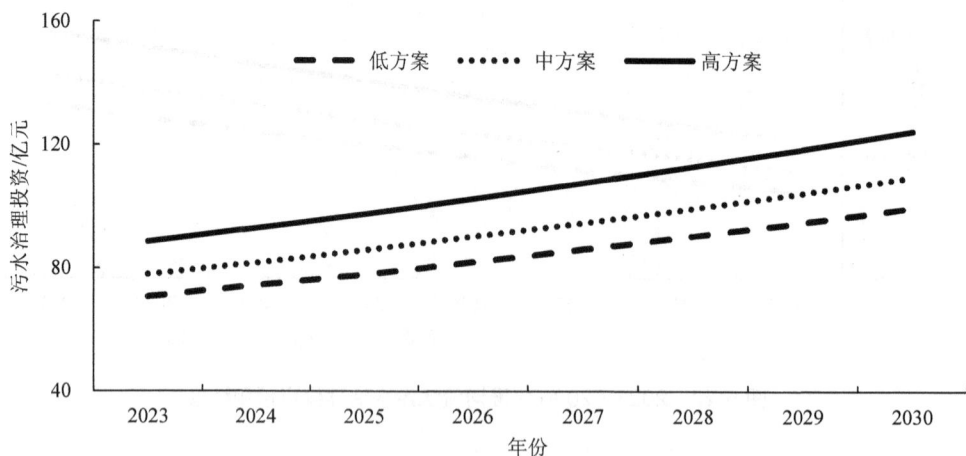

图 5-14　2023—2030 年辽河流域污水治理投资预测结果

（4）重点流域的水环境质量预测分析

1）长江流域

利用上文所述水环境预测模型进行预测，在低方案下，预计长江流域Ⅲ类及以上水质断面比例将在 2024 年达到 100%，劣Ⅴ类断面将持续保持消除状态。在中方案下，长江流域Ⅲ类及以上水质断面比例在 2023 年可达到 100%，劣Ⅴ类断面将持续保持消除状态。在高方案下，长江流域Ⅲ类及以上水质断面比例在 2023 年可达到 100%，劣Ⅴ类断面将持续保持消除状态。

2）黄河流域

在低方案下，预计黄河流域Ⅲ类及以上水质断面比例将在 2029 年达到 100%，劣Ⅴ类断面将在 2025 年达到消除状态；在中方案下，预计黄河流域Ⅲ类及以上水质断面比例将在 2027 年达到 100%，劣Ⅴ类断面将在 2024 年达到消除状态；在高方案下，黄河流域的污水治理投资将大幅增长，这将显著提升流域内的污水治理水平，预计黄河流域Ⅲ类及以上水质断面比例将在 2025 年达到 100%，劣Ⅴ类断面在 2023 年可达到消除状态。见图 5-15。

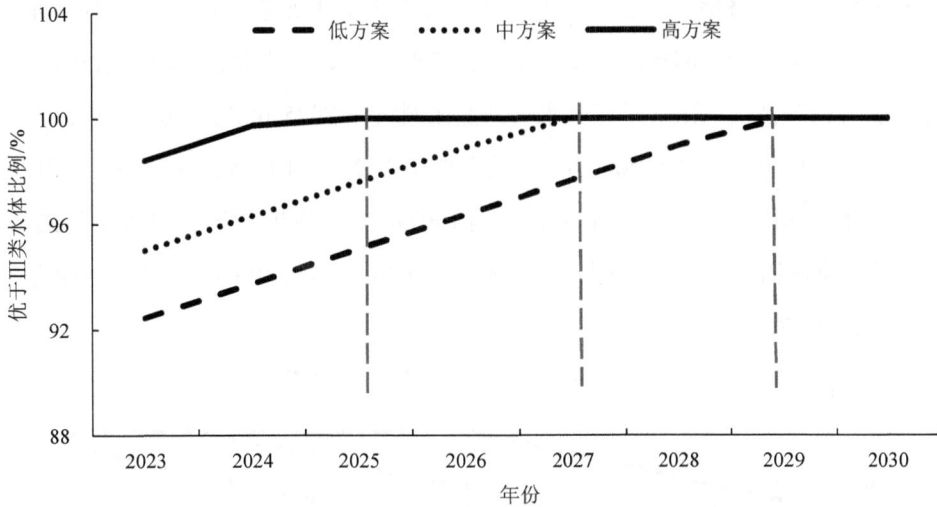

图 5-15　2023—2030 年黄河流域优于Ⅲ类水质断面比例预测结果

3）珠江流域

珠江流域作为我国经济较发达地区，由于人口增长和经济发展导致水污染排放增加的预期始终存在，其保持水质持续向好的压力较大。在低方案下，预计珠江流域Ⅲ类及以上水质断面比例将在 2027 年达到 100%，劣Ⅴ类断面将在 2025 年达到消除状态；在中方案下，珠江流域Ⅲ类及以上水质断面比例将在 2027 年达到 100%，劣Ⅴ类断面将在 2024 年达到消除状态；在高方案下，珠江流域Ⅲ类及以上水质断面比例将在 2026 年达到 100%，劣Ⅴ类断面可在 2023 年达到消除状态。见图 5-16。

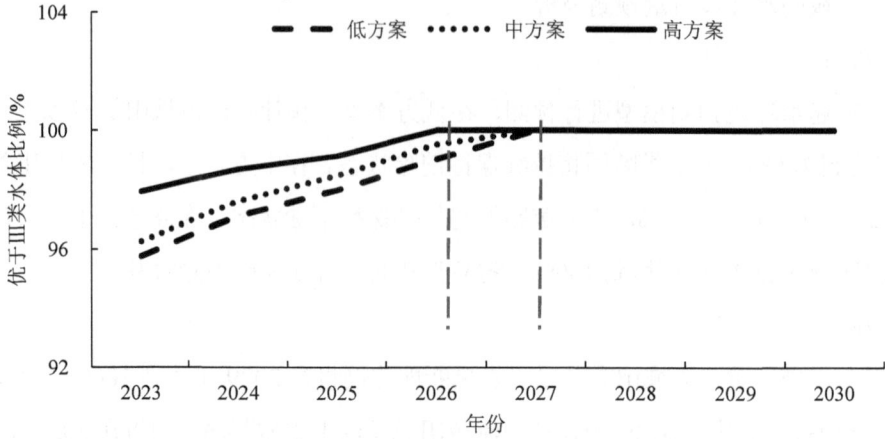

图 5-16　2023—2030 年珠江流域优于Ⅲ类水质断面比例预测结果

4）松花江流域

近年来松花江流域经济增长放缓，污水处理等城镇基础设施建设面临一系列短板问题，导致流域内优于Ⅲ类水质断面比例不够稳定，仅能维持在 70%左右，未来保持水质持续向好的难度较大。在低方案下，预计松花江流域Ⅲ类及以上水质断面比例将在 2025 年达到 90%，到 2030 年，流域内Ⅲ类及以上水质断面比例将达到 99%，而劣Ⅴ类断面将在 2025 年达到消除状态；在中方案下，松花江流域Ⅲ类及以上水质断面比例将在 2029 年达到 100%，劣Ⅴ类断面将在 2025 年达到消除状态；在高方案下，松花江流域Ⅲ类及以上水质断面比例将在 2026 年达到 100%，劣Ⅴ类断面将在 2024 年达到消除状态。见图 5-17。

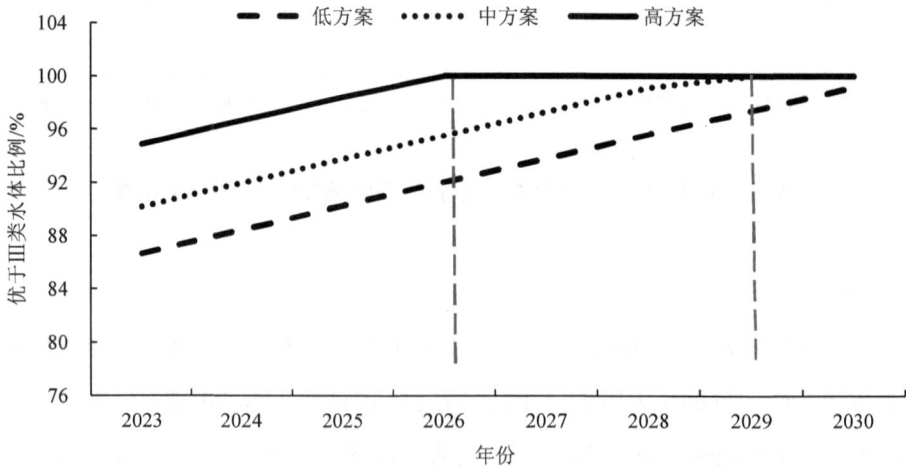

图 5-17　2023—2030 年松花江流域优于Ⅲ类水质断面比例预测结果

5）淮河流域

近年来淮河流域水环境治理取得了较好成果，水质断面优良比例明显提升，累计增幅居七大重点流域之首。考虑到淮河流域在"十五五"期间仍将是长三角产业转移的重点区域，流域面临较为严峻的水环境保护压力，流域水环境质量仍将持续提升但趋势会有所放缓。在低方案下，即维持 2020 年流域内污水治理投资占 GDP 比例不变，预计淮河流域Ⅲ类及以上水质断面比例将在 2025 年达到 86%，到 2030 年，流域内Ⅲ类及以上水质断面比例将达到 93%，而劣Ⅴ类断面将在 2025 年达到消除状态；在中方案下，淮河流域Ⅲ类及以上水质断面比例将在 2025 年达到 89%，到 2030 年，流域内Ⅲ类及以上断面比例预计将达到 97%，劣Ⅴ类断面将在 2025 年达到消除状态；在高方案下，淮河流域Ⅲ类及以上水质断面比例将在 2025 年达到 93%，在 2030 年达到 100%，劣Ⅴ类断面将在 2024 年达到消除状态。见图 5-18。

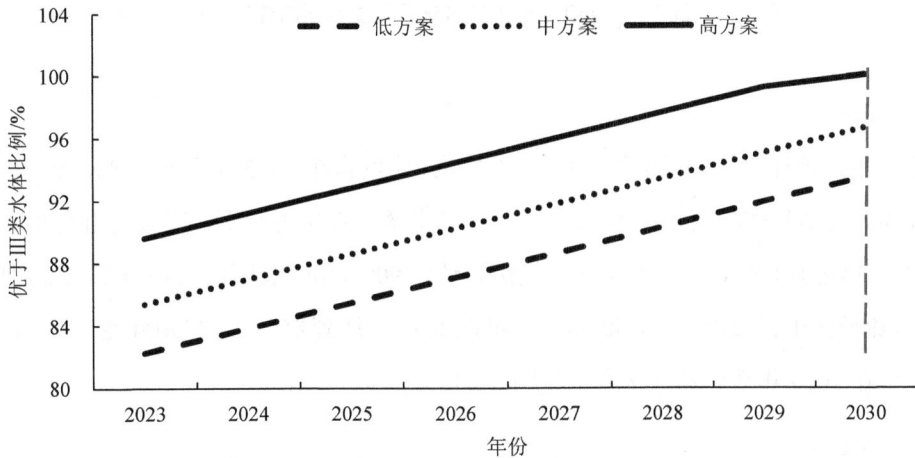

图 5-18　2023—2030 年淮河流域优于Ⅲ类水质断面比例预测结果

6）海河流域

近年来海河流域虽然在水环境治理方面取得了显著成效，但其水体优良断面比例在七大重点流域中仍处在较低水平，流域水质改善仍面临诸多挑战。加上海河流域天然降水不足所导致径流缺乏、水体净化能力较弱，水体水质提升幅度十分有限。在低方案下，预计海河流域Ⅲ类及以上水质断面比例将在 2025 年达到 63%，到 2030 年这一比例将达到 77%，而劣Ⅴ类断面将在 2025 年达到消除状态；在中方案下，海河流域Ⅲ类及以上水质断面比例将在 2025 年达到 68%，到 2030 年这一比例将达到 83%，劣Ⅴ类断面将在 2025 年达到消除状态；在高方案下，海河流域Ⅲ类及以上水质断面比例将在 2025 年达到 75%，到 2030 年这一比例将达到 93%，劣Ⅴ类断面将在 2024 年达到消除状态。见图 5-19。

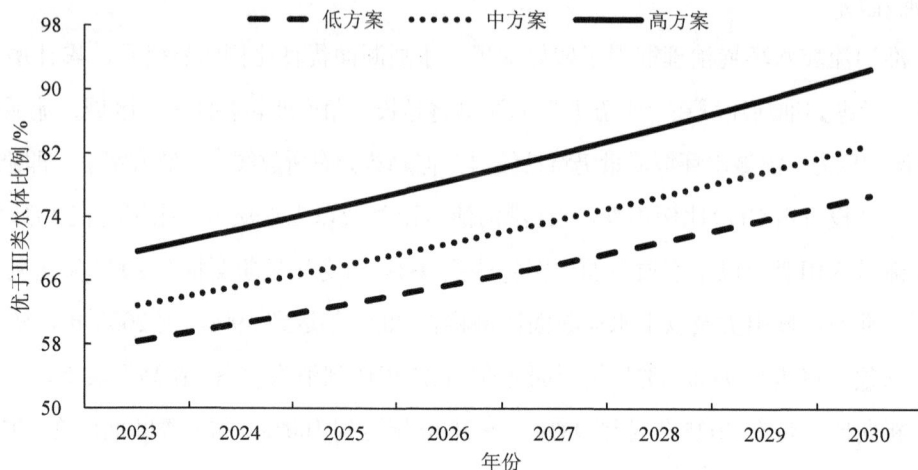

图 5-19  2023—2030 年海河流域优于Ⅲ类水质断面比例预测结果

7）辽河流域

在低方案下，预计辽河流域Ⅲ类及以上水质断面比例将在 2025 年达到 77%，到 2030 年这一比例将达到 86%，而劣Ⅴ类断面可在 2023 年达到消除状态；在中方案下，流域内Ⅲ类及以上水质断面比例将在 2025 年达到 80%，到 2030 年这一比例将达到 90%，劣Ⅴ类断面可在 2023 年达到消除状态；在高方案下，流域内Ⅲ类及以上水质断面比例将在 2025 年达到 85%，到 2030 年这一比例将达到 96%，劣Ⅴ类断面可在 2023 年达到消除状态。见图 5-20。

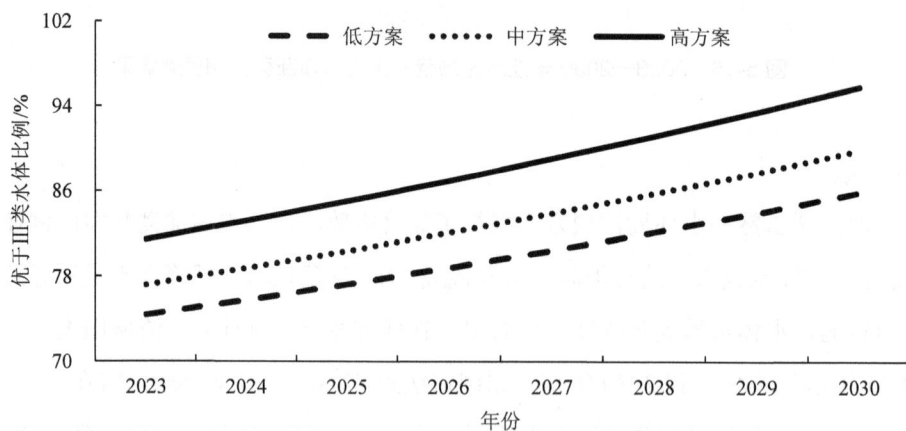

图 5-20  2023—2030 年辽河流域优于Ⅲ类水质断面比例预测结果

## 5.4 主要结论与建议

（1）近年来我国水环境质量总体改善明显，但局部水环境污染问题依旧不容忽视

近年来，我国水污染防治思路逐步转向以水环境质量改善为核心，加上"水十条"、碧水保卫战等一系列工作的持续推进，我国的水环境质量得到大幅改善。2022 年，全国地表水 Ⅰ～Ⅲ类和劣Ⅴ类断面比例分别为 87.9%、0.7%。2002—2021 年，全国地表水 Ⅰ～Ⅲ类断面比例增加了 58.8 个百分点，同时劣Ⅴ类断面比例下降了 40 个百分点。此外，建成区黑臭水体、重点湖库富营养化等问题逐渐得到整治、消除，百姓幸福感得到了增强。

然而，目前我国水生态环境保护面临的结构性、根源性、趋势性压力尚未根本缓解，且与美丽中国建设的目标要求仍有不小差距。具体表现在：地表水环境质量改善不平衡性和不协调性问题突出，水资源不均衡且高耗水发展方式尚未根本转变，水生态环境遭破坏现象较为普遍，水生态环境仍存在安全风险，水体新污染物预防和治理面临极大挑战，以及治理体系和治理能力现代化水平与发展需求不相匹配。

（2）未来我国水环境质量整体将保持向好趋势，但改善幅度趋于平稳

未来，随着我国对水环境治理工作的持续推进以及人民群众对"清水绿岸、鱼翔浅底"美好愿景的期待，我国工业和生活污水处理设施的投入还将继续加大。到 2025 年和 2030 年，七大重点流域的污水排放总量将分别达到 659.8 亿 t 和 747.96 亿 t，污水处理总量将分别达到 637.3 亿 t 和 729.4 亿 t。同时，我国的水污染治理投资也在不断增加，在低、中、高三种情景下，预计到 2025 年全国七大重点流域的水污染治理投资总额将分别达到 2 373 亿元、2 610 亿元和 2 967 亿元，到 2030 年这一数额将分别达到 3 029 亿元、3 332 亿元和 3 786 亿元。

预计在 2030 年前，我国水环境质量仍将保持稳中向好的总体改善趋势，但鉴于目前全国 Ⅰ～Ⅲ类断面比例已处于较高水平，参考发达国家水质变化趋势和经验，越到后期，Ⅰ～Ⅲ类断面比例越趋于平稳，改善幅度相对较小。因此，预计"十五五"期间我国重点流域的水质改善幅度将有所减缓，尤其是对于长江、珠江等现状水质较好的流域；而对于海河、辽河等现状优良水体比例较低的流域，仍有一定改善和提升空间。根据预测，在低情景下，2030 年前长江流域、黄河流域及珠江流域Ⅲ类及以上水质断面比例可达到 100%，海河和辽河流域Ⅲ类及以上水质断面比例将分别达到 76% 和 85%；在高情景下，除海河和辽河流域外，其余流域的Ⅲ类及以上断面比例均可实现在 2030 年前达到 100%。

（3）我国的水生态环境保护对策建议

"水十条"提出，"到 2030 年，力争全国水环境质量总体改善，水生态系统功能初步恢复。到21 世纪中叶，生态环境质量全面改善，生态系统实现良性循环"。因此，基于美丽中国"生态环境根本好转"和"美丽"内涵分析，在 2030 年前"总体改善"的目标要求下，提出我国未来水生态环境保护的对策建议：

一是合理确定流域水生态保护目标体系。要针对不同流域、区域水生态系统面临的问题及症结，坚持目标导向、问题导向，制定涵盖水质、水量和水生态三方面的水生态环境目标指标体系及评价方法，引导各流域水生态保护目标从理化指标表征的水质改善向"三水"统筹的水生态健康恢复转变。

二是突出流域管控的空间基础。在原有的国家控制单元基础上进一步划分更小的控制单元，按照"流域统筹、区域落实"的要求落实行政辖区水生态环境状况改善责任，按照分级管理原则，加强省控、市控、县控断面的管控，通过断面管控将责任细化落实到省、市、县、乡（村）。

三是深化"三水"统筹深度治理。"三水"统筹实施系统治理是全面改善水生态环境质量的根本路径。水资源方面，坚持以水定人、以水定地、以水定产、以水定城，加快高耗水发展方式转变和区域再生水循环利用；水环境方面，推动加快补齐县城和建制镇污水收集处理设施短板，推进工业污染防治向全过程绿色发展转变，完善农业农村"源头防控—过程防控—末端治理"面源污染防治综合体系；水生态方面，开展水源涵养区、水域及其生态缓冲带等流域重要生态空间范围划定，对生物生境和生物群落受损的河湖生态空间，实施河湖生态缓冲带恢复、天然生境和水生植被恢复等。

对于全国七大重点流域而言，在面向美丽中国的水生态环境保护工作中，各重点流域保护工作也将各有侧重。长江流域要加大水生态保护修复力度，加强对珍稀濒危及特有鱼类资源产卵场、索饵场、越冬场、洄游通道等重要生境的保护，全面实施更严格的禁渔制度；针对沿江水环境风险高的问题，加强日常监管，严禁污染型产业、企业向中上游地区转移；针对大型湖库富营养化加剧的问题，以丹江口库区、鄱阳湖、洞庭湖、巢湖、太湖等为重点开展农村环境集中连片整治，减少化肥、农药施用量，加强养殖污染防治，提升农村生活污染治理水平。

黄河流域：要重点开展造纸、食品、酿造、化工等关键行业企业的全面稳定达标，因地制宜开展落后产能淘汰、清洁化改造、循环经济、煤化工等行业的深度治理，在湟水河、渭河、汾河等控制造纸、煤炭和石油开采、氮肥化工、煤化工及金属冶炼行业发展速度和经济规模，扭转黄河流域高耗水、高污染的发展方式；增加对水体自净能力的关注力度，保障水生态流量，优先在黄河干流、洮河、湟水、大通河、无定河、泾河、渭河等 11 条河流及沙湖、鹤泉湖、乌梁素海等 6 个湖库开展水生态流量保障试点。

珠江流域：要以粤港澳大湾区为重点，补齐城镇生活污水处理及配套设施建设短板，加强深圳河（湾）、前山河、洪湾水道、湾仔水道等区域的污水收集与处理、城乡黑臭水体治理和雨污分流工作，坚决防止城市水体返黑返臭；对于中游的粤西桂南区域，开展南流江、钦江、廉江河、沙铲河、武陵河沿岸畜禽养殖等农业面源污染治理，推进生态养殖模式；对于粤东区域重点开展河岸带水生态修复，推进陆海统筹，加强滨海湿地保护，建设沿海岸的防护林带、红树林保护带、滩涂和湿地，恢复滨海湿地生物多样性。

淮河流域：针对其水资源配置体系不完善、水资源调蓄能力不足的问题，要以南水北调东线二期、引江济淮二期等重大引调水工程和骨干输配水通道为纲，以淮北地区、江淮分水岭地区等区域河湖连通工程为对象，通过新建大型水库和湖泊控制性调蓄工程，促进河湖互连互通，优化完善水资源配置；针对流域内农业面源污染防治压力大的问题，实施绿色农业，优化种植结构，提高化肥、农药利用效率，加大农村生活污水治理力度。

海河流域：针对水生态流量不足的问题，先期应重点补源，利用南水北调东/中线的富余水量，向京津冀地区的重点河湖进行生态调水，同步实施华北地下水超采综合治理；待南水北调东/中线与河系连通、南水北调中线和沿线大中型水库联合调配工程完成后，全面弥补浅层地下水和河道生态用水，待南水北调后续工程全部建成后，退还并优先保障河道生态用水，自然修复深层地下水并恢复地下水储备功能。

辽河流域和松花江流域：存在水环境质量改善成效不稳定的问题，应结合其所处东北寒冷地区水资源匮乏、逐月变化显著的特征，如冰封期、融冰期、洪水期和枯水期等不同特点，制定面向北方寒冷地区河湖健康的水生态流量确定方法，合理设定考核指标，实现流域精细化管理。

# 第6章 固体废物环境预测

本章针对我国的一般工业固体废物、危险废物、生活垃圾以及再生资源等进行现状分析，针对固体废物存在的主要问题进行探讨，研究预测面向美丽中国的"十五五"时期各类固体废物堆存、处置的趋势，以期为"十五五"固体废物环境管理提供决策参考。

## 6.1 现状与问题分析

### 6.1.1 一般工业固体废物

2021年，我国一般工业固体废物的产生量为39.71亿t，同比增长8.02%。近年来，最高值出现在2019年，达44.08亿t。2021年，我国一般工业固体废物的综合利用量为22.67亿t，较2016年下降0.57个百分点，处置量为8.89亿t，较2016年增长2个百分点。从利用处置情况来看，我国一般工业固体废物综合利用量、处置量占其产生量的比例，从2016年的56.84%和22.96%分别变为2021年的57.09%和22.39%，我国一般工业固体废物的贮存量为0.7亿~1亿t。见图6-1。

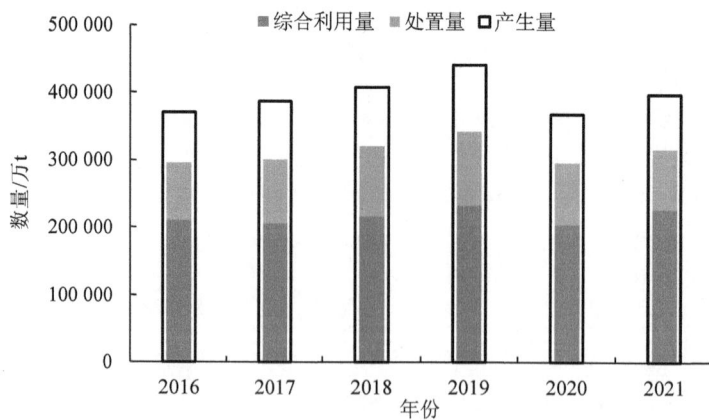

图6-1 2016—2021年我国一般工业固体废物利用与处置情况

由各地区一般工业固体废物利用处置情况（图 6-2）对比可以看出，山西省一直居于全国一般工业固体废物产生量的首位，2021 年其产生量为 45 901 万 t，占全国一般工业固废产生量的 11.56%；其次是内蒙古、河北、辽宁和山东，2021 年产生量均超过 24 000 万 t，而北京、海南、天津、西藏等省（区）的产生量均低于 2 000 万 t。从利用处置情况来看，2021 年有超过 90% 的省（区）的一般工业固体废物综合利用量高于处置量，仅山西、内蒙古、宁夏等地的处置量仍占据高位。此外，西藏、青海、江西、四川等地的利用处置率相对较低，其中西藏的利用处置率不足 10%，但其处置量持续下降，综合利用量不断提高。2021 年，北京、天津、上海、江苏、浙江、安徽、海南、宁夏等地的一般工业固废基本实现了全量化利用处置。

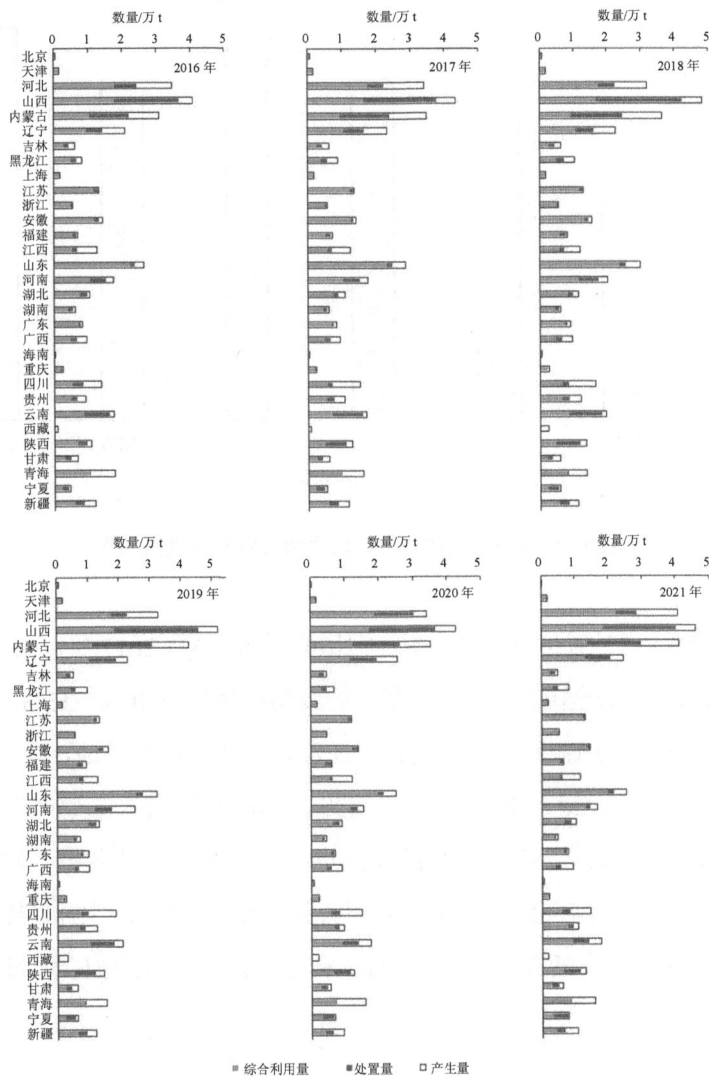

图 6-2  2016—2021 年各地区一般工业固体废物利用处置情况

## 6.1.2 危险废物

2021 年，我国危险废物的产生量为 8 653.6 万 t，同比增长 18.84%。2016—2021 年，其平均增长率为 10.64%。2021 年，我国危险废物的利用处置量为 8 461.2 万 t，占同年危险废物产生量的 97.78%，而在 2016 年，我国危险废物利用处置量仅为 4 317.2 万 t，仅占同年危险废物产生量的 82.71%。从我国危险废物的利用处置情况来看，利用处置能力呈逐年增长趋势，2016—2021 年其平均增长率为 14.41%。见图 6-3。

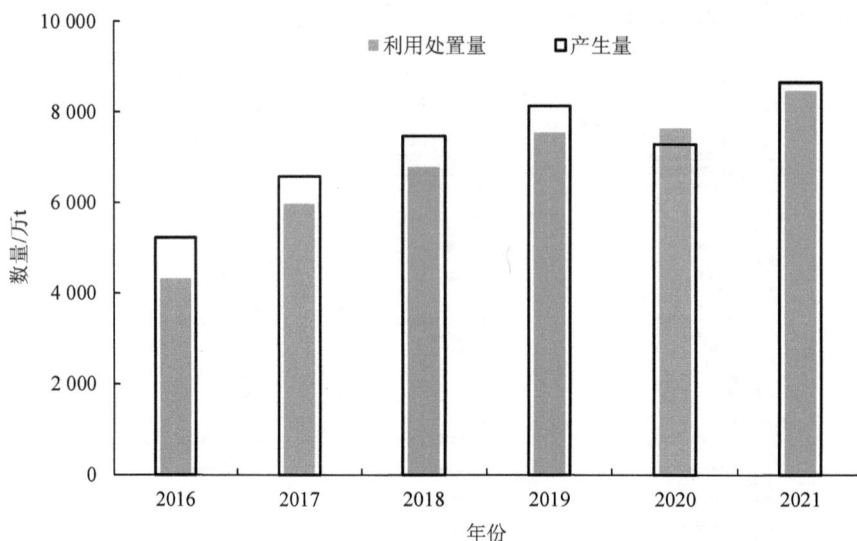

图 6-3　2016—2021 年我国危险废物利用处置情况

由各地区危险废物利用处置情况（图 6-4）对比可以看出，自 2017 年以来，山东的危险废物产生量每年均超过 800 万 t，居全国首位，占全国危险废物产生量的 10%～13%。2021 年，山东的危险废物产生量达到了 967.1 万 t；其次是内蒙古、江苏、浙江、广东等地，危险废物产生量均超过 500 万 t，相比之下，西藏、海南、北京、天津、贵州、重庆等地的危险废物产生量相对较低，均低于 100 万 t。从利用处置情况来看，2021 年，有超过 60% 的省份实现了当年度危险废物全量利用处置；尽管青海的危险废物利用处置率在全国排名末位，但其利用处置量却呈现上升趋势，达到了 120.1 万 t，是 2016 年的 4.20 倍。此外，内蒙古、吉林、广西、云南等地的危险废物利用处理能力也提升显著。

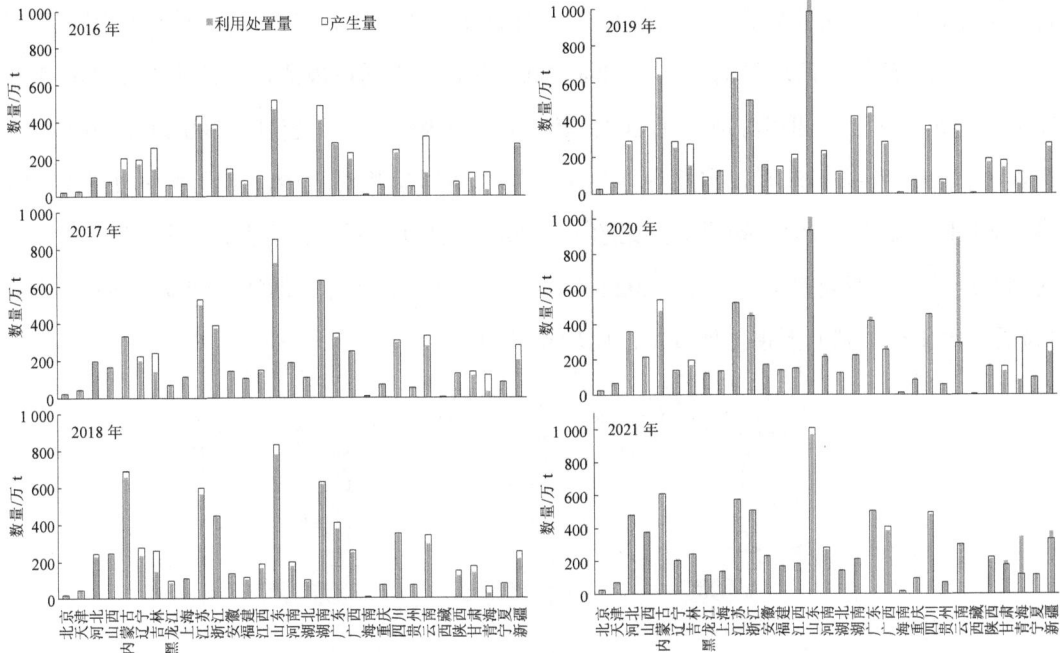

图 6-4　2016—2021 年各地区危险废物利用处置情况

## 6.1.3　生活垃圾

2022 年，我国生活垃圾清运量达到了 2.44 亿 t，同比下降 1.71%，2016—2022 年的平均增长率为 3.72%。2022 年，我国生活垃圾的无害化处置率达到了 99.90%，较 2016 年提高 3.28 个百分点。从无害化处置结构来看，我国的填埋、焚烧、其他（主要为厌氧消化和堆肥）3 种无害化处置方式在清运量中的占比，由 2016 年的 58.28%、36.24% 和 2.11% 分别变为 2022 年的 12.45%、79.78% 和 7.67%，具体来看，填埋量有所减少，而焚烧量和其他处置量的占比则分别提高了 2.64 倍和 4.37 倍。见图 6-5。

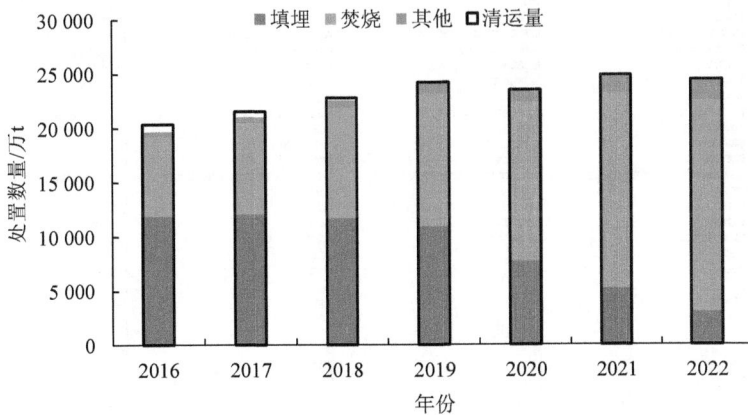

图 6-5　2016—2022 年我国生活垃圾无害化处置情况

各地区生活垃圾无害化处置情况（图 6-6）对比情况可以看出，广东一直位居全国生活垃圾清运量之首，占全国生活垃圾清运量的 11%～14%。2022 年，其生活垃圾清运量达到了 3 280.64 万 t；其次是江苏、山东、浙江、四川等地，在 2022 年的生活垃圾清运量均超过 1 200 万 t；相较之下，新疆生产建设兵团、西藏、青海、宁夏等地的生活垃圾清运量相对较少。从无害化处置结构来看，2022 年，超过 80% 的省份焚烧处置量占比超过 50%，而仅有内蒙古、新疆、青海、西藏、新疆生产建设兵团等地仍以填埋处置量为主导。2022 年，北京、上海、江苏、浙江、宁夏和重庆等地的其他（主要为厌氧消化和堆肥）无害化处置量占比均超过 10%。

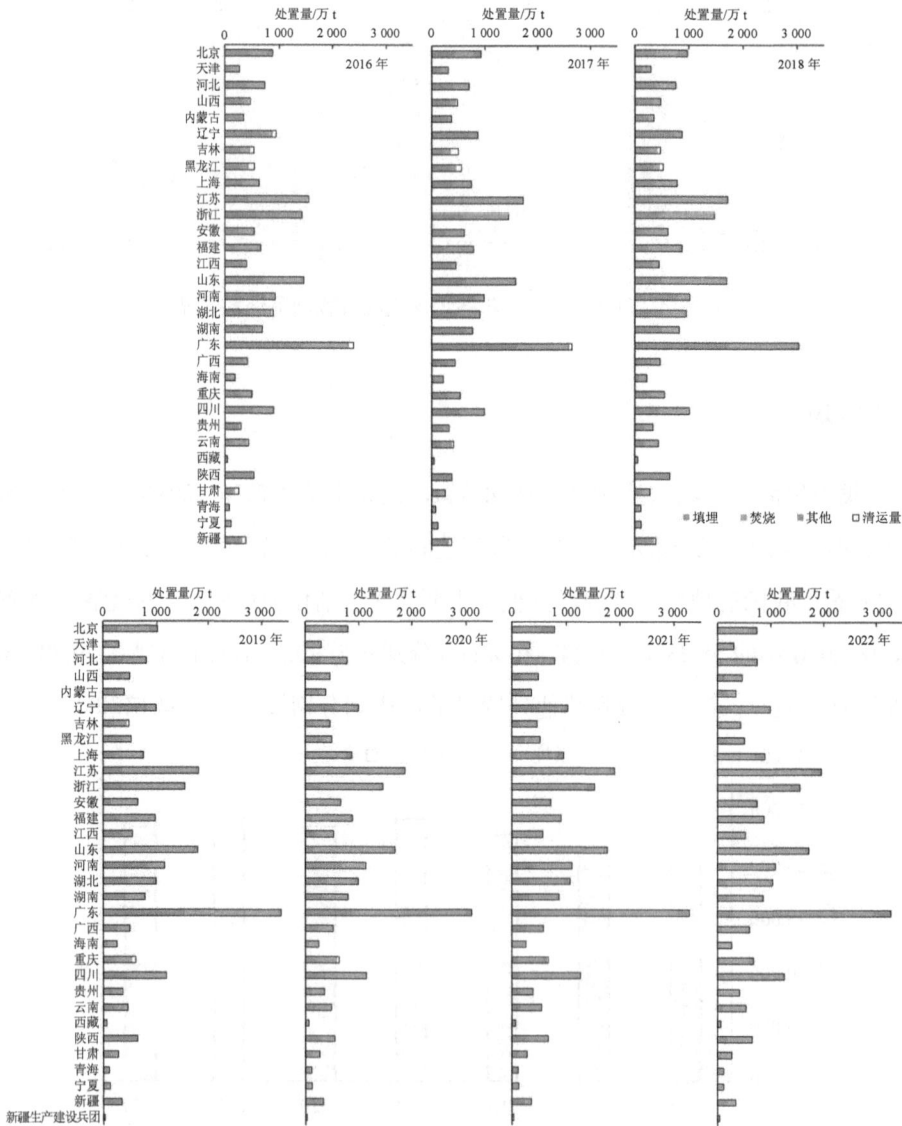

图 6-6  2016—2022 年各地区生活垃圾无害化处置情况

## 6.1.4　再生资源

　　再生资源是固体废物资源化的重要组成部分，全面推进废旧物资循环利用，不仅可以有效提升资源安全保障能力，还对降低碳排放、促进绿色循环发展、助力实现碳达峰碳中和目标具有重要意义。2021 年，我国废钢铁、废有色金属、废塑料、废纸、废轮胎、废弃电器电子产品、报废机动车、废旧纺织品、废玻璃、废电池（铅酸除外）共 10 个品种的再生资源回收总量约为 3.81 亿 t，较 2016 年增长 49.78%。其中，废钢铁、废有色金属、废纸、报废机动车、废旧纺织品、废电池（铅酸除外）的增长量相对较大，均超过了 30%。见图 6-7。

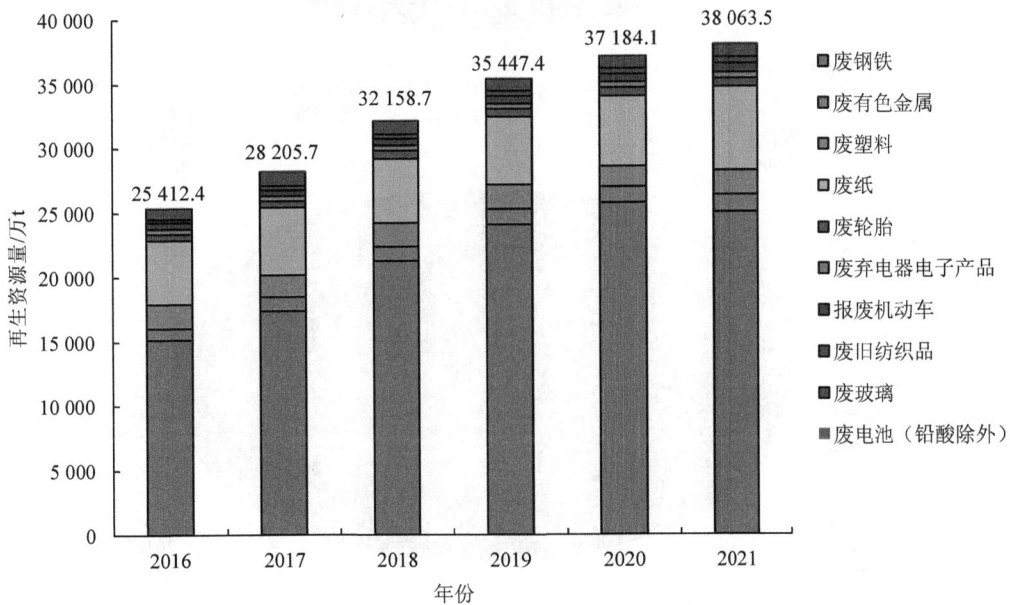

**图 6-7　2016—2021 年我国主要品种再生资源回收情况**

　　从主要品种再生资源回收占比情况来看（图 6-8），废钢铁、废纸和废塑料是我国三大主要再生资源，2021 年其回收量分别达到 2.50 亿 t、6 491 万 t 和 1 900 万 t，占比分别为 65.73%、17.05% 和4.99%。对比 2016 年和 2021 年再生资源组成情况可以看出，我国废钢铁、废旧纺织品、废电池（铅酸除外）的占比呈增长趋势，分别增加了 6.20 个百分点、0.19 个百分点和 0.06 个百分点，增量分别为 9 891 万 t、205 万 t 和 30 万 t。而废有色金属、废玻璃、废塑料、废纸、废轮胎、废弃电器电子产品、报废机动车等的总量在增加，但占比呈下降趋势，分别下降了 0.15 个百分点、2.40 个百分点、2.48 个百分点、0.31 个百分点、0.22 个百分点、0.15 个百分点和 0.74 个百分点。

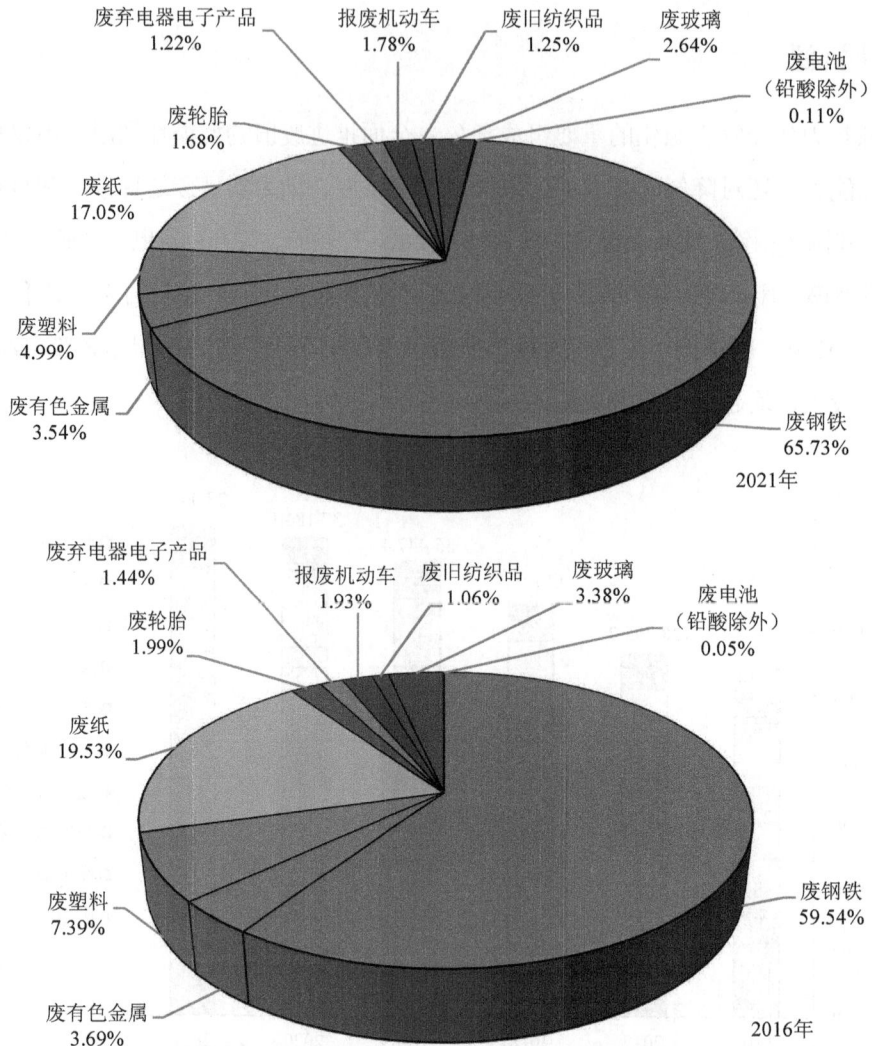

图 6-8　2016 年和 2021 年我国主要品种再生资源回收占比

## 6.2　预测思路与技术路线

对"十五五"我国固体废物的环境预测包括其产生量、处理量（综合利用量和处理处置量）、堆放量（排放量）的预测。固体废物种类包括一般工业固体废物、危险废物、生活垃圾和再生资源四大类。

（1）一般工业固体废物的预测思路

首先，根据一般工业固体废物的产生量、综合利用量、处置量以及相应工业增加值，计算得到一般工业固体废物的综合利用率、处置率和单位工业增加值产生量；其次，预测未来一般工业固体废物综合利用率、处置率和单位工业增加值产生量；最后，计算得到预测年份的一般工业固体废物产生量、综合利用量和处置量等。

（2）危险废物的预测思路

危险废物预测与一般工业固体废物的预测思路基本相同。首先，根据危险废物的产生量、利用处置量以及工业增加值，计算出危险废物的利用处置率和单位工业增加值产生量；其次，预测未来危险废物的综合利用率、处置率和单位工业增加值产生量；最后，计算得到预测年份的危险废物产生量和利用处置量等。

（3）城镇生活垃圾的预测思路

首先，根据预测的常住人口数量和人均生活垃圾产生量，计算出预测年份的生活垃圾清运量；其次，预测未来的生活垃圾无害化处理率以及填埋、焚烧、堆肥和回收等处理方式在无害化处理方式中的占比；最后，预测出生活垃圾的清运量、无害化处理量、填埋量、焚烧量和堆放量等。

（4）再生资源的预测思路

首先，根据我国废旧物资循环利用发展规划和近年来再生资源量的增长情况，确定废钢铁、废有色金属、废塑料、废纸、废轮胎、废弃电器电子产品、报废机动车、废旧纺织品、废玻璃、废电池（铅酸除外）等主要品种的再生资源增长率；其次，据此预测未来主要品种的再生资源回收量。

我国固体废物预测技术路线见图 6-9。

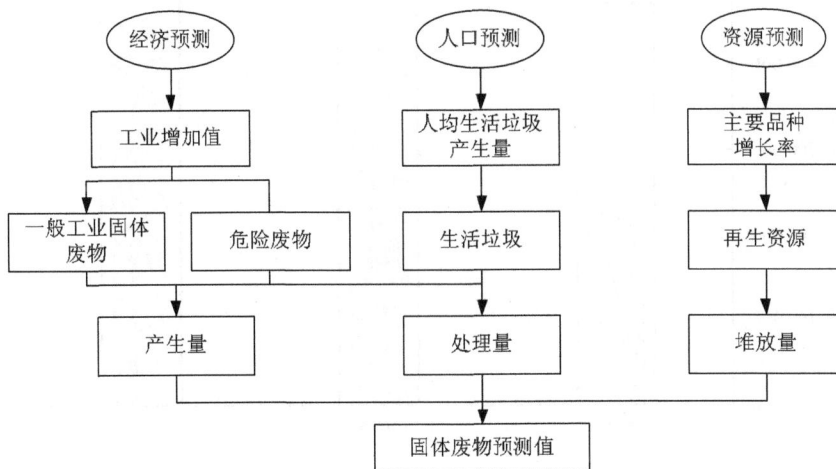

**图 6-9　我国固体废物预测技术路线**

## 6.3 预测结果与分析

### 6.3.1 一般工业固体废物

随着我国经济增速的整体趋缓和产业结构的逐渐优化,预计我国一般工业固体废物产生量的增速逐渐放缓,但其总量仍然较大。预测结果表明,2025 年、2030 年、2035 年我国一般工业固体废物产生量将分别达到 4.72 亿 t、4.91 亿 t 和 5.05 亿 t,2021—2025 年、2025—2030 年和 2030—2035 年的平均增长率分别为 5.14%、0.79% 和 0.54%。预计 2025 年、2030 年、2035 年我国一般工业固体废物的利用处置量将分别达到 3.99 亿 t、4.30 亿 t 和 4.61 亿 t,利用处置率分别为 84.54%、87.50% 和 91.30%。其中,综合利用量将分别达 2.74 亿 t、2.97 亿 t 和 3.23 亿 t,综合利用率分别为 57.95%、60.50% 和 64.00%;处置量将分别达到 1.25 亿 t、1.33 亿 t 和 1.38 亿 t,处置率分别为 26.59%、27.00% 和 27.30%。可以看出,到 2035 年我国一般工业固体废物的综合利用率和处置率仍不算高,进一步提高工业固体废物的资源化利用效率将是重中之重。见图 6-10。

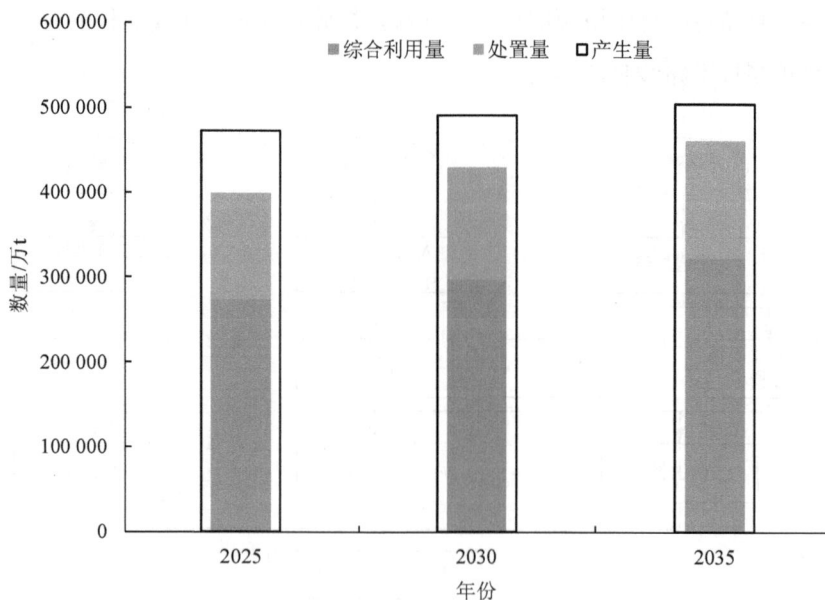

图 6-10 我国一般工业固体废物利用处置量预测结果

## 6.3.2　危险废物

我国危险废物的产生量将超过 1 亿 t，且保持增长趋势，但增速将有所减缓。预测结果表明，2025 年、2030 年、2035 年，我国危险废物的产生量将分别达到 0.96 亿 t、1.03 亿 t 和 1.09 亿 t，2021—2025 年、2025—2030 年、2030—2035 年年均增长率分别为 2.94%、1.53% 和 1.02%。预计 2025 年、2030 年、2035 年，我国危险废物的利用处置量将分别达到 0.93 亿 t、1.02 亿 t 和 1.08 亿 t，利用处置率逐年提升，分别为 97.22%、98.48% 和 99.27%。见图 6-11。

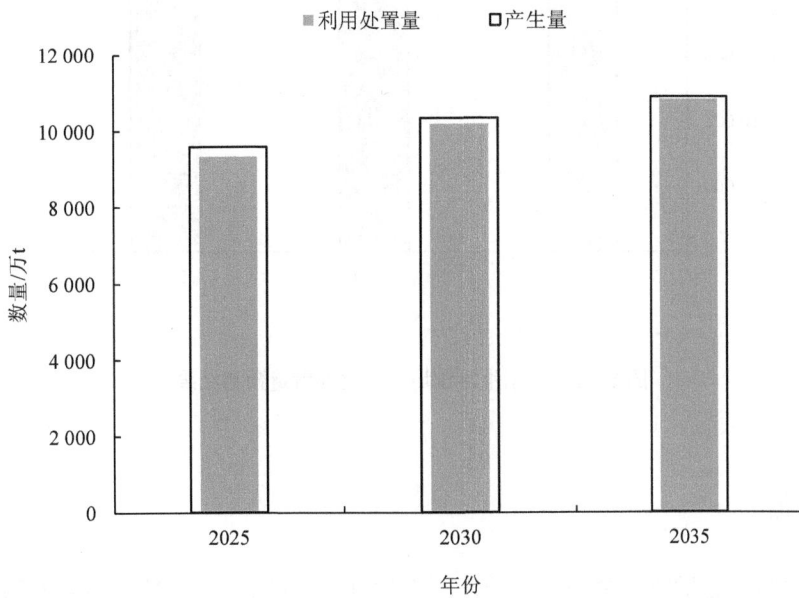

**图 6-11　我国危险废物利用处置量预测结果**

## 6.3.3　生活垃圾

我国生活垃圾将实现末端全量化处置。预测结果表明，我国生活垃圾清运量将持续快速增长，到 2025 年、2030 年、2035 年，清运量将分别达到 2.65 亿 t、2.93 亿 t 和 3.27 亿 t，2021—2025 年、2025—2030 年、2030—2035 年的平均增长率分别为 1.65%、2.01% 和 2.17%。预计到 2025 年、2030 年、2035 年，我国生活垃圾无害化处置率将分别达到 99.95%、99.98% 和 99.99%；生活垃圾填埋量预计将持续降低，在这三个年份的填埋量将分别达到 1 314.16 万 t、287.43 万 t 和 3.27 万 t，占清运量的比重分别为 4.95%、0.98% 和 0.01%；生活垃圾的焚烧量预计将持续增加，在这三个年份的焚烧量将分别达到 2.26 亿 t、2.55 亿 t 和 2.78 亿 t，占清运量的比重分别为 85%、87% 和 85%；生活垃圾的其他无害化处置（主要为厌氧消化和堆肥）量预计将快速增长，预计在这三个年份将分别达到 2 654.87 万 t、3 519.53 万 t 和 4 891.22 万 t，占清运量的比重分别为 10%、12% 和 15%。见图 6-12。

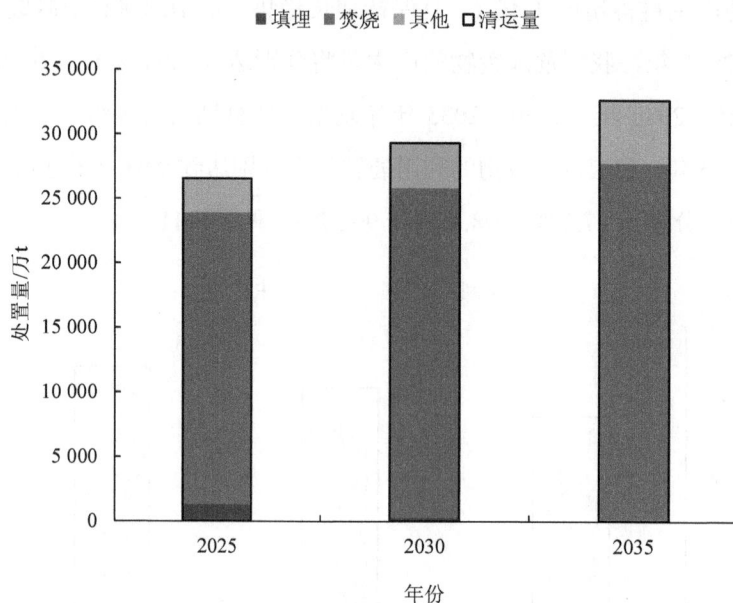

图 6-12　我国生活垃圾无害化处置量预测结果

## 6.3.4　再生资源

我国再生资源回收总量将持续快速增长，回收量有望超过 5 亿 t。预测结果表明，到 2025 年、2030 年、2035 年，我国再生资源回收总量将分别达到 4.47 亿 t、4.89 亿 t 和 5.37 亿 t，2021—2025 年、2025—2030 年、2030—2035 年的平均增长率分别为 4.11%、1.80% 和 1.89%。其中，废钢铁回收量预计保持平稳，在这三个年份将分别达到 2.51 亿 t、2.50 亿 t 和 2.51 亿 t，占各类再生资源回收总量的比重分别为 56.18%、51.16% 和 46.78%；废纸回收量预计也将持续增长，在这三个年份将分别达到 1.14 亿 t、1.32 亿 t 和 1.45 亿 t，占回收总量的比重分别为 25.39%、26.92% 和 27.07%；此外，其他废弃资源的回收量也均有不同程度的增长。见图 6-13。

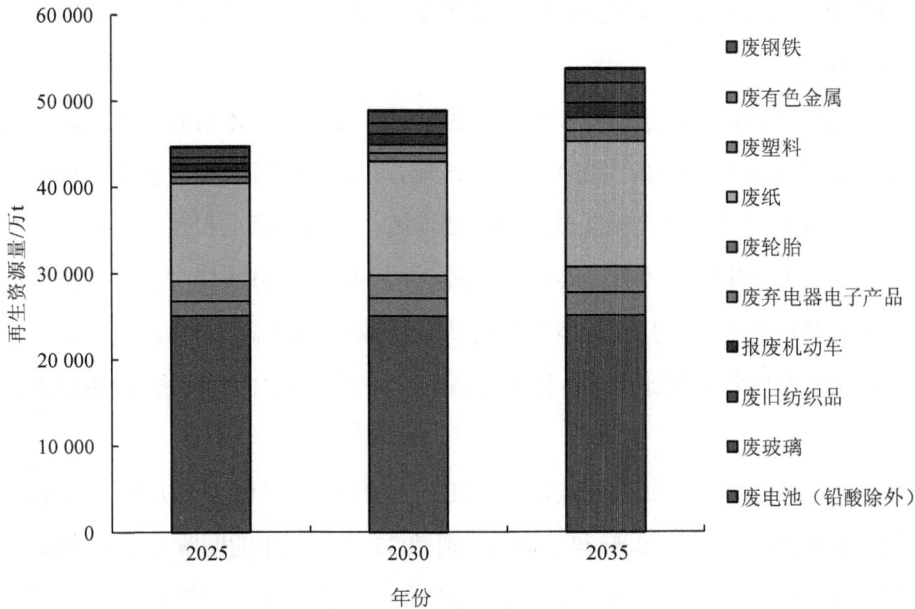

图 6-13　我国主要品种再生资源回收量预测结果

## 6.4　主要结论与建议

（1）我国一般工业固体废物产生量的增速将逐渐放缓，但总量仍然较大

随着我国经济增速的整体趋缓和产业结构的逐渐优化，预计一般工业固体废物产生量的增速将逐渐放缓，到 2025 年、2030 年、2035 年，一般工业固体废物产生量将分别达到 4.72 亿 t、4.91 亿 t 和 5.05 亿 t，利用处置量分别达到 3.99 亿 t、4.30 亿 t 和 4.61 亿 t。其中，综合利用量分别为 2.74 亿 t、2.97 亿 t 和 3.23 亿 t。到 2035 年，我国一般工业固体废物产生总量超过 5 亿 t，仍然处于高位，进一步提高工业固体废物的资源化利用效率至关重要。

（2）我国危险废物的产生量将持续增加，总量将达到亿吨级，亟须不断提高其资源利用率和安全处置率

预计我国危险废物的产生量将持续增长，但增速有所减缓。到 2025 年、2030 年、2035 年，危险废物产生量将分别达到 0.96 亿 t、1.03 亿 t 和 1.09 亿 t，产生量增速呈逐年下降趋势，2021—2025 年、2025—2030 年、2030—2035 年的平均增速分别为 2.94%、1.53% 和 1.02%。其中，这三个年份的危险废物利用处置量分别为 0.93 亿 t、1.02 亿 t 和 1.08 亿 t，亟须不断提高其资源利用率和安全处置率，并加强危险废物源头管控。

（3）我国生活垃圾的末端处置将全面转向焚烧发电等资源化利用方式，其中生活垃圾分类将成为源头减量的关键

由于城市化进程的推动，以及城乡和农村居民生活垃圾收储运体系的不断完善，预计我国生活垃圾清运量将持续增加，到 2025 年、2030 年、2035 年，生活垃圾清运量将分别达 2.65 亿 t、2.93 亿 t 和 3.27 亿 t。开展生活垃圾分类是源头减量的重要措施。在趋零填埋和焚烧设施大力推行的政策引导下，我国生活垃圾无害化处置效率和水平将得到显著提升，到 2035 年，生活垃圾将基本实现全量无害化处置，预计焚烧处置率和其他资源化利用率将分别达到 85% 和 15%。

（4）我国再生资源回收量预计还将持续增长，亟须加强推进"两网融合"，加快建设废旧物资循环利用体系

我国再生资源回收总量预计还将持续增长，2021—2025 年、2025—2030 年、2030—2035 年的平均增长率将分别达到 4.11%、1.80% 和 1.89%，到 2035 年，每年的回收总量将突破 5 亿 t。其中，废钢铁、废纸、废塑料、废有色金属、废旧纺织品等仍是主要品种，分别达到 2.51 亿 t、1.45 亿 t、0.30 亿 t、0.27 亿 t 和 0.23 亿 t。由此可见，我国亟须推进再生资源加工利用行业的集聚化、规模化、规范化、信息化发展，进一步完善废旧物资循环利用政策体系，提升资源循环利用水平，进一步加强垃圾分类与再生资源回收体系的"两网融合"，健全废旧物资循环利用体系。

# 第 7 章　农村环境预测

　　客观评价和预测我国农村生态环境质量状况及发展趋势，对于保障粮食安全、建设美丽乡村、实现乡村振兴具有重要的理论和现实意义。本章将分析 2015—2021 年我国农村生态环境质量的动态变化，结合未来我国农村生态环境治理的相关规划和政策要求，对"十五五"期间我国农村生活污水处理率、生活垃圾处理率、化肥农药施用量、畜禽粪污产生量等指标进行预测，并基于压力-状态-响应（PSR）模型框架，构建我国农村生态环境质量评价指标体系，进一步结合灰色预测 GM（1，1）模型，预测"十五五"期间我国农村生态环境质量的发展趋向。

## 7.1　经济社会发展情况

　　2010 年以来，我国农村经济总体保持平稳发展。2010 年以来，党中央、国务院坚持把解决好"三农"问题作为重中之重，作出实施乡村振兴战略这一重大决策部署。围绕"六稳"工作的实施和"六保"任务的落实，农业农村的发展呈现持续稳定向好的态势，现代农业建设取得显著进步，推动了农业发展的质量变革、效率变革和动力变革。与农业密切相关的第一产业的增加值，从 2010 年的 38 430.8 亿元增长到 2023 年的 89 755.2 亿元，增长了 1.3 倍。见图 7-1。

　　我国农村人口稳步向城镇转移。我国乡村人口占比从 2010 年的 50.1% 下降到 2023 年的 33.8%，农民收入提前实现了翻番的目标。农村居民人均可支配收入在 2023 年突破 2.2 万元，较 2010 年翻了两番，增速连续 12 年超过城镇居民。城乡居民的收入差距在持续缩小，从 2010 年的 2.99：1 缩小到 2023 年的 2.39：1。农村居民人均消费支出从 2010 年的 4 945 元增长到 2023 年的 18 175 元，增长了 2.7 倍，农村居民的收入和消费水平都在不断提高。见图 7-2、图 7-3。

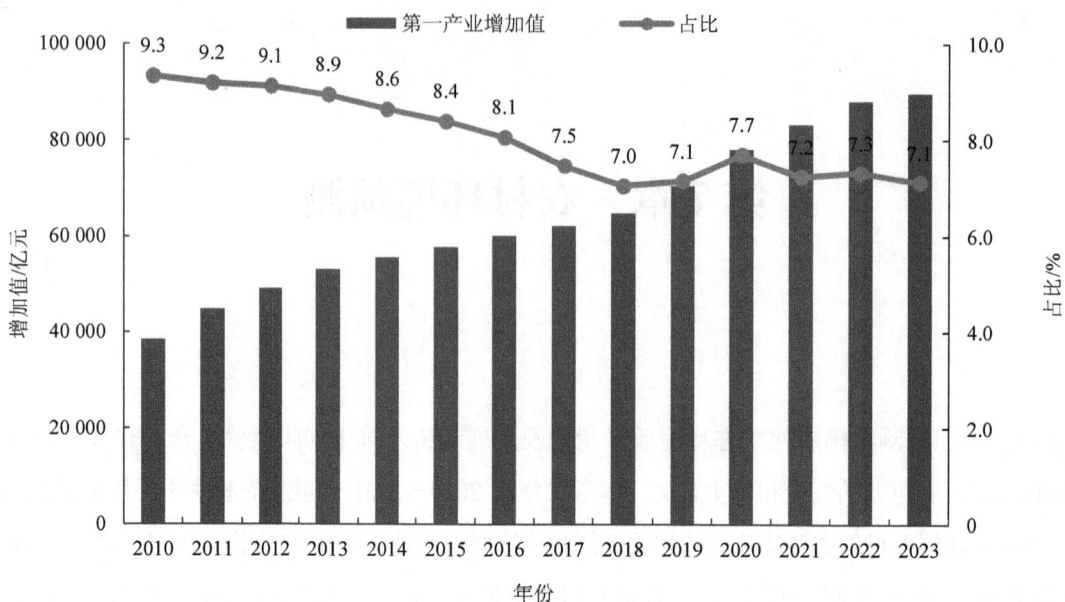

图7-1　2010—2023年我国第一产业增加值及占比的变化

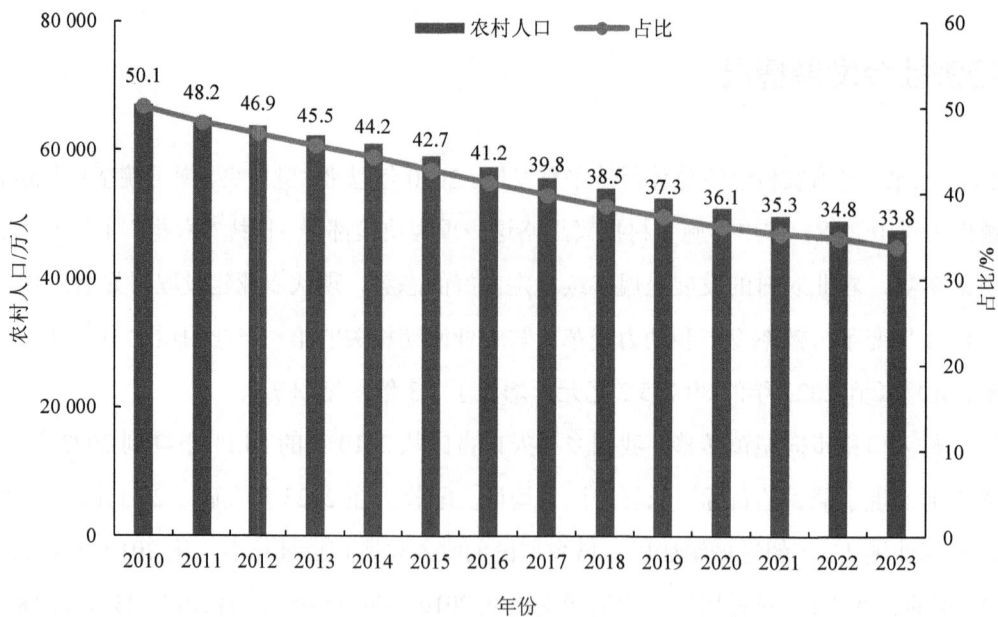

图7-2　2010—2023年我国农村人口及占比的变化

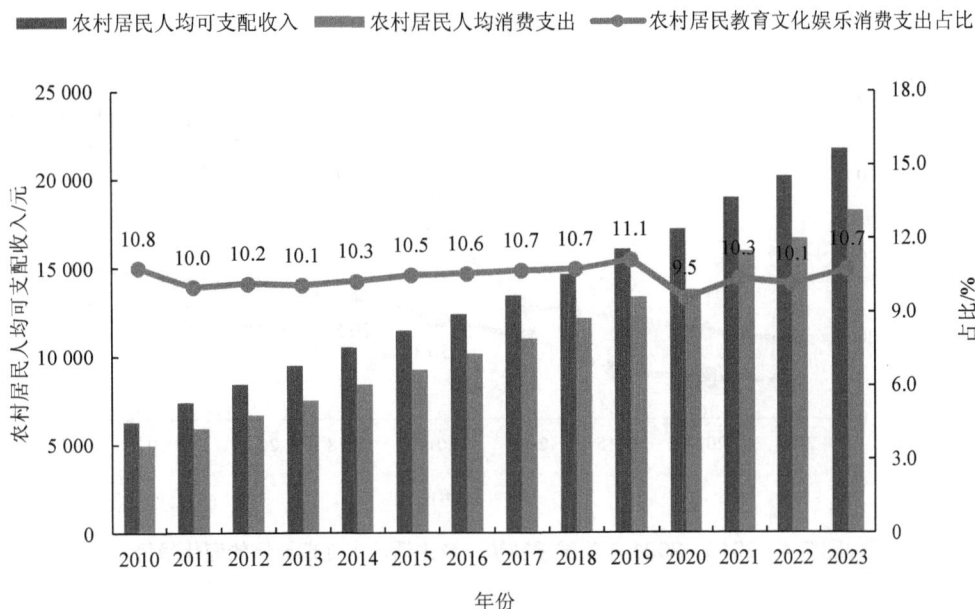

图 7-3　2010—2023 年我国农村居民人均可支配收入、人均消费支出及教育文化娱乐消费支出占比的变化

## 7.2　生态环境现状与问题

乡村振兴战略正全面推进。自 2018 年实施乡村振兴战略以来，党中央、国务院连续部署实施了《农村人居环境整治三年行动方案》和《农村人居环境整治提升五年行动方案（2021—2025 年）》，我国农村面貌焕发出新的气象，人居环境有了明显改善。我国累计完成 19.7 万个行政村的环境整治，95%的村开展了清洁行动，各地区立足实际，打造了 5 万多个美丽宜居的典型示范村庄。我国农村的供水、供电、供气、道路交通、通信网络等基础设施建设以及教育、医疗、养老等公共服务水平不断提升，乡村治理体系进一步完善，广大农民群众的获得感、幸福感、安全感不断增强。

我国农村的人居环境质量也在稳步提升。我国开展农村生活垃圾收运处理的自然村比例稳定在 90%以上，农村卫生厕所普及率达到了 77.5%，农村生活污水治理率约 28%，1 000 多个农村黑臭水体得到了有效整治。由《中国城乡建设统计年鉴》的统计数据可以看出，2013—2021 年，对生活污水进行处理的镇、乡比例有所增加，2021 年比 2013 年分别增长了 2.6 倍和 3.1 倍（图 7-4）。"十三五"期间，我国村镇环境综合整治的步伐进一步加快，全国行政村生活垃圾处置体系的覆盖率已超过 90%，1 万余个"千吨万人"农村饮用水水源地完成了保护区划定，18 个省（区、市）实现了农村饮用水卫生监测乡镇的全覆盖，我国农村生活污水排放标准和县域规划体系基本建立。

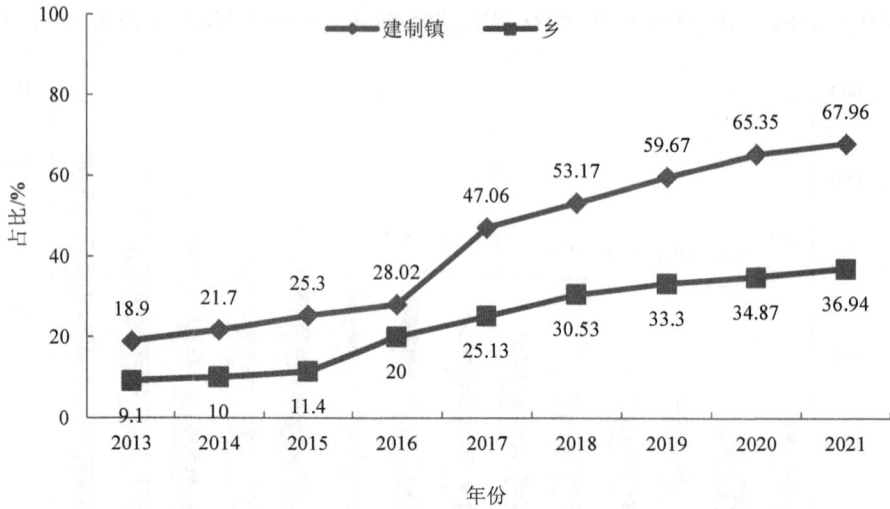

图 7-4 2013—2021 年我国建制镇、乡生活污水处理比例的变化趋势

我国的农业可持续发展能力正在不断增强。全国农作物秸秆的综合利用率、废旧农膜回收率以及畜禽粪污综合利用率已分别达到 88.1%、80% 和 76%。此外，农药包装废弃物的回收率达到 58.6%[①]。自 2015 年以来，我国化肥、农药施用量连续 6 年实现负增长，2021 年，我国化肥施用量为 5 191.26 万 t，较 2015 年减少 831 万 t；2019 年农药使用量为 139.17 万 t，较 2015 年减少 39.1 万 t。见图 7-5、图 7-6。

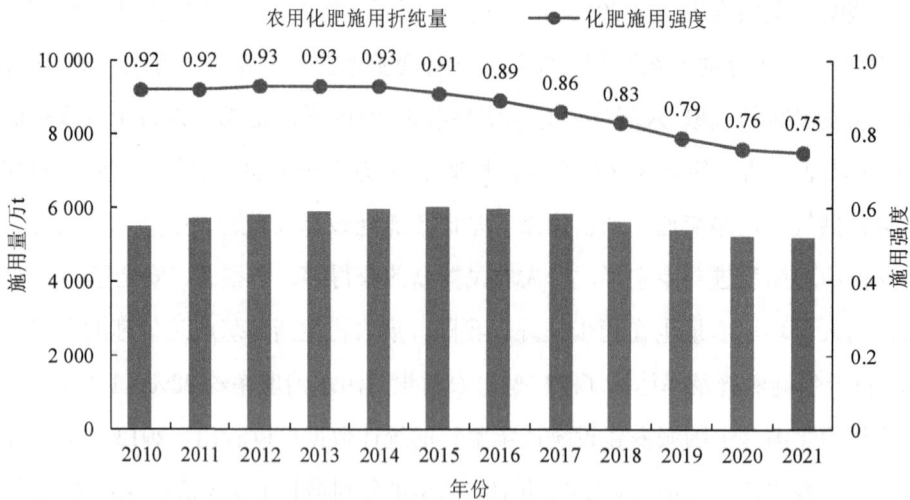

图 7-5 2010—2021 年我国农用化肥施用量及施用强度的变化

---

① 《全国人民代表大会常务委员会执法检查组关于检查〈中华人民共和国乡村振兴促进法〉实施情况的报告》。

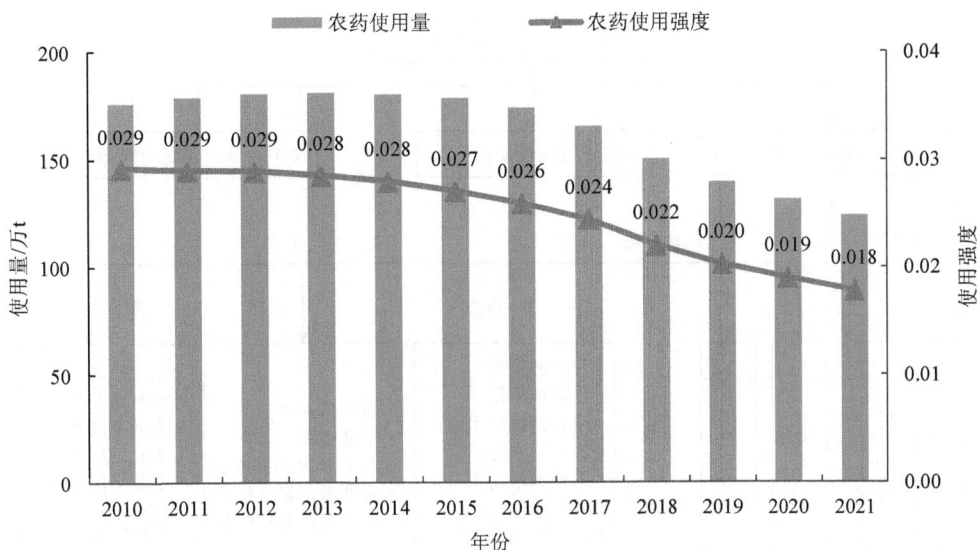

图 7-6　2010—2021 年我国农药使用量及使用强度的变化

## 7.3　预测思路与技术路线

### 7.3.1　预测思路

本研究选取农村污水处理率、乡镇生活垃圾无害化处理率两个指标来反映农村人居环境治理水平，同时，选取农药和化肥施用量两个指标来反映农业面源污染防治压力。本研究根据 2015—2020 年我国农村污水处理率、乡镇生活垃圾无害化处理率相关数据，结合未来我国农村生态环境治理相关规划和政策要求，采用趋势外推方法，预测 2025—2030 年我国农村人居环境的治理水平以及农业面源污染防治压力。此外，基于压力-状态-响应（PSR）模型框架，构建我国农村生态环境质量评价指标体系，通过测算农村生态环境综合指数，分析 2015—2021 年我国农村生态环境质量的动态变化，进一步基于灰色预测 GM（1，1）模型，预测"十五五"期间我国农村生态环境质量的发展态势。研究的技术路线如图 7-7 所示。

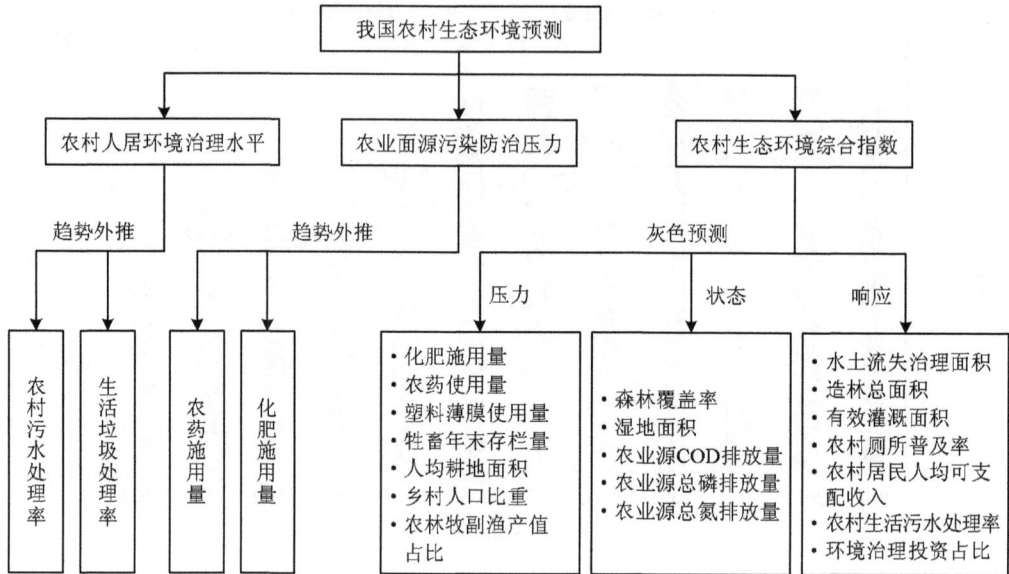

图 7-7　我国农村生态环境预测技术路线

## 7.3.2　预测方法

（1）评价指标体系的构建

压力-状态-响应（PSR）模型是由经济合作与发展组织（OECD）和联合国环境规划署（UNEP）在 20 世纪八九十年代共同开发的用于研究环境问题的框架体系。该模型揭示了人类活动与自然环境之间的因果关系，即当人类活动对生态环境施加一定压力后，环境状态会发生变化，此时人类会根据新的环境状态作出响应，以改善生态环境，减少环境污染。目前，PSR 模型已被广泛应用于资源可持续利用、生态安全评价和环境影响评价等领域。

构建全面且有效的评价指标体系，是准确评价我国农村生态环境质量的关键和基础。本研究基于 PSR 模型框架（图 7-8），从农村生态环境质量压力系统、状态系统和人文响应系统三个方面构建了我国农村生态环境质量评价指标体系。压力系统的指标包括化肥施用量、农药使用量、塑料薄膜使用量、牲畜年末存栏量、人均耕地面积、乡村人口比重、农林牧副渔产值占 GDP 比重等；状态系统的指标包括森林覆盖率、湿地面积、农业源 COD 排放量、农业源总磷排放量、农业源总氮排放量等；人文响应系统的指标包括造林总面积、耕地灌溉面积、厕所普及率、农村居民人均可支配收入、农村生活污水处理率、水土流失治理面积、环境治理投资占 GDP 比重等，这些指标共同反映了人类从自然和经济方面对生态环境变化做出的反馈活动。具体指标如表 7-1 所示。

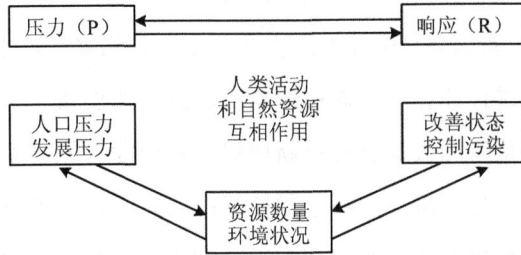

图 7-8　压力-状态-响应（PSR）模型框架

表 7-1　PSR 框架下我国农村生态环境质量评价指标体系

| 准则层 | 指标层 | 指标单位 | 属性 | 权重 |
|---|---|---|---|---|
| 压力（0.26683） | 化肥施用量 | $10^4$ t | – | 0.0555 |
| | 农药使用量 | $10^4$ t | – | 0.0495 |
| | 塑料薄膜使用量 | $10^4$ t | – | 0.0448 |
| | 牲畜年末存栏量 | $10^4$ t | – | 0.0292 |
| | 人均耕地面积 | 人/$hm^2$ | – | 0.0368 |
| | 乡村人口比重 | % | – | 0.0509 |
| | 农林牧副渔产值占 GDP 比重 | % | – | 0.0002 |
| 状态（0.3294） | 森林覆盖率 | % | + | 0.1619 |
| | 湿地面积 | $10^4$ $hm^2$ | + | 0.0524 |
| | 农业源 COD 排放量 | $10^4$ t | – | 0.0313 |
| | 农业源总磷排放量 | $10^4$ t | – | 0.0383 |
| | 农业源总氮排放量 | $10^4$ t | – | 0.0456 |
| 响应（0.4038） | 水土流失治理面积 | $10^3$ $hm^2$ | + | 0.0441 |
| | 造林总面积 | $10^4$ $hm^2$ | + | 0.1367 |
| | 有效灌溉面积 | $m^3$/$10^4$ $hm^2$ | + | 0.0513 |
| | 农村厕所普及率 | % | + | 0.0442 |
| | 农村居民人均可支配收入 | 人/元 | + | 0.0387 |
| | 农村生活污水处理率 | % | + | 0.0244 |
| | 环境治理投资占 GDP 比重 | % | + | 0.0644 |

（2）数据来源

本研究的基础数据主要来源于 2010—2021 年的《中国统计年鉴》《中国农村统计年鉴》《中国环境统计年鉴》《中国城乡建设统计年鉴》及生态环境部公布的 2010—2021 年的《中国生态环境统计公报》。

在数据处理方面，本研究对一些指标数据进行了重新核算：①畜禽养殖规模。重点考察畜禽粪便排污量，其折合系数的计算参考了《第一次全国污染源普查　畜禽养殖业源产排污系数手册》中不同畜禽的排污系数。②农业源 COD 排放量。为保持统计口径的一致，本研究对 2015—2021 年我国农业源 COD 排放量进行了重新核算，核算方法主要采用源强估算法，即通过污染物排放系数、污染物流失系数与相关活动水平进行计算。③农业源总氮、总磷排放量。采用源强系数方法对我国种植业和规模化养殖业的总氮、总磷排放量进行重新核算。种植业总氮、总磷污染物排放量主要基于污染物排放系数、污染物流失系数与耕地面积进行核算；而规模化养殖业的总氮、总磷污染物排放量则基于畜禽养殖量、规模化畜禽养殖比例、畜禽污染物排泄系数、畜禽污染物处理利用率以及污染物流失系数进行核算。其中，我国种植业、畜禽污染物排放系数、流失系数来源于《第一次全国污染普查报告》，耕地面积、畜禽养殖结构与规模等数据来源于相关统计年鉴。

（3）评价与预测方法

1）污染物排放量计算

我国种植业污染物排放量和规模化畜禽养殖业污染物排放量的计算公式如下：

$$G_{Pww} = E_{pww} \times S_{PS} \times L_{ps} \tag{7-1}$$

$$G_{swp,i} = S_i \times R_{ss,i} \times E_{sww,i} \times (1 - R_{sl,i}) \times L_{sw,i} \tag{7-2}$$

式中，　$G_{Pww}$ ——种植业的污染物排放量，kg；

　　　　$E_{pww}$ ——农田污染物源强系数，kg/（hm²·a）；

　　　　$S_{PS}$ ——播种面积，hm²；

　　　　$L_{ps}$ ——种植业污染物流失系数；

　　　　$G_{swp,i}$ ——不同畜禽污染物排放量，kg；

　　　　$S_i$ ——不同畜禽的养殖量，头或只；

　　　　$R_{ss,i}$ ——不同畜禽的规模化养殖比例；

　　　　$E_{sww,i}$ ——不同畜禽不同污染物的排泄系数，kg/（头·a）或 kg/（只·a）；

　　　　$R_{sl,i}$ ——不同畜禽污染物处理利用率；

　　　　$L_{sw,i}$ ——不同畜禽污染物流失系数；

　　　　$i$ ——畜禽种类。

2）熵值法

确定评价指标权重是多指标综合评价的关键，本研究采用熵值法来确定各项评价指标的权重，与层次分析法和主观赋权法相比，熵值法包含的主观因素较少，因此计算出的权重具有较强的说服力。熵值法的基本思路是根据指标变异性的大小来确定客观权重，即熵值越大，指标的变异程度越小，提供的信息量越少，在综合评价中所起到的作用越小，相应权重也就越小。

假设有 $m$ 个评价指标，$n$ 个被评价对象，第 $j$ 个指标的权重 $W_j$ 的计算公式如下：

$$W_j = \frac{1 - H_j}{m - \sum_{j=1}^{m} H_j} \tag{7-3}$$

$$H_j = -(\ln n)^{-1} \sum_{i=1}^{n} P_{ij} \ln P_{ij} \tag{7-4}$$

$$P_{ij} = \frac{S_{ij}}{\sum_{i=1}^{n} S_{ij}} \tag{7-5}$$

式中， $H_j$ ——第 $j$ 个指标的信息熵；

$S_{ij}$ ——第 $i$ 个评价对象第 $j$ 个指标的标准化值；

为了使 $\ln P_{ij}$ 有意义，一般规定，当 $P_{ij}=0$ 时， $\ln P_{ij}=0$ 。

本研究中各评价指标的权重计算结果见表 7-1。

3）综合指数法

本研究采用多指标综合评价方法对我国农村生态环境质量进行评估，由于各指标的数据单位和量纲不统一，首先需要对指标数据进行标准化处理，其次基于熵值法确定各评价指标的权重，最后运用加权法计算得到我国农村生态环境质量的综合评价结果以及各子系统的分值。综合评估结果的计算公式为

$$S_{core} = \sum_{j=1}^{m} (W_j \times S_{ij}) \tag{7-6}$$

$S_{core}$ 的取值为[0, 1]，综合指数值越大，生态环境质量越好；相应地，值越小，生态环境质量越差。已有研究将生态环境综合指数分为五个等级：劣等，$0 \leqslant E < 0.35$；差等，$0.35 \leqslant E < 0.5$；中等，$0.5 \leqslant E < 0.7$；良好，$0.7 \leqslant E < 0.85$；优等，$0.85 \leqslant E < 1$。

4）灰色预测模型

本研究采用灰色预测模型对 2025—2030 年我国农村生态环境综合指数进行预测。由于评价指标较多，且各指标之间存在相互制约的复杂关系，因而采用灰色系统 GM（1，1）模型来预测我国农村生态环境质量未来的发展态势较为适用。灰色系统 GM（1，1）预测模型的基本原理是通过鉴别系统因素之间发展趋势的相异程度，即进行关联分析，对原始数据进行生成处理来寻找系统变动的规律，在生成有较强规律性的数据序列的基础上，建立相应的微分方程模型，从而最终预测事物未来发展态势。

在原始数据（非负数）序列 $X^{(0)}$ 的基础上计算一次累加序列 $X^{(1)}$，设新序列满足一阶常微分方程：

$\dfrac{\mathrm{d}X^{(1)}}{\mathrm{d}t}+aX^{(1)}=u$（$a$ 为固定值数，$u$ 为发展灰数）。构建数据矩阵

$$B=\begin{bmatrix} -0.5\big[x^{(1)}(1)+x^{(1)}(2)\big] & -0.5\big[x^{(1)}(2)+x^{(1)}(3)\big] & \cdots & -0.5\big[x^{(1)}(n-1)+x^{(1)}(n)\big] \\ 1 & 1 & & 1 \end{bmatrix}^{T}$$ 与数据向量

$Y=\big[x^{(0)}(2),x^{(0)}(3),\cdots,x^{(0)}(n)\big]^{T}$，通过最小二乘法来估计 $a$ 和 $u$，即 $[a,u]^{T}=\big(B^{T}B\big)^{-1}B^{T}Y$。随后，检验分析模型的模拟结果，确保预测结果的有效性。

构建相关预测公式如下：

$$\hat{X}^{(1)}(t)=\left[X^{(0)}(1)-\dfrac{u}{a}\right]\mathrm{e}^{-a(t-1)}+\dfrac{u}{a} \tag{7-7}$$

$$(t=2,\ 3,\ \cdots,\ n)$$

最后得到预测值 $\hat{X}^{(0)}(t)=\hat{X}^{(1)}(t)-\hat{X}^{(1)}(t-1)$，其中，$\hat{X}^{(1)}(t)$ 为预计累加值，$\hat{X}^{(0)}(t)$ 为评价指标第 $t$ 个预测值。

## 7.4 预测结果评估与分析

### 7.4.1 我国农村人居环境治理水平预判

当前，随着我国农村城镇化水平的飞速提升，农村人居环境得到了明显改善，美丽乡村建设目标正在有序推进。截至 2021 年，我国化肥、农药施用量连续 6 年保持下降势头，化肥、农药利用率分别提高到 40.2%、40.6%，农药包装废弃物回收率达 58.6%。预计到 2030 年，农村卫生厕所实现基本覆盖，厕所粪污得到有效处理；农村生活污水治理率不断提升；农村生活垃圾无害化处理水平明显提升，部分村庄实现生活垃圾分类；农村人居环境治理水平得到显著提升，长效管护机制基本建立。预计到 2025 年，实现全国农村环境质量监测点位区（县）级全覆盖，农村地区生活污水处理率将达到 35.34%。预计 2025—2030 年我国建制镇、乡村污水处理率呈逐年递增趋势，其中，建制镇污水处理能力远超乡村。预计乡村污水处理率由 2020 年的 21.67% 提升至 2030 年的 47.49%；建制镇生活污水处理率由 2020 年的 60.98% 提升至 79.01%；从增速来看，2025—2030 年我乡村污水处理率的增速将略高于建制镇。见图 7-9。

由图 7-10 可以看出，我国农村生活垃圾无害化处理率呈增加趋势，预计到 2025 年，我国乡、建制镇的生活垃圾无害化处理率将分别达到 85.01%、91.81%；到 2030 年，乡、建制镇的生活垃圾无害化处理率将分别提升至 96%、99.84%。相较于 2020 年，2030 年我国乡、建制镇的生活垃圾无

害化处理率分别提高 1.98 倍和 1.43 倍。

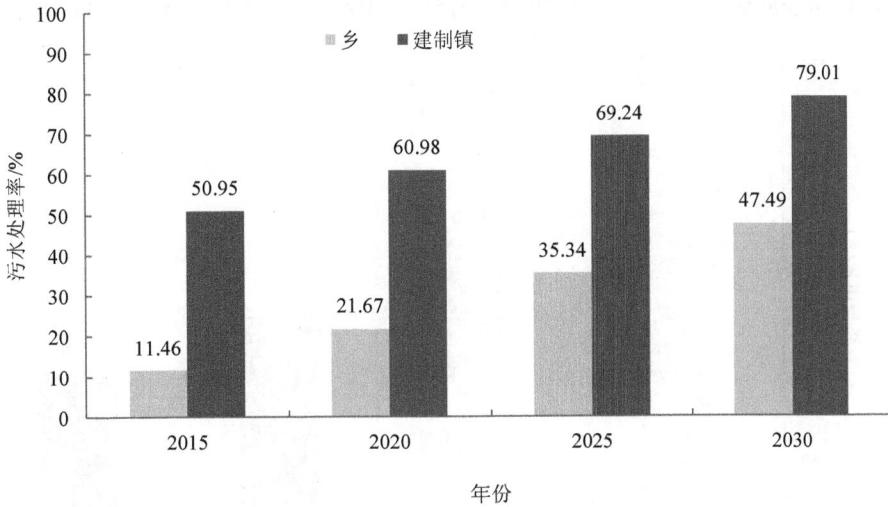

图 7-9　2015 年、2020 年、2025 年和 2030 年我国乡、建制镇的生活污水处理率及变化趋势

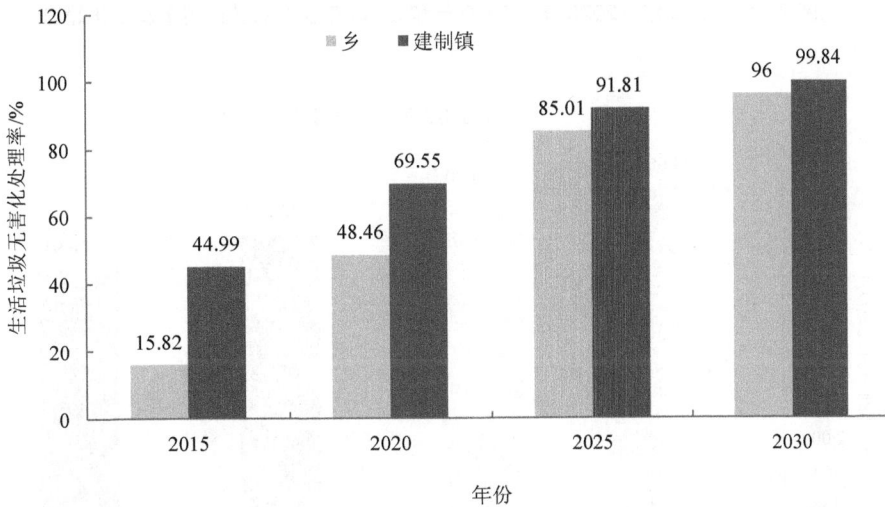

图 7-10　2015 年、2020 年、2025 年和 2030 年我国乡、建制镇的生活垃圾无害化处理率及变化趋势

## 7.4.2　我国农业面源污染防治压力预判

"十四五"期间，我国还将加快实施乡村振兴战略，通过加强畜禽废弃物污染治理和综合利用等措施，深入推进农业农村现代化，预计到 2025 年，我国畜禽粪污综合利用率将达到 80% 及以上，2030 年将达到 85% 及以上。预测结果显示，到 2025 年，我国农药和化肥施用量将分别达到 97.33 万 t、

4 780.15 万 t，较 2020 年分别降低 25.87% 和 8.9%；预计到 2030 年，我国农药和化肥施用量将分别达到 71.69 万 t、4 306.91 万 t，较 2020 年分别降低 45.19% 和 17.97%。见图 7-11、图 7-12。

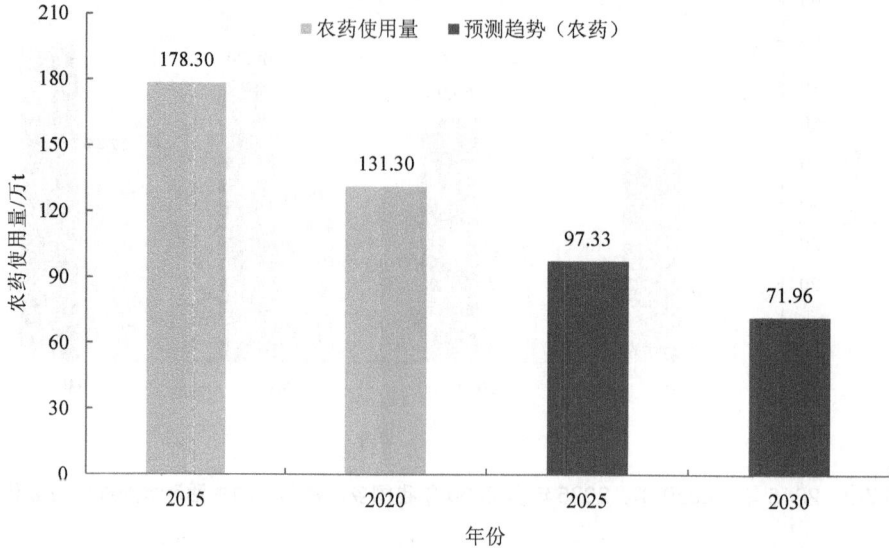

图 7-11　2015 年、2020 年、2025 年和 2030 年我国农药使用量及变化趋势

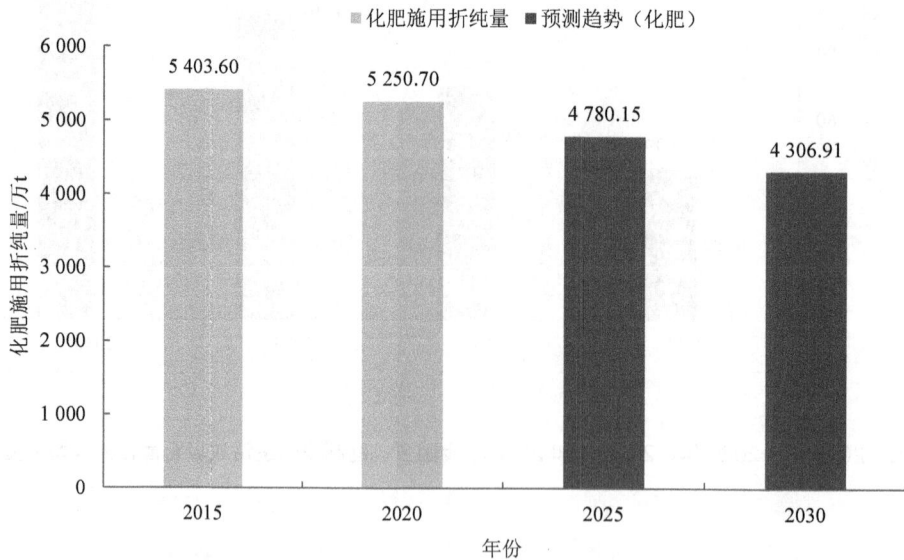

图 7-12　2015 年、2020 年、2025 年和 2030 年我国化肥施用折纯量及变化趋势

### 7.4.3　我国农村生态环境质量预判

评估结果显示,我国农村生态环境质量压力、状态和响应三个子系统的得分都呈逐渐上升趋势。状态子系统的得分从 2015 年的 0.034 提高到 2021 年的 0.326,说明这 7 年我国农村生态环境质量整体良好;2015 年压力子系统得分为 0.07,到 2021 年提高到 0.22,这意味着我国农村土壤和水体承受的生态破坏与环境污染强度正在逐渐减小。响应子系统的得分从 2015 年的 0.201 提高到 2021 年的 0.328,说明这 7 年来人们已逐渐意识到农村生态环境保护的重要性,对农村生态保护和污染防治的投入也有所增加,这在一定程度上缓解了我国农村生态环境质量下滑趋势。综合我国农村生态环境质量三个子系统得分来看,2015—2021 年,我国农村生态环境治理成效较为显著,农村生态环境得到明显改善,农村生态环境质量状况良好。见图 7-13。

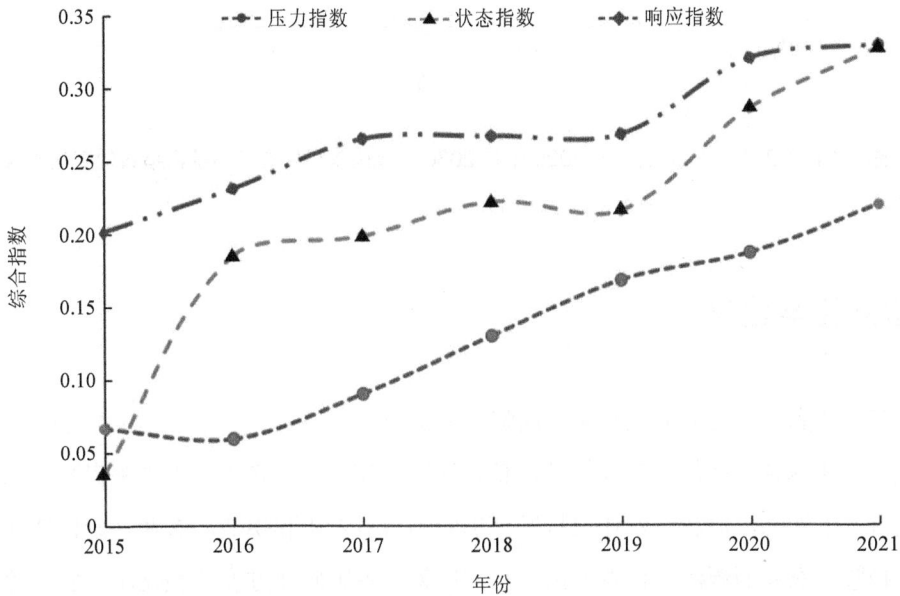

**图 7-13　2015—2021 年我国农村生态环境质量动态变化**

预测结果显示(图 7-14),按照当前发展态势,2025—2030 年我国农村生态环境质量将呈现良好状况,环境污染程度变小,生态系统将不断完善。2015—2021 年我国农村生态环境综合指数由 0.30 提高到 0.70,这一时期,我国城乡关系从城乡一体化向城乡融合发展转变,农村的生态环境、经济发展、基础设施和公共服务等领域得到了明显改善;而到 2030 年,我国农村生态环境综合指数将进一步提升至 0.97,生态环境质量将实现由"中等"向"良好"的转变。这一阶段,国家对农村生态环境的保护意识将十分强烈,通过对污水的无害化处理、绿色农药化肥的推广以及一系列惠农政策等措施，进一步推进农村生产生活方式绿色低碳转型，绿色美丽乡村基本实现。

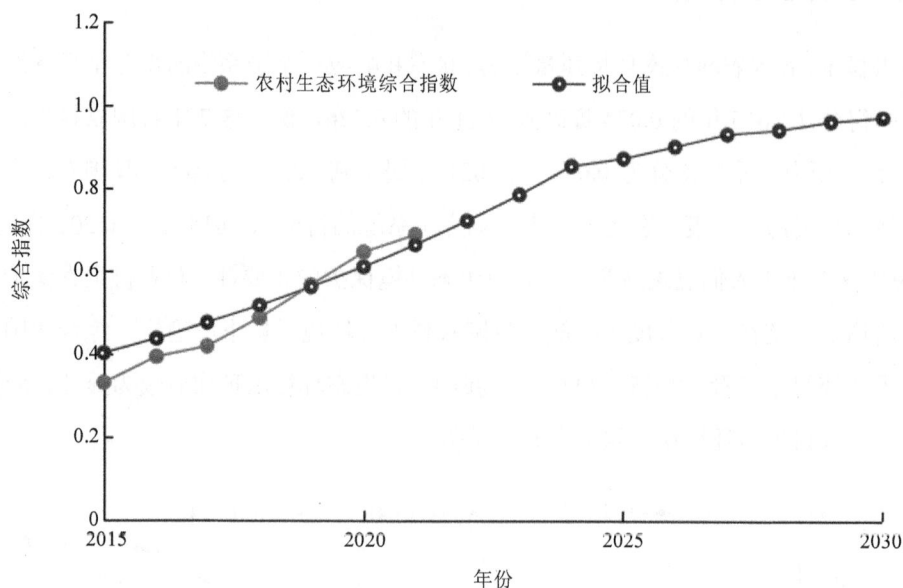

图 7-14  2015 年、2020 年、2025 年和 2030 年我国农村生态环境综合指数的变化趋势

## 7.5  主要结论与建议

（1）我国农业农村绿色高质量发展仍面临诸多挑战

尽管我国农业综合生产能力稳步提升，粮食连年丰收，农民收入水平大幅提高，农村环境基础设施建设也得到了加强，但我国农业农村发展仍面临诸多矛盾和挑战，农业基础依然薄弱，资源环境刚性约束趋紧，农业面源污染仍然突出。长期以来，中国农业过度依赖化肥、农药等化学品的大量投入，这种传统生产方式已难以为继，推进化肥、农药等的减量增效，实现农业高质量绿色发展，已成为农业供给侧结构性改革的重要内容。

（2）我国农村人居环境治理水平显著提升

自 2018 年农村人居环境整治三年行动实施以来，我国农村供水普及率、农村卫生厕所普及率和生活垃圾无害化处理率等均有所提高。截至 2021 年，我国农村供水普及率达 84.16%，农村卫生厕所普及率达 77.5%，累计完成 19.7 万个行政村环境整治，95%的村开展了清洁行动，生活垃圾无害化处理率达 56.6%。预计到 2030 年，我国农村厕所基本实现全覆盖，建制镇、乡的生活污水处理率将分别达到 79%、47.5%，建制镇的生活垃圾处理率将达到 99.84%、生活垃圾无害化处理率预计接近 100%。

（3）我国农药、化肥施用量将持续下降

2020 年，全国畜禽粪污产生量超过 30 亿 t，综合利用率达 75%，规模养殖场粪污处理设施装备配套率超过 95%。预计到 2025 年和 2030 年，我国畜禽粪污综合利用率将达到 80% 和 85% 及以上；我国农药、化肥施用量将呈逐年递减的趋势。到 2025 年，我国农药和化肥施用量将分别达到 97.33 万 t、4 780.15 万 t，较 2020 年分别降低 25.87% 和 8.9%；到 2030 年，我国农药和化肥施用量将分别达到 71.69 万 t、4 306.91 万 t，较 2020 年分别降低 45.19% 和 17.97%，农村面源污染势头得到遏制，农村人居环境将显著改善。

（4）我国农村生态环境质量不断向"良好"等级转变

评估结果显示，2015—2021 年，我国农村生态环境质量整体呈上升趋势，农村生态环境综合指数从 0.33 提高至 0.70，这说明我国农村生态环境、经济发展、基础设施和公共服务等领域得到了明显改善。预计到 2030 年，我国农村生态环境质量综合指数还将进一步提高，通过预测模型分析显示，综合指数将提高至 0.97，我国农村生态环境质量将实现由"中等"向"良好"的转变，此时农村的环境污染程度相对较小、生态系统结构较完善、整体环境状况较好。

# 第 8 章　新污染物形势与研判

本研究选取两类具有代表性的新污染物，即微塑料和持久性有机污染物（POPs），全面分析了这两类新污染物的时空分布现状，通过文献调研等，采用定性与定量分析相结合的方法，对未来这两类新污染物的形势进行研判。在此基础上，提出"十五五"时期我国这两类新污染物治理与环境风险预防的对策建议，以期为"十五五"相关管理工作提供决策参考。

## 8.1　微塑料污染形势与研判

微塑料作为广受关注的四大类新污染物之一，其在我国的环境介质中广泛存在，包括内陆、河口、海岸水体以及生物体。在 2023 年世界环境日，微塑料污染被认为是当前的核心问题；联合国环境规划署也曾警告，微塑料中的化学物质将会对人体健康产生重要影响，是威胁人类健康的"隐形杀手"。习近平总书记在 2023 年全国生态环境保护大会上也强调，要把新污染物治理作为国家基础研究和科技创新重点领域，狠抓关键核心技术攻关。本研究对我国微塑料污染现状展开分析研判，构建微塑料丰度评估与预测模型，对"十五五"期间我国微塑料污染的重点区域进行预测，并在此基础上提出未来我国微塑料污染研究与管理需重点关注的领域。

### 8.1.1　现状分析

塑料制品广泛应用，而塑料垃圾回收率低且不当管理，使塑料垃圾不可避免地进入水生环境，并通过物理、光照和生物降解等方式被分解成微塑料。微塑料是指颗粒粒径小于 5 mm 的塑料，主要源自化妆品、洗涤剂、药品、工业生产粉末和大尺寸塑料垃圾的降解，另有研究显示，污水处理厂也是微塑料排放的重要源头之一。土壤环境微塑料的来源主要是农膜残留、污水灌溉及污泥施用。

我国是塑料制品的生产和消费大国，自 21 世纪初期以来，我国塑料制成品产量已经上涨了 8 倍，约占全球总产值的 20%，居全球首位。2020 年，我国塑料用量为 9 087.7 万 t，废弃量约为 6 000 万 t。

其中，40%是一次性塑料制品，如塑料包装袋、农业塑料薄膜、快餐盒、饮料瓶等。目前，我国微塑料主要分布在东南沿海地区，污染物浓度呈现南高北低、东高西低的特征。其中，全氟化合物（PFCs）主要分布在我国中部、西南和北部地区，其污染浓度空间分布呈西低东高特征。在四大海区中，渤海的微塑料丰度明显高于其他三大海区，这是因为在渤海沿岸密集分布了大小不一的水产养殖场，导致微塑料产量大，加上渤海属于半封闭海域，污染物滞留时间长。在海洋沉积物塑料污染现状中，我国近海的沉积物微塑料处于中度污染水平。目前，一些重点流域、重点行业新污染物污染程度的详细空间分布数据和相关基础性研究尚比较缺乏，其分布情况和数量、环境赋存水平仍不够明晰。

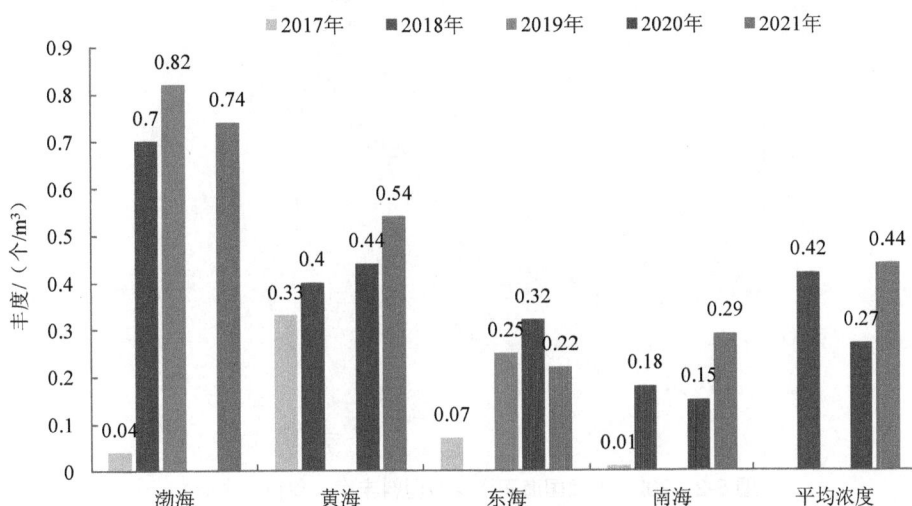

图8-1　2017—2021年我国海洋微塑料丰度分布

我国在微塑料研究方面尚处于起步阶段，尽管还没有为海洋塑料污染控制制定专门的法律法规，但很早就有涉及塑料垃圾问题的立法，并且在全国范围内展开了相关调查。为了减少塑料污染，我国已经采取了一系列措施，如禁止或限制一次性塑料制品的生产和使用，以及加强塑料废弃物管理等。在2021—2022年各省（区、市）发布的"十四五"生态环境保护规划中，多数省份提到要强化微塑料污染的管控。2022年5月发布的《新污染物治理行动方案》将微塑料作为重点新污染物，提出了制定"一品一策"的管控措施，并开展管控措施的技术可行性和经济社会影响评估，加强对微塑料生态环境危害相关的机理研究。同年，所有省份在新污染物治理行动方案中均提到了要强化微塑料污染的治理。

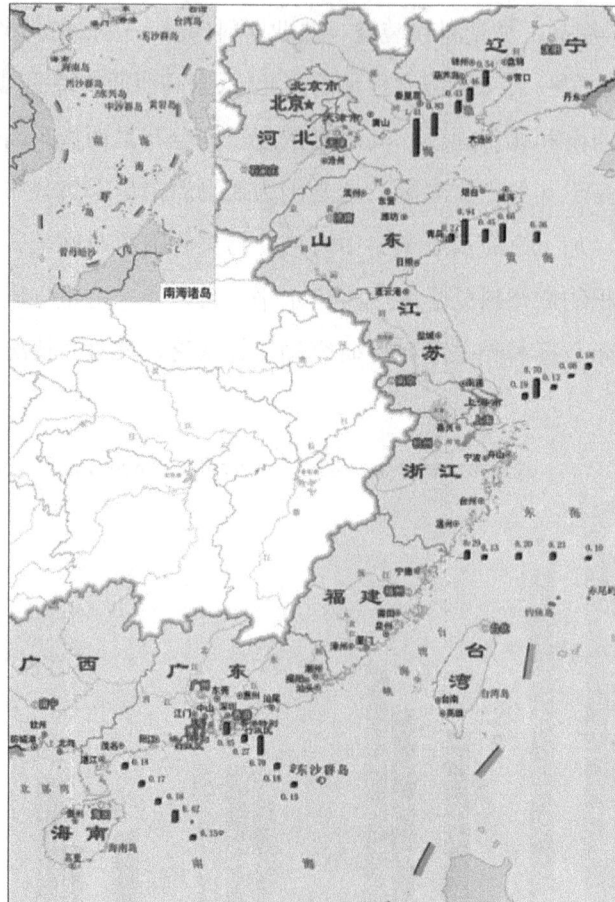

**图 8-2　2021 年我国海面漂浮微塑料丰度（单位：个/m³）**

资料来源：2021 年中国海洋生态环境情况公报。

　　尽管我国已经采取了一系列措施来控制微塑料的产生与排放，但由于我国塑料使用基数大，环境中残留的塑料存量也相应较大。目前，微塑料检测技术尚在不断发展中，无论是在样本处理中的抗杂质干扰方面，还是在监测准确性、环境毒理学等方面，都需要加强研究。研究表明，我国现有的依靠拖网进行微塑料采集监测的手段误差较大，会导致大量更小尺寸的微塑料损失。有研究对采集的微塑料进行成分分析，发现其中约 30%为天然纤维，如棉、羊毛或未知纤维素。目前，我国环境中微塑料的存量较高，解决微塑料污染的方法有限，包括河口、滩涂等沿海地区的微塑料污染可能会加剧。虽然在野外环境中尚没有直接证据表明微塑料对生态系统造成了影响，对人类的健康风险也尚待证实，但其对海洋生物和人类的潜在风险显而易见。这些问题都需要得到进一步的研究和探讨。

## 8.1.2　微塑料未来形势预判

微塑料污染的主要来源是废弃的塑料制品，其丰度与多项统计学指标呈现出一定的相关性。研究发现，在我国北部湾收集的沉积物样品中，微塑料污染与流域内人均 GDP 指标呈正相关性，此外，微塑料丰度还与北部湾流域内的经济结构密切相关，表现为微塑料丰度与流域内第一、第二产业比重呈负相关，与流域内第三产业的比重呈正相关。珠江三角洲水系的微塑料数量较多，这与当地发达的工业体系和庞大的城市人口数量密切相关。Yonkos 等指出，降水量增加会增加城市污染物的排放，从而增加微塑料的径流量。研究还表明，红树林的高度和植株密度与微塑料的丰度呈正相关，这与当地的水产养殖业、捕捞业、旅游业以及城市垃圾倾倒有密切关系。同样，微塑料的空间分布与人口密度也呈现出相似的规律。

目前，我国的微塑料相关研究正处于起步阶段，其环境背景值仍较为缺失，特别是在非沿海地区关于微塑料的浓度调查仍是空白。预计到 2030 年，我国农业塑料的需求将增长 50%。相应地，我国塑料产量预计比 2020 年增加 40%，达到 14 000 万 t/a。如果不实行严格的塑料管控措施，我国每年将有 2.08 万～552.17 万 t 的沿海塑料废物和 0.5 万～104.78 万 t 内陆塑料废物被输送到海洋中，这将对我国的环境、经济和社会都产生严重影响。

随着我国塑料制品生产、流通、消费和回收处置等环节的环境管理制度基本建立，多元共治体系基本形成，替代产品开发应用水平进一步提升，我国重点城市塑料垃圾的填埋量大幅降低，塑料污染得到有效控制，微塑料的产生量也将大幅降低。然而，大幅减少生态系统内已经产生的因管理不善形成的塑料废物仍将是一项复杂的系统性挑战，不仅通过一条政策或措施就可以解决，特别是涉及海洋微塑料的污染，是一项全球性工作，需要源头减量、过程控制和末端治理的共同发力。

在"十五五"期间，关于我国微塑料污染的主要研究、管理难点将主要集中在：在微塑料污染监测分析方面有待取得进一步突破，尤其是纳米级的塑料分离和鉴定技术等；关于微塑料污染的环境行为和环境危害需要进一步分析认定；关于微塑料污染的生态效应和生态毒理研究需要进一步深化。随着研究的深入，对微塑料对人类健康影响的了解将更加全面，可能会发现新的健康风险。

近海岸海域尤其是海滩仍将是微塑料累积的主要区域，预计我国四大海域的微塑料浓度还会进一步提升，其中，渤海的微塑料污染浓度上升速度预计将高于其他海域，其主要成分将以聚乙烯、聚丙烯为主。

### 8.1.3 主要结论与建议

关于微塑料的研究与治理，特别是在真实环境及微塑料实际含量水平下的研究与治理，仍存在许多具有挑战性的科学、技术与管理问题。微塑料的污染水平、赋存状态以及对水生生态系统的危害已经引起广泛关注。为了加强对塑料污染的防治，国家发展改革委、生态环境部等部门相继印发了《关于进一步加强塑料污染治理的意见》《关于扎实推进塑料污染治理工作的通知》以及《"十四五"塑料污染治理行动方案》，这些政策旨在积极推动塑料生产和使用的源头减量化，并大力开展重点区域的清理整治，有序推进环境友好型塑料替代材料的研发与使用，以及加强塑料全生命周期的管理。

"十五五"期间，我国将继续成为世界上最大的塑料生产和消费国之一。由于我国在环境中积累的塑料废物较多，回收和处理能力未取得突破性改革，大量塑料废弃物未能得到妥善处理，可能导致微塑料环境浓度持续上升，形势仍十分严峻，已有的微塑料污染将继续在环境中积累，长期影响生态系统健康和功能。近海岸海域尤其是海滩仍将是微塑料累积的主要区域，预计我国四大海域的微塑料浓度还会进一步提升，其中，渤海的微塑料污染浓度上升速度预计将高于其他海域。我国还需进一步积极参与到海洋塑料垃圾的全球治理进程当中，从源头减量，对塑料制品的生产、销售和使用提出管理要求，创新的污染控制和治理技术，如更高效的塑料回收或替代和微塑料捕获方法，推进生活垃圾清理、港湾塑料垃圾清理、清洁海滩行动。加强教育宣传，提高公众对微塑料问题的认识，推动消费者选择更环保的产品和生活方式。积极分享中国的最佳实践，讲好中国故事，努力践行全球海洋生命共同体的可持续发展理念，为实现 2030 年可持续发展议程目标贡献中国智慧。

## 8.2 POPs 污染形势与研判

POPs 具有持久性、生物蓄积性和远距离环境迁移的潜力，会对人类健康和生态系统产生危害（图 8-3）。为减少、消除和预防 POPs 的污染，国际社会于 2001 年达成了《关于持久性有机污染物的斯德哥尔摩公约》（以下简称《斯德哥尔摩公约》）。然而，关于 POPs 的传导机理、浓度分布和风险评估的相关研究仍处于起步阶段。本书基于"中国持久性有机污染物质的在线数据库"数据，对现有 POPs 相关现状形势进行分析研判，并结合《新污染物治理行动方案》的相关要求，对"十五五"期间我国 POPs 的治理与预防路径进行展望。

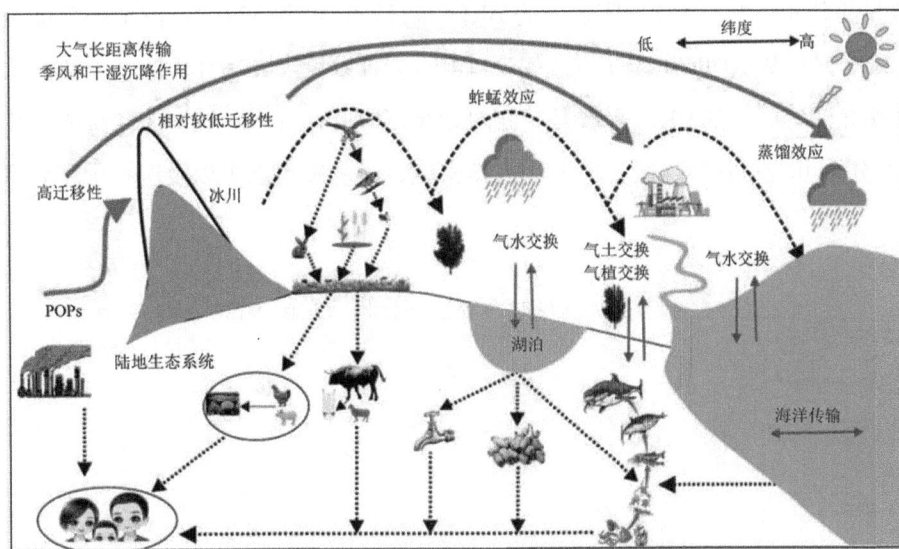

**图 8-3　POPs 在环境中的流通和生物链累积**

资料来源：持久性有机污染物环境地球化学调查研究进展与展望。

## 8.2.1　现状分析

POPs 是一类具有高毒性、难以分解且在大气、水、土壤中广泛分布的化学物质。这些物质包括溴化阻燃剂（BFRs）、二噁英、多氯联苯（PCBs）、有机氯农药（OCPs）、全氟化合物（PFASs）和其他 POPs 等。它们可以通过食物链进入人体，引起健康问题，包括生殖系统异常、免疫系统疾病、神经系统疾病、癌症等。

目前，我国在 POPs 治理方面已经取得了一些成果，例如，政府已经出台了《关于加强 POPs 污染治理的意见》，并批准了《斯德哥尔摩公约》，并开始实施 POPs 管理计划。然而，我国 POPs 污染问题也非常严重，根据生态环境部的数据，我国部分地区 POPs 浓度已经超过了《斯德哥尔摩公约》限定的水平。在一些地区，如珠江三角洲和长江三角洲地区，POPs 的污染情况非常严重。此外，我国还面临来自其他国家的 POPs 污染问题，这些污染物可能随着大气和海洋的传输进入我国领土，要应对这些问题还需要进一步的相关行动。

（1）BRFs 的时空分布

BFRs 是一类在电子产品、家具、汽车和建筑材料中广泛使用的化学物质。中国作为全球最大的电子产品生产和消费国之一，其水体和空气中的 BFRs 含量较高。有研究表明，我国南部珠江三角洲地区的人类母乳中 BFRs 含量高于其他国家和地区。如图 8-4 所示，我们可以清晰地看到各省（区、市）

BRFs 采样数量的分布情况。其中，广东省的 BRFs 采样数量达到 579 个，占全国总量的 67.41%，而其他省份的 BRFs 采样数量均低于 500。北京市的 BRFs 采样数量位居全国第 2，占全国总数的 44.08%；福建、上海和黑龙江等省份的 BRFs 采样数量相对较少，分别占全国总数的 13.52%、6.92% 和 33.68%。这种不均衡的分布可能与各省（区、市）的人口密度、经济发展水平以及医疗卫生资源配置等因素有关。

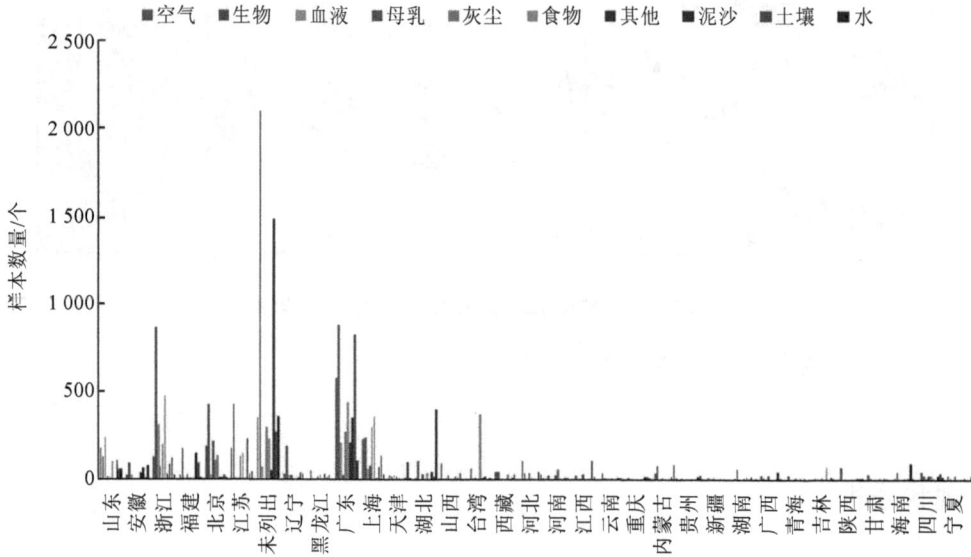

**图 8-4　我国的 BRFs 样本分布情况**

为更好地了解各省（区、市）在 BRFs 采样方面的具体情况，本研究根据不同的采样路径对数据进行深入分析。从数据统计结果来看（图 8-4），各省（区、市）在不同采样路径下的采样数量也存在明显差异。例如，在空气、生物、血液、母乳、灰尘、食物、其他、沉积物、土壤和水这些采样路径中，北京市的采样数量均位居前列。其中，北京市的空气采样数量为 5 897 个，生物采样数量为 3 905 个，血液采样数量为 1 014 个，母乳采样数量为 91 个，灰尘采样数量为 2 326 个，食物采样数量为 446 个，其他采样数量为 1 267 个，沉积物采样数量为 1 249 个，土壤采样数量为 3 709 个，水采样数量为 3 879 个。而甘肃、海南、广西、贵州和黑龙江等省份无论在哪种采样路径下的采样数量均相对较少。

综上所述，首先，各省（区、市）在 BRFs 采样方面的资源分布存在明显的空间不均衡现象，需要进一步优化资源配置，提高各地区的 BFRs 检测能力；其次，在不同采样路径下各省（区、市）的采样数量也存在显著差异，需要加强对不同采样路径的研究和支撑管理，确保全面有效地开展 BRFs 检测工作。

（2）二噁英和 PCBs 的时空分布

二噁英和 PCBs 是一类极具毒性的化学物质，它们广泛存在于工业和垃圾处理过程中。这些物质可以进入人体，引发多种健康问题，包括癌症、生殖问题、免疫系统问题等。二噁英和 PCBs 在我国土壤、水体和空气中的含量都比较高，尤其是珠江三角洲地区，由于工业化和城市化进程的加速，污染情况非常严重。如图 8-5 所示，根据样本分布数据，二噁英和 PCBs 在不同介质中的分布不均衡，空气（9 865）和生物样本（14 951）的采样数量相对较多，说明二噁英和 PCBs 在这些领域中的污染问题较为突出，需要引起足够的关注。食物（20 824）也是这些物质进入人体的一个重要途径，也需要对食物链中二噁英和 PCBs 进行严格的监测和控制。相比之下，母乳（3 446）、灰尘（1 378）、沉淀物（7 241）和土壤（6 652）的采样数量较少，这可能是因为这些样本类型的监测不如空气、生物和食物常见，但鉴于土壤和沉淀物是环境的重要组成部分，其中的二噁英和 PCBs 含量也需要引起关注。

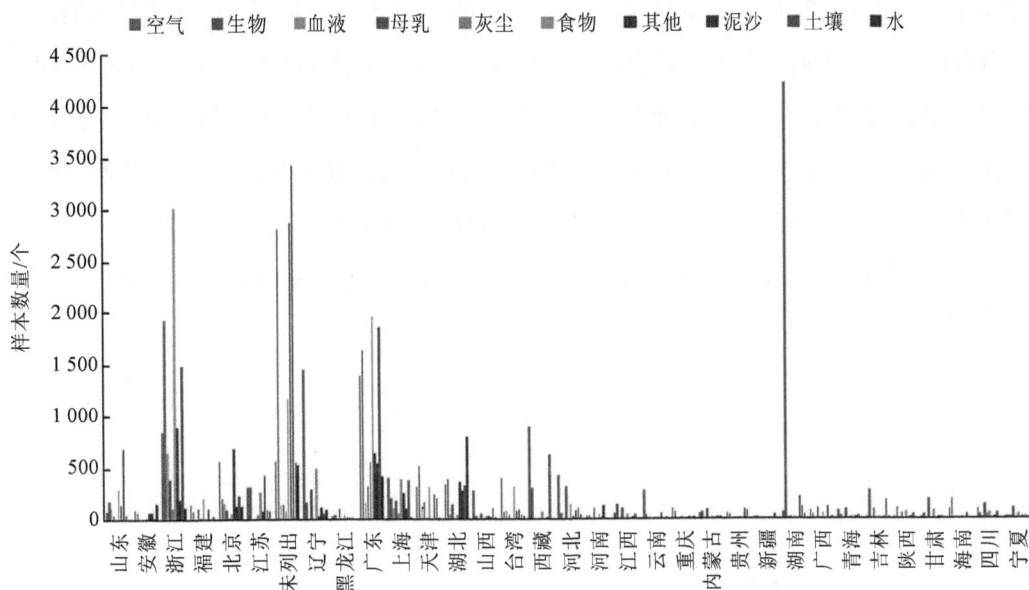

图 8-5　我国的二噁英和 PCBs 样本分布情况

从采样数量和浓度来看，我国不同地区间的差异也比较显著。例如，北京市的空气采样数量为 169 个，居全国首位，而西藏自治区仅采集了 6 个。在食物、沉积物方面，各地的采样数量也有所不同。例如，北京市在空气、水和沉积物方面的采样数量均居全国前列，而新疆维吾尔自治区则在食物方面的采样数量最多。可以看出，加强对空气、土壤和水体等介质的二噁英和 PCBs 污染监测，特别是重点地区的污染监测工作，对防止其对人类健康造成危害具有重要意义。湖南省通过生物途径也采集的大量的样品，是对于生物途径二噁英和 PCBs 含量研究关注度较高的区域。

在各省份中，广东的二噁英和 PCBs 浓度最高，为 62 个/m³，其次是湖南和河北，分别为 41 个/m³ 和 34 个/m³，可以看出，经济发展程度和工业化进程与二噁英和 PCBs 的污染水平密切相关。广东是我国经济最发达的省份之一，也是我国重要的制造业基地，其污染水平高的主要原因是工业过程中排放了大量的有害物质。因此，亟须加强对二噁英和 PCBs 的基础性、前瞻性研究，并根据不同地区的污染特点，制定相应的污染防治措施。

（3）OCPs 的时空分布

OCPs 是一类在全球范围内广泛使用的农药，如滴滴涕（DDT）和六六六等。我国是世界上最大的农药生产和使用国之一，其在我国土壤和水体中的污染程度较高。例如，广东、福建等地长期使用 DDT 等有机氯农药，当地土壤中 DDT 含量比国际标准要高出几十倍。如图 8-6 所示，在全国总计 8 170 个样本中，各地区的 OCPs 含量存在显著差异。在人类活动频繁的地区，OCPs 含量较高，其中，北京和广东的 OCPs 样本数量分别达到了 581 个和 1 229 个，是所有地区中最高的。土壤中的 OCPs 含量占比最高，达到了 30%，其次是水体样本（17%）和空气样本（14%）。OCPs 可以通过土壤侵蚀、大气沉降等途径进入环境，尤其是土壤中的 OCPs，由于其持久性和生物累积性，可能会对环境和人体健康产生长远影响。食品样本中的 OCPs 含量较低，仅占 5%，远低于其他途径，这可能是因为食品加工和储存过程中采取了防护措施，从而减少了 OCPs 的迁移和释放。

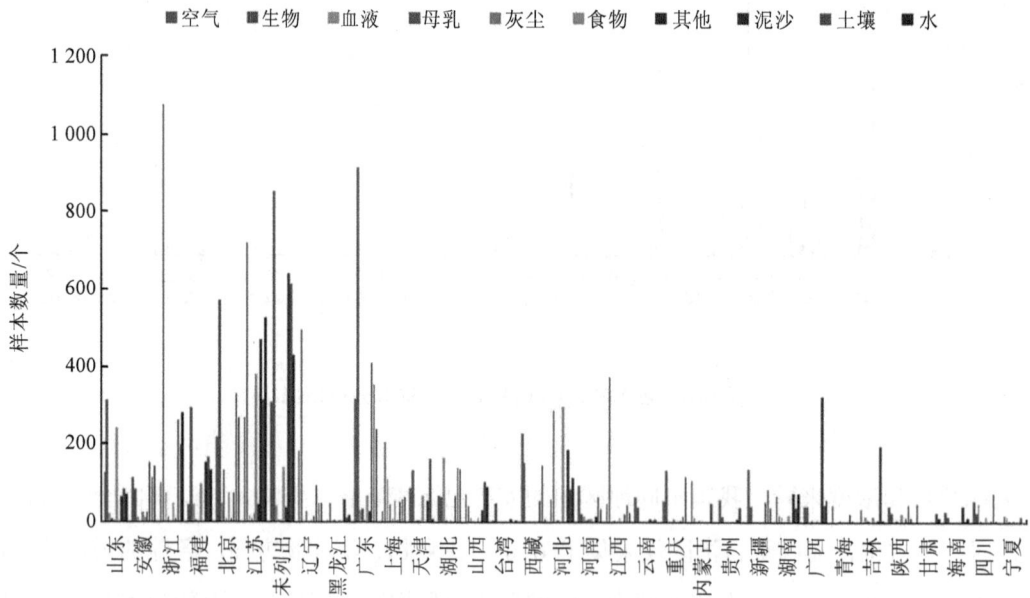

图 8-6 我国的 OCPs 样本分布情况

此外，我国不同地区环境样本中 OCPs 含量差异显著。例如，海南和西藏的 OCPs 含量较低，而北京、黑龙江和江苏等地的含量较高，这可能与这些地区工业发展较为活跃、污染源较多有关。总体来看，上述结果揭示了我国各地区 OCPs 的空间分布，为我们提供了关于其来源、迁移途径和环境影响的重要信息。然而，由于数据的局限性，未来仍需进一步深入研究，以全面理解 OCPs 的环境行为和生态效应。同时，也需要加强污染源的 OCPs 减排工作，降低这些有害物质的环境风险。

（4）PFASs 的时空分布

PFASs 是一类在防水、防油、防沙和抗污染等领域广泛使用的化学物质。中国是全球最大的 PFASs 生产和消费国之一，PFASs 在我国水体和土壤中的含量较高。例如，在我国北方一些地区，由于使用了大量的 PFASs 防护涂层，当地地下水和土壤中的 PFASs 检测浓度非常高。见图 8-7。

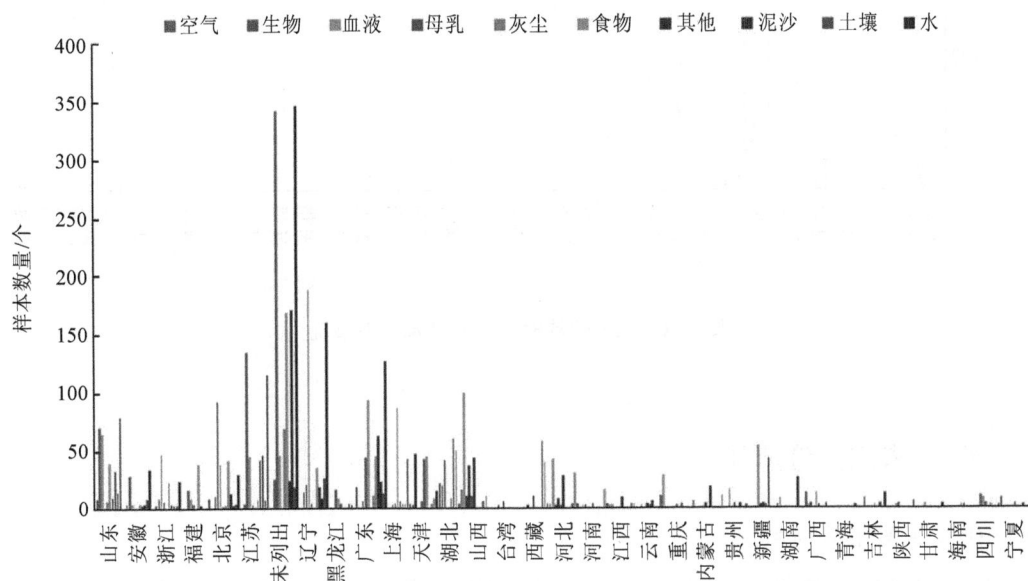

**图 8-7　我国的 PFASs 样本分布情况**

（5）其他 POPs 的时空分布

除了以上几类 POPs 污染物，还有其他 POPs，如多氯萘（PCNs）和多溴联苯醚（PBDEs）等，这些物质也广泛存在于工业和消费品中，对人类健康和环境具有潜在的危害。其他 POPs 在中国较少被研究，但在长江流域一些地区，多氯萘的含量比其他地区明显要高。

从其他 POPs 样本数的空间分布来看（图 8-8），全国 22 个省份的总样本数为 914 个，其中，空气、水和土壤是其最主要的介质，相应的样本数分别占总数的 30%、22% 和 20%。此外，食品和沉积物中的其他 POPs 污染物也占有一定比例。总体来看，其他 POPs 污染物在中国的分布较为广泛，涉及不同的环境和介质。在安徽、北京、重庆、福建等省份的样本数较多，而在海南、新疆等省区的样本数较少。此外，河南、湖北和河北等地的样本数明显高于其他地区，这与这些地区的独特地理环境有关。

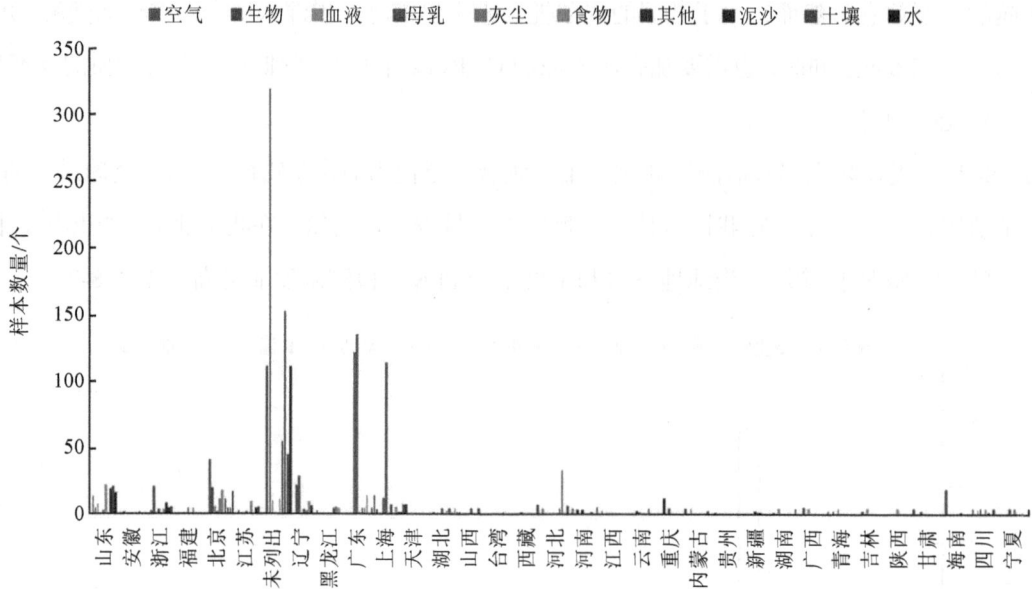

图 8-8　我国的其他 POPs 样本分布情况

## 8.2.2　POPs 未来形势预判

（1）BRFs 未来形势预判

新型溴系阻燃剂（NBFRs）作为传统溴系阻燃剂的替代品，已广泛应用于电子产品、纺织品、家具等商品中。随着这些商品的生产、使用和处置，NBFRs 不可避免地释放到环境中，给环境和人体带来潜在的危害。部分 NBFRs 可以通过摄食和呼吸进入人体。近年来，许多研究者分别针对不同环境介质中的 NBFRs 开展了定量研究，基于这些成果，本研究综述了近年来 NBFRs 的研究现状和进展，并重点介绍水体、沉积物和大气中 NBFRs 的含量分布。总体来看，多种类型水体中 NBFRs 的浓度水平在 ng/L 至μg/L 之间，其浓度受到地区工业生产和季节等因素的影响，且不同污水处理系统对水体中 NBFRs 的去除效率具有一定差异。NBFRs 更倾向于分布在富含有机碳的介质中，如沉积物中 NBFRs 的含量在 ng/g 至μg/g 级别；而在大气中，NBFRs 倾向于吸附于颗粒相中，在两相中的含量分别为 pg/m$^3$ 和 ng/g 级别。

由于不同途径、不同介质中 BRFs 浓度差异较大，其传导机理也尚不明确，但随着溴代阻燃剂在环境中广泛使用，其带来的环境问题也必将在未来引起重度关注。为了更好地管理和评估这些影响，"十五五"期间亟须从以下 6 个方面加强对 BRFs 的污染防治与风险管控：

1）加强对溴代阻燃剂的环境释放和降解机理的研究，如在水、土壤和大气中的释放途径和迁移规律，以及生物学和化学降解方法。

2）加强其对环境和生物影响效应的研究，主要表现在对生物的毒性作用，如对内分泌系统、神经系统等的影响，以及对生态系统结构和功能的影响。

3）评估现有政策和法规的合理性，以及执行情况。

4）相关替代品的开发，如开发具有良好环保性能的替代品，关注新型环保阻燃剂的材料、制备方法、性能及安全性等方面的研究进展。

5）公众意识和参与，提高公众对溴代阻燃剂环境问题的认识和参与度，推动社会共同解决这一问题。

6）国际合作与交流，在全球范围内开展溴代阻燃剂环境管理与研究的国际合作与交流，共同应对全球环境问题。

通过上述 6 个方面深入的研究，可以更好地预测和分析溴代阻燃剂环境管理与未来形势，从而制定更为科学合理的政策、技术和管理措施。

（2）二噁英和 PCBs 未来形势预判

二噁英和 PCBs 具有很强的生物毒性，它们在环境中的污染问题得到了广泛关注。为了更好地管理和应对这些污染物的未来污染形势，"十五五"期间应从以下几个方面给予重点关注：

1）污染源的识别与监测：了解二噁英和 PCBs 的污染源，包括来源、分布和排放量等信息，有助于采取有针对性的管理措施。同时，加强对这些污染物的监测，评估其浓度水平和潜在风险。

2）污染现状与危害评估：了解二噁英和 PCBs 在环境中的污染现状，评估其对生态系统、人类健康和生物多样性等方面的影响，为制定有效的污染治理措施提供依据。

3）政策法规与标准制定：制定和完善针对二噁英和 PCBs 的相关政策、法规和标准，强化对污染源的监管，确保有效执行。

4）替代品的研究与开发：研究和开发环保替代品，减少对二噁英和 PCBs 的使用。关注新型环保材料、制备方法及其性能等方面的研究进展，为替代品的开发提供技术支持。

通过以上 4 个方面的深入研究，可以更好地预测和分析二噁英和 PCBs 环境管理和未来污染形势，从而制定更为科学合理的政策、技术和管理措施。

（3）OCPs 未来形势预判

未来对 OCPs 的环境管理将更加注重控制其污染排放，以保护臭氧层和人类健康。预计"十五五"期间，我国 OCPs 污染排放将呈不断下降趋势。相应地，一系列关键措施手段，包括推广清洁能源、发展循环经济、加强智能监测和管理、强化法律法规和制度建设以及加强国际合作等，将综合应用于控制 OCPs 的排放。第一，推广清洁能源是减少 OCPs 排放的重要措施之一。风能、太阳能和水能等可再生能源可以替代化石燃料，从而减少在燃烧过程中 OCPs 的排放。第二，发展循环经济可以在生产、消费和处理过程中实现资源的最大化循环利用，从而减少废弃物的排放。第三，加强智能监测和管理可以提高环境治理的效率，通过实时监测和数据分析，及时发现和解决污染问题。第四，强化法律法规和制度建设将有利于制定更为严格的排放标准和控制措施。第五，加强国际合作可以实现各国之间的技术交流、经验分享和资金援助，共同推动 OCPs 治理工作。总体来看，OCPs 的环境管理是一项长期而艰巨的任务，仍需政府、企业和公众的共同努力。

（4）PFASs 未来形势预判

PFASs 是一种人工合成的化学物质，具有极高的稳定性和抗降解性，在环境中难以自然降解。由于 PFASs 被广泛应用于防水衣物、食品包装和灭火泡沫等制品中，预计"十五五"期间我国 PFASs 污染排放还将呈增长趋势。如果不采取积极的行动，预计未来 30 年内，将有大约 440 万 t PFASs 最终进入环境当中。

"十五五"期间，我国 PFASs 的环境管理应重点放在限制其生产、使用和排放上。通过制定严格的浓度限值和逐步禁止特定用途的 PFASs 生产与使用，可以有效减少其排放并降低对环境和人类健康的潜在影响。首先，需要限制 PFASs 的生产和使用，并逐步转向更为环保的替代产品；其次，需要加强对 PFASs 的环境监测与污染治理，包括加强对废水、废弃物和空气等环境样本的检测，以确保能够及时发现并处理任何潜在的污染源；最后，需要采取措施来管理和回收废弃物中的 PFASs，以避免它们进入环境。

总体来看，"十五五"期间针对我国 PFASs 的环境管理需要采取综合性措施，从生产、使用到废物处理，都需要得到全程严格控制。

## 8.2.3　POPs 的治理与预防路径

（1）各省份新污染物治理思路梳理

全国各省份均已建立"1+11+X"的新污染物治理跨部门协调机制，"1"为生态环境部门牵头，"11"为《新污染物治理行动方案》（以下简称《行动方案》）中明确涉及的 11 个政府组成部门。绝大部分省份的工作方案采用了与《行动方案》基本一致的"完善治理体系—调查监测评估—严格源头管控—强化过程控制—深化末端治理"逻辑框架，并进一步结合当地工作基础、需求和特点，落实《行动方案》的相关要求。其中，有 3 个省份提出将推进新污染物治理与碳中和工作相结合，有

5 个省份提出要求统筹推进新污染物治理与"无废城市"建设，有 7 个省份提出深入推进塑料污染治理、协同落实本省（区、市）新污染物及塑料污染治理的工作方案。各省份的主要任务大多集中于"打基础、建体系、提能力、补短板、抓试点"，全面排查新污染物环境风险，精准识别较大风险源和风险环节，并采取全过程管控措施。具体来看：

1）各省份着力构建责任清晰的省、市、县三级治理体系，有 29 个省份明确提出落实新污染物治理的属地责任，有 8 个省份提出各地市应因地制宜组织制定本地区新污染治理实施方案，有 25 个省份计划在 2025 年对本省（区、市）工作方案实施情况进行综合评估，有 30 个省份要求组建新污染物治理专家委员会，强化技术支撑体系，有 20 个省份明确提出加大资金投入，有 13 个省份要求加强科研平台建设，有 26 个省份强调加强人才队伍建设，有 28 个省份提出围绕新污染物环境监测、快速筛查、追踪溯源、迁移转化、风险评估、毒理学等"卡脖子"技术开展深入研究，有 24 个省份提出加强新污染物治理信息化建设。

2）各省份均要求在 2023 年年底前完成首轮化学物质基本信息调查和首批环境风险优先评估化学物质详细信息调查，其中，有 6 个省份拟增加开展国际公约管控化学物质统计调查，有 5 个省份提出建立重点管控新污染物排放源清单。同时，有 26 个地方明确提出制定新污染物环境调查监测工作方案，分别针对重点地区、重点流域、重点行业、典型工业园区、饮用水水源地等开展新污染物环境调查监测试点；有 14 个地方明确了调查监测对象，包括抗生素（11 个省份）、内分泌干扰物（10 个省份）、持久性有机污染物（7 个省份）、微塑料（4 个省份）、消毒副产物（2 个省份）、全氟化合物（2 个省份）等。

3）各省份均构建了以"筛、评、控"为主线的环境风险防控思路。第一步是"筛"，有 27 个省份要求综合考虑在产在用化学物质的环境和健康危害属性、环境暴露情况等，从重点区域、重点行业、重点企业中筛选优先评估化学物质；第二步是"评"，探索环境风险评估机制，完善相关技术政策，并动态制定化学物质环境风险优先评估计划。有 29 个省份要求到 2025 年年底前完成一批化学物质的环境风险评估工作，精准识别优先控制化学品。第三步是"控"，有 26 个省份提出在落实国家重点管控新污染物清单管控的基础上，针对优先控制化学品制定"一品一策"管控措施，并开展技术可行性、经济社会影响评估。

4）各省份均要求在经营环节加强药物管理，规范凭处方销售制度。其中，有 30 个省份提出在使用环节加强药物监管，有 29 个省份将实施兽用药物使用减量化行动，有 11 个省份提出"到 2025 年年底，有 50%以上的规模养殖场实施养殖减抗行动"的具体目标，有 9 个省份要求加强水产渔业药物使用管控，有 31 个省份要求严格管控高毒高风险农药。

5）各省份将持续开展农药减量增效行动，其中有 6 个省份制定了"十四五"农药使用量、利用率具体目标；各省份要求强化农药包装废弃物回收处理，其中有 9 个省份制定了"十四五"农药包装废弃物回收率指标，3 个省份提出无害化处理率要达到 100%。

6）各地都在设计新污染物治理试点内容，拟在重点区域、流域、河口、饮用水水源地、养殖密集区开展先行先试。其中，有 20 个省份提出开发、使用低毒低害或无毒无害原料，形成一批绿色替代技术，从源头削减或避免新污染物产生；有 18 个省份要求全面推进清洁生产改造，加强新污染物过程减排；有 31 个省份提出聚焦污水污泥处理、废液废渣转化、饮用水净化、固体废物处置、污染土壤修复等领域，研发推广新污染物末端治理关键技术；有 9 个省份为各试点地市"量身定制"了试点行业，2 个省份要求各试点地市在规定时间内上报完整试点方案。

（2）持久性有机污染物防治思路

1）开展相关环境风险评估与筛查

在持久性有机污染物的环境风险评估中，需要考虑以下几个方面：一是暴露评估，即评估人群在不同环境条件下可能接触到的持久性有机污染物，包括在空气、水、土壤等介质中的环境浓度及其持续暴露时间。暴露评估可结合人体暴露剂量计算模型和生态风险评估模型来进行。二是毒性评估，即评估持久性有机污染物的毒性，包括急性毒性、慢性毒性和致癌性等。毒性评估可结合动物实验、体外试验和人体代谢研究等方法来进行。三是生态风险评估，即评估持久性有机污染物对生态系统的潜在影响，包括生物积累、生物放大和生态毒性等。对生态风险的评估可结合生态模型、生态风险评价方法和生态系统模拟等手段来进行。四是健康风险评估，即评估持久性有机污染物对人类健康的潜在影响，包括呼吸系统疾病、癌症、神经系统疾病等。对健康风险的评估可结合流行病学研究、病例对照研究和队列研究等方法来进行。五是社会经济风险评估，即评估持久性有机污染物对社会经济的潜在影响，包括医疗费用增加、生产力下降和环境污染治理成本等。对社会经济风险的评估可结合成本效益分析、经济模型等方法来进行。

完成环境风险评估后，需要进行持久性有机污染物的筛查，以确定需要重点管控的污染物质。具体筛选方法主要包括：文献调查法，查阅国内外相关文献资料，获取持久性有机污染物的相关信息和新出现的污染情况；监测法，对大气、水体和土壤等介质中的持久性有机污染物进行监测，识别新的污染物来源和分布特征；专家咨询法，邀请相关领域专家提供对这些持久性有机污染物的认知和建议；数据分析法，对已有的环境监测数据进行分析，揭示其污染特征和趋势；案例分析法，对已发生的持久性有机污染物事件进行分析，总结其特点和规律。

2）实施源头禁限

源头禁限是治理持久性有机污染物的重要手段，旨在通过对持久性有机污染物的生产、使用、运输和储存等环节加以限制，从源头减少污染物的排放和积累。主要包括以下几个环节的内容：

一是生产环节的限制。针对持久性有机污染物的主要生产行业，可制定一系列生产限制措施，例如，建立严格的准入制度，仅允许符合相关环保标准的企业进入该行业；禁止生产或限制生产高污染、高风险的产品，以减少相关污染排放；鼓励采用清洁生产技术，在提高生产效率的同时减少污染排放。二是使用环节的限制。对特定行业的持久性有机污染物使用量进行限量控制，以减少累积效应；鼓励企业采用替代品或低碳技术，降低持久性有机污染物的使用量；强化废弃物管理，确保废弃物处理过程中不会再次释放持久性有机污染物。三是运输环节的限制。持久性污染物通常需要通过交通运输进行长距离传输，因此，在运输环节采取限制措施非常重要，如制定严格的车辆排放标准，对不达标车辆采取淘汰或限制使用措施；优化物流网络，减少货物装卸次数和距离，降低污染物在运输过程中的扩散风险；加强港口、机场等重要交通枢纽的环境监管，确保各类运输工具的尾气排放符合环保要求。四是储存环节的限制。许多持久性有机污染物会以固体、液体或气体形式存在于储存设施中，因此，在储存环节采取限制措施同样至关重要，如对危险化学品的储存设施进行严格审批，确保其具备合格的安全措施；加强对危险废物储存场所的管理，确保其符合环保法规的要求；推广先进的储存技术和设备，如低温储存、真空储存等，以减少污染物对环境和人体的危害。此外，为了实现源头禁限的有效执行，还应加强监管和执法力度，同时应加强国际合作与交流，借鉴其他国家的成功经验，不断提升我国持久性有机污染物治理的能力。

3）开展过程减排

采取过程减排对减少持久性有机污染物排放也具有重要意义。其一，优化生产工艺是开展生产过程减排的关键措施。通过改进生产工艺，可减少原材料使用量和有害物质的生成量，从而降低持久性有机污染物的排放。例如，采用清洁生产技术，将废弃物转化为资源，可减少污染物的产生；采用循环经济模式，将废物再利用，也可减少污染物的排放。其二，提高设备效率是过程减排的重要途径。通过更新设备，采用高效节能的设备，可降低能源消耗和相关污染物的排放。例如，以高效燃煤锅炉替代低效燃煤锅炉，可有效减少烟尘和二氧化硫排放；以高效电机和照明设备替代低效设备，可降低电能消耗和二氧化碳排放。其三，加强污染控制是过程减排的基础工作。通过对生产过程中产生的废水、废气和固体废物进行有效的控制和处理，可降低持久性有机污染物的浓度和排放量。例如，建立完善的废水处理系统，对废水处理后再排放，可减少重金属和有机物的排放；对废气净化处理后排放，可减少二氧化硫和氮氧化物的排放；合理利用固体废物资源化利用技术，将废弃物转化为有用的产品或能源，也可以减少固体废物相应污染物的排放。此外，加强对企业的监管，加大执法力度，严格落实排污许可制度和环境保护标准要求，也是加强过程污染控制的重要举措。

4）实施末端治理

末端治理是环境管理的重要环节，特别是针对持久性有机污染物。污水处理厂是进行末端治理的关键设施，负责通过物理、化学、生物等方法进行去除污水中的有害物质，使其达到排放或者再利用的标准。垃圾填埋场也是常见的末端治理设施，主要用于安全储存和处置城市垃圾和工业废弃物。除了污水处理厂和垃圾填埋场，其他一些技术和设施也为持久性污染物的末端治理提供了更多选择。例如，先进的吸附材料和离子交换技术可有效去除水中的重金属离子；新型的空气净化设备可高效去除空气中的有害气体；特殊的土壤修复技术可有效地固定和清除土壤中的有害物质。选择和应用这些技术和设施时，需要考虑具体的污染物种类、污染程度以及当地环境条件等因素。

5）强化监管与执法

监管与执法是持久性有机污染物治理中非常重要的一环，它能够促使企业和个人遵守相关法律法规，减少持久性有机污染物产生与排放。其一，应加强相关立法工作，制定和完善针对持久性有机污染物的法律、法规和标准，明确其种类和限制要求等。同时，建立相应的制度，对持久性有机污染物的监测、评估、减排、治理等工作进行规范。其二，建立健全持久性有机污染物的监管体系，包括监管部门的职责分工、执法力量的配置、监测设备的建设等方面。监管部门应加强对企业的监督检查，确保其遵守相关法律法规，及时发现并纠正违法行为。同时，监管部门应与企业建立良好的沟通渠道，加强与企业的合作与协作，共同推动持久性有机污染物的治理工作。其三，加大执法力度，通过行政处罚、经济惩罚、吊销许可证或执照等方式进行处罚。同时，加强对执法人员的培训和管理，提高执法水平和执法效果。其四，加强宣传教育，借助网络、电视、广播等媒体制作宣传材料、举办宣传活动等，以及加强对学校、企事业单位的环保教育，培养更多的相关人才。其五，加强与国际组织和其他国家的沟通与合作，学习借鉴其他国家的成功经验和先进做法，并积极参与国际性的持久性污染物治理会议和活动。其六，加强科技创新，加大对持久性有机污染物治理技术研发与应用的支持力度，推动科技创新在治理工作中发挥更加重要的作用。这可以通过设立科研基金、建立科技成果转化平台等方式来实现。

## 8.2.4　主要结论与建议

"十五五"期间，我国在持久性有机污染物的治理方面应着重采取以下措施：

（1）加强顶层设计，完善制度体系

加强各级人民政府的总体统筹领导，充分发挥"新污染物治理部际协调小组"的协调作用，整合持久性有机污染物防治与产业发展、产品质量管理、市场监管、危险化学品管理、农药管理等领域的相关工作，推动生态环境部、国家发展改革委、工业和信息化部、农业农村部、住房和城乡建设部、国家卫生健康委等相关部门和各级政府形成跨部门、跨层级的治理合力。

制定和完善相关法律法规。在现行的化学品管理和污染防治法律法规中，增加典型新污染物防治条款。如修订《中华人民共和国清洁生产促进法》《中华人民共和国循环经济促进法》《生态环境监测条例》《排污许可管理条例》《化学物质环境风险评估与管控条例》等，增加持久性有机污染物监管和防治条款，加强源头预防、过程控制、末端治理的立法和制度建设，强化对生产企业污染减排主体责任的全链条追溯。如立法限制典型内分泌干扰物、全氟化合物、溴代阻燃剂、抗生素等的生产和使用，制定"化学物质环境风险管理办法""有毒有害化学品安全管理办法"，建立优先控制化学品筛选和风险评估、有毒物质排放转移报告等核心制度。

完善标准体系。将涉及多氯联苯等的持久性有机污染物纳入环境质量标准和技术规范，如环境空气质量标准、土壤环境质量标准、地表水环境质量标准等；修订或制定涉及持久性有机污染物的产品质量标准和卫生标准；建立重点行业产品低环境风险生态设计标准，推动重点行业持久性有机污染物排放标准的制修订。

加快完善相关管理名录。将典型持久性有机污染物逐步纳入常规污染物的管理名录。补充完善优先控制化学品名录、环境保护综合名录等管理名录，增加具有较大健康和生态风险的典型持久性有机污染物；修订产业结构调整指导名录，从源头限制涉及持久性有机污染物的产品生产；动态调整禁止、严格限制和优先控制化学品名录。

（2）强化科学引领，加强相关科学研究和技术创新

加强基础研究，启动持久性有机污染物治理重大科技专项，加强对典型新污染物的环境基准、毒性机理、源、汇和人群暴露的特征研究，提升对各类新污染物环境健康风险的科学认知。

加强各类持久性有机污染物的监测预警、控制、替代、清洁生产、减排和深度处理等技术的研发，研制能从源头减少持久性有机污染物排放的替代材料，开发成本可行的自来水和工业"三废"深度处理技术。

打造高水平技术创新平台，促进科技成果应用转化。优先选择长江经济带等重点地区和重点行业，建立持久性有机污染物防治技术创新平台，加强技术交流和成果应用转化。

开展数字信息技术在持久性有机污染物防控领域的创新应用。建立覆盖重点行业、贯穿全生命周期的重点管理化学品大数据平台和智慧化风险预警、防控体系；开展缺少基础数据的持久性有机污染物的生产使用状况调查、监测和来源解析，建立国家统一的污染物释放、暴露、危害数据库；建立数字化、智能化全过程追踪溯源与监管体系，打造持久性有机污染物治理专业服务平台，为跨区域、跨行业全链条综合治理提供支撑。

（3）加强监管能力建设，建立持久性有机污染物检测、监测和预警体系

加强对持久性有机污染物的监测能力建设。将持久性有机污染物纳入环境监测系统，完善监测网络体系，增设一批典型持久性有机污染物的监测设施设备，加强对关键区域、重要河湖断面和饮

用水水源地的监测，形成开展全国性的能力，从而全面掌握持久性有机污染物排放和污染状况。

组织开展评估工作。制定持久性有机污染物的监测指标和标准分析方法，开展持久性有机污染物防治成效和国家实施计划的绩效评估，建立奖惩机制和通报、限期整改制度；建立评估体系，定期评估各类持久性有机污染物给人体和生态系统健康带来的风险。

加强专业技术队伍建设。支持科研机构、高等院校等开展持久性有机污染物防治管理人才培养，建立一支稳定的专职专家技术团队，提高持久性有机污染物风险评估的科学性和规范性；鼓励企业技术团队定期开展培训；加强行政监管和执法能力建设；定期对管理人员进行监督执法技术培训。

（4）加强宣传教育，强化公众参与

广泛开展持久性有机污染物风险防控的科普宣传活动。充分利用电视、网络、新媒体等途径，普及持久性有机污染物的危害和来源及其健康风险，提高公众的防范意识。

提升企业在持久性有机污染物源头防治的参与度。加强对生产企业的宣传教育和培训，增强其在持久性有机污染物源头减量和风险防范方面的意识和能力；鼓励企业由传统生产方式向绿色生产方式转变，积极参与低环境风险产品的生态设计、替代材料、清洁生产、减排技术的研发和应用。

加强公众监督，引导公众积极参与持久性有机污染物的风险防控与监督。通过座谈交流、网络平台等方式，为公众提供污染线索举报渠道，使其能够积极参与污染行为的监督。

引导环保公益组织积极参与持久性有机污染物治理。鼓励公益组织、公益基金会提供资金、技术支持，参与基础设施和能力建设，促进国际国内先进技术、管理经验的交流，共同推动 POPs 的有效治理。

# 参考文献

[1] 高丹，孔庚，麻林巍，等. 我国区域能源现状及中长期发展战略重点研究[J]. 中国工程科学，2021，23（1）：7-14.

[2] 推动生态环境质量持续好转——生态环境部部长黄润秋国新办新闻发布会答记者问[J]. 环境经济，2021（16）：10-21.

[3] 赵群英. 忠诚担当 严格执法 贴心服务 不断为深入打好污染防治攻坚战作出积极贡献[J]. 环境与可持续发展，2023，48（3）：69-75.

[4] 李慧，王淑兰，张文杰，等. 京津冀及周边地区"2+26"城市空气质量特征及其影响因素[J]. 环境科学研究，2021，34（1）：172-184.

[5] 朱旭峰，唐祎祺. 制度建构、治理效能与路径探索——新时代生态文明建设背景下的大气污染治理[J]. 天津社会科学，2023（5）：39-45.

[6] 于绪文. 保持大气污染防治战略定力 持续改善空气质量[J]. 中国生态文明，2023（6）：48-49.

[7] 生态环境部. 中国生态环境状况公报[R]. 2023.

[8] 贺克斌. 持续推进三大结构调整，以空气质量改善助推高质量发展[J]. 中国环境监察，2023（12）：32-33.

[9] 徐敏，秦顺兴，马乐宽，等. 水生态环境保护回顾与展望：从污染防治到三水统筹[J]. 中国环境管理，2021，13（5）：69-78.

[10] 王金南，孙宏亮，续衍雪，等. 关于"十四五"长江流域水生态环境保护的思考[J]. 环境科学研究，2020，33（5）：1075-1080.

[11] 路瑞，马乐宽，杨文杰，等. 黄河流域水污染防治"十四五"规划总体思考[J]. 环境保护科学，2020，46（1）：21-24，36.

[12] 梁菊平，李冠城，穆桂珍，等. 珠江流域水生态环境保护"十四五"规划思考[J]. 环境保护，2021，49（19）：14-17.

[13] 刘冬顺. 深入贯彻新发展理念 推动"十四五"淮河保护治理高质量发展[J]. 水利发展研究，2021，21（7）：79-82.

[14] 杜贞栋，刘祥军，王训诗，等. 山东省淮河流域水环境安全形势及对策[J]. 水利规划与设计，2021（8）：1-4，116.

[15] 钱锋,魏健,袁哲,等. 辽河流域水环境治理模式与"十四五"规划思考[J]. 环境工程技术学报, 2020, 10(6): 1022-1028.

[16] 袁哲,许秋瑾,宋永会,等. 辽河流域水污染治理历程与"十四五"控制策略[J]. 环境科学研究, 2020, 33(8): 1805-1812.

[17] 朱婷婷,侯立安,童银栋,等. 面向2035年的海河流域水安全保障战略研究[J]. 中国工程科学, 2022, 24(5): 26-33.

[18] 曹晓峰,胡承志,齐维晓,等. 京津冀区域水资源及水环境调控与安全保障策略[J]. 中国工程科学, 2019, 21(5): 130-136.

[19] 杨占红,孙启宏,王健,等. 我国水生态环境保护思考与策略研究[J]. 生态经济, 2022, 38(7): 198-204.

[20] 徐亚,王京京,李淑,等. 黄河流域固体废物治理现状、问题与对策建议[J]. 环境科学研究, 2023, 36(2): 373-380.

[21] 桑宇,乔鹏,薛军. 中国不同区域一般工业固体废物现状及展望[J]. 现代化工, 2022, 42(10): 11-17.

[22] 徐淑民,陈瑛,滕婧杰,等. 中国一般工业固体废物产生、处理及监管对策与建议[J]. 环境工程, 2019, 37(1): 138-141.

[23] 唐映红. 一般工业固体废物处理现状研究与展望[J]. 再生资源与循环经济, 2023, 16(12): 44-47.

[24] 李玉华,吕卓,贾曼,等. "十三五"以来中国工业危废产生处理情况及管理对策建议[J]. 中国环境监测, 2023, 39(3): 1-8.

[25] 冯真,龙思杰,胡骏嵩,等. 中国工业危险废物现状调查及利用处置对策[J]. 化工管理, 2023(24): 61-64.

[26] 刘海春,危海涛,赵和,等. 扬州市生活垃圾产生量预测[J]. 再生资源与循环经济, 2023, 16(11): 5-7.

[27] 牛欢欢. 垃圾分类背景下上海市生活垃圾产生量的影响因素研究及预测[J]. 环境卫生工程, 2023, 31(2): 41-45.

[28] 贾积身,陈振坤. 基于分数阶 GM(1, N)模型的深圳市生活垃圾产生量预测[J]. 安全与环境学报, 2022, 22(6): 3387-3395.

[29] 潘永刚,唐艳菊. 2023年上半年再生资源行业发展情况分析[J]. 资源再生, 2023,(7): 12-17.

[30] 王利艳,张秀萍. 我国再生资源政策体系演变历程与落实机制[J]. 宏观经济管理, 2023,(7): 69-76, 85.

[31] 岳思好,谈存峰,杨林娟,等. 甘肃省泾河流域2010—2019年农村生态环境质量分析及预测[J]. 水土保持通报, 2021, 41(5): 365-372.

[32] 王晓君,吴敬学,蒋和平. 中国农村生态环境质量动态评价及未来发展趋势预测[J]. 自然资源学报, 2017, 32(5): 864-876.

[33] 王佳佳,赵娜娜,李金惠. 中国海洋微塑料污染现状与防治建议[J]. 中国环境科学, 2019, 39(7): 3056-3063.

[34] 贾其隆,陈浩,赵昕,等. 大型城市污水处理厂处理工艺对微塑料的去除[J]. 环境科学, 2019, 40(9): 4105-4112.

[35] 黄辉. 微塑料在中国近海的污染现状及其生物毒性和防控建议[J]. 海岸工程, 2023, 42(3): 207-217.

[36] 赵光明. 我国微塑料分布及管控建议[J]. 中华环境，2020（Z1）：74-77.

[37] 张嘉戌，邓义祥，张承龙. 部分国家及地区塑料袋减量化经济政策对我国的启示[J]. 环境工程技术学报，2018，8（6）：642-650.

[38] 马嘉宝，刘斯文，魏吉鑫，等. 持久性有机污染物环境地球化学调查研究进展与展望[J]. 中国地质调查，2023，10（3）：117-130.

[39] Shi Q R，Zheng B，Zheng Y X，et al. Co-benefits of $CO_2$ emission reduction from China's clean air actions between 2013-2020[J]. Nature Communications，2022，13（1）：5061.

[40] Zhang Q，Zheng Y X，Tong D，et al. Drivers of improved $PM_{2.5}$ air quality in China from 2013 to 2017[J]. Proceedings of the National Academy of Sciences of the United States of America，2019，116（49）：24463-24469.

[41] Shao T，Wang P，Yu W X，et al. Drivers of alleviated $PM_{2.5}$ and $O_3$ concentrations in China from 2013 to 2020[J]. Resources，Conservation and Recycling，2023（197）：107110.

[42] Fu D，Chen C M，Qi H，et al. Occurrences and distribution of microplastic pollution and the control measures in China[J]. Marine Pollution Bulletin，2020，153：110963.

[43] Sarker A，Deepo D M，Nandi R，et al. A review of microplastics pollution in the soil and terrestrial ecosystems：A global and Bangladesh perspective[J]. Science of the Total Environment，2020，733：139296.

[44] Zhang L，Liu J，Xie Y，et al. Distribution of microplastics in surface water and sediments of Qin river in Beibu Gulf，China[J]. Science of the Total Environment，2020，708：135176.

[45] Vianello A，Boldrin A，Guerriero P，et al. Microplastic particles in sediments of Lagoon of Venice，Italy：First observations on occurrence，spatial patterns and identification[J]. Estuarine，Coastal and Shelf Science，2013，130：54-61.

[46] Dong Z M，Fan X R，Li Y，et al. A web-based database on exposure to persistent organic pollutants in China[J]. Environmental Health Perspectives，2021，129（5）：057701.